智汇城集团工程建设全过程系列丛书

地块层面海绵城市设计与评估全解

魏　正　张　凯　陶文铸　郑猛波　著

U0370345

华中科技大学出版社
http://press.hust.edu.cn
中国·武汉

内 容 提 要

本书以构建建设项目海绵城市设计与评估指标、技术和方法为目标，结合 EPC 的市场运行阶段特征，对影响海绵城市建设效果的因素进行剖析。从建设项目设计、施工、验收、运营维护、规划管理等全过程解析国内外海绵城市建设指南与实践案例。依据层次分析法构建海绵城市设计评估指标体系，筛选出海绵城市建设指标、海绵设施、技术措施、景观品质、运营维护五个方面的各级指标，确定各级指标的权重和评分标准，对部分重要指标的评估内容进行具体分析和论述，以此为基础对设计方案进行高、中、低评级，明确海绵城市建设新型设施材料的使用与发展方向，提出海绵城市设计管控创新举措。该项成果可广泛应用于海绵城市设计与评估工作当中，为海绵城市建设贡献力量。

图书在版编目（CIP）数据

地块层面海绵城市设计与评估全解 / 魏正等著 . -- 武汉 ： 华中科技大学出版社，2025.3. -- ISBN 978-7-5772-1676-8

Ⅰ . TU984.2

中国国家版本馆 CIP 数据核字第 2025NK3105 号

地块层面海绵城市设计与评估全解 　　　　　　　　　　　　　魏　正　张　凯　陶文铸　郑猛波　著
Dikuai Cengmian Haimian Chengshi Sheji yu Pinggu Quanjie

策划编辑：周永华
责任编辑：陈　忠
封面设计：张　靖
责任校对：何家乐
责任监印：朱　玢
出版发行：华中科技大学出版社（中国·武汉）　　　　电　　话：（027）81321913
　　　　　武汉市东湖新技术开发区华工科技园　　　　邮　　编：430223
录　　排：华中科技大学惠友文印中心
印　　刷：湖北金港彩印有限公司
开　　本：880mm×1230mm　1/16
印　　张：15.25
字　　数：527 千字
版　　次：2025 年 3 月第 1 版第 1 次印刷
定　　价：98.00 元

作者介绍

魏正：智汇城设计咨询集团有限公司创始人，现任集团董事长兼总经理，高级工程师，注册城乡规划师、注册咨询工程师（投资），"武汉英才"城市建设领域名家，湖北省国土空间规划学会常务理事，现从事工程建设领域全过程咨询与技术服务、数字产业、产业互联等工作。已取得工程报建咨询系统、规房建筑面积测算系统、海绵城市设计系统（海宝）、BIM智能设计与审查平台、来活了等30余项软件著作权，海绵铺装材料、组合式储能器、碳达峰减排警用装置等多项专利。公开出版《建筑面积计算——全国建筑面积计算规范解读》《日照权与行为尺度——面向管理部门、技术单位和老百姓的日照百科全书》等专著，在《城市规划》《城市发展研究》《住宅产业》《科技进步与对策》等国内行业核心期刊和国际国内重要学术会议上发表论文30余篇。主持的工程项目和科研项目获得国家、湖北省、武汉市优秀城乡规划设计奖20余项，参与编制《建设工程规划电子报批数据标准》、《湖北省建筑日照分析技术规范》、《湖北省海绵城市设计施工图审查要点》等国家、地方标准。

陶文铸：城乡规划学博士，注册城乡规划师，现任湖北省空间规划研究院副院长。长期从事规划政策研究、技术咨询和相关管理工作，深度参与了湖北省规划体系改革系列工作，对总体规划、城市设计有较深入研究。主持或参与编制《湖北省城镇体系规划（2016—2030年）》《湖北省国土空间规划（2021—2035年）》《湖北省域战略规划》等多项省级重点规划，以及《长阳县龙舟坪镇总体城市设计》《宁波王家弄街区城市设计》《保定工业园城市设计》等多项城市设计。主持起草城市总体规划改革、城市设计、国土空间规划等相关重要政策文件20余份，主持研究起草湖北省城市总体规划编制CAD制图规范、湖北省市县乡三级国土空间总体规划编制导则以及村庄规划编制技术规程等系列地方标准规范。完成《湖北省城市设计管理规定和技术规范》等多项部级、省级课题研究，参与编写《湖北省城市设计探索与实践》，发表论文10余篇，获国家级、省级优秀城市规划奖10余项。

张凯：华中科技大学城市规划专业博士；现任武汉理工大学土木工程与建筑学院建筑与城乡规划系讲师；主要从事区域发展、小城镇及村庄规划、规划咨询等方面的研究。近年来，作为主创人员参与国家自然科学基金项目3项，主持科研项目10余项；参与的社会实践项目获得国家及省级城乡规划设计奖多项，其中《新疆生产建设兵团（铁干里克镇总体规划修编）（2011—2030）》获全国优秀城乡规划设计奖（村镇规划类）三等奖，《惠水县县域总体规划（2016—2030）》获全国优秀城乡规划设计奖优秀奖。

郑猛波：毕业于武汉城市建设学院城市规划专业，注册城乡规划师，高级工程师，现任襄阳市国土空间规划研究院副院长、襄阳市城乡规划学会会长。从业20余年来负责或参与编制了《应对气候变化的多尺度城市风道规划理论、方法与运用》《襄阳都市圈系列规划》《襄阳市生态空间专项规划》等数十项大型规划和研究项目。荣获中国城市规划学会科技进步奖二等奖1项，湖北省优秀风景园林规划设计奖、湖北省优秀城乡规划设计奖10余项，1篇论文被中国知网收录，1篇论文获湖北省优秀论文奖。受聘为湖北省城乡规划专家库专家、襄阳市规委会专家委员会专家库专家、湖北文理学院兼职研究生导师等。

本书编委会

编写单位

智汇城设计咨询集团有限公司

中新（武汉）勘测设计有限公司

武汉中创工程设计有限公司

湖北中合建工有限公司

武汉理工大学

湖北省空间规划研究院

襄阳市国土空间规划研究院

编写组人员名单

魏　正　张　凯　陶文铸　郑猛波　余　乐

张小羽　江　戈　张　宇　祁　琪　董　帆

朱德果　鲁　泽　徐　爽　张瀚文　张　满

序

当我们的城市踏上发展的征程，海绵城市建设已然成为时代的重要推力。这本书，犹如一颗璀璨的明珠，在海绵城市建设的浩瀚星空中闪耀着独特的光芒。

随着我国海绵城市建设逐步步入正轨，理论日益成熟，但在实际建设中，地块层面海绵城市设计与评估却面临诸多挑战：管理部门唯指标化的管理手段，让建设方与设计机构疲于计算，而忽视了对海绵城市设计方案的深入评估；建设方对海绵设施的认知不足，影响了设施的运行效果；设计机构对公众参与和后期监测运维的不重视，使得设计方案的实施效果大打折扣。

然而，这本书的出现，为解决这些问题带来了希望。本书以地块层面为切入点，深入探讨海绵城市设计与评估的指标体系、方法体系和关键技术。通过对影响海绵城市建设效果的因素进行总结与解析，融合 EPC 的市场运行阶段特征，结合国家海绵城市建设指南、地方导则与指南、文献研究及实践案例，构建了科学合理的指标体系，确定了各级指标的权重和评分标准，并对部分重要指标进行了具体分析和论述。本书还提出了三大策略：通过城市级数理空间分析，为弹性管理提供可行性建议；通过对海绵设施的综合分析，为建设方提供方案选择策略；基于海绵设施衔接技术和公众参与的研究，为设计机构提供设计指导策略。

在这个充满挑战与机遇的时代，这本书无疑是海绵城市建设的重要指南。它将为管理者、建设方和设计机构提供有力的支撑，共同推动海绵城市建设迈向新的高度。让我们一同翻开这本书，开启海绵城市建设的精彩之旅，为创造更加美好的城市未来贡献自己的力量。

——魏正

前　言

随着我国海绵城市建设逐渐步入正轨，海绵城市设计与评估理论也日趋成熟，但实际建设中地块层面海绵城市设计与评估工作在多方面因素影响下依旧效果不佳。在管理层面，唯指标化的管理手段促使建设方与设计机构疲于计算指标，对海绵城市设计没有较多考量；建设方对于海绵设施特征、应用和组合搭配效果等认知不足也是造成海绵设施作用效果不佳的原因之一；对于设计机构而言，公众参与和后期监测运营反馈是提升设计方案实际应用效果的重要程序，但目前多数地块层面海绵城市设计对二者并不重视。因此本书开展海绵城市设计与评估指标体系、内容、方法、设施材料和管控创新举措的研究，以期为管理者、建设方和设计机构提供切实可行的指导意见。

城乡建设用地细分地块是海绵城市设计的基本载体。一方面，从城市规划来看，地块层面的修建性详细规划通过上位总体规划和控制性详细规划所提出的规划条件来指导各个地块的建设；另一方面，城市及区域海绵专项规划中有关水生态、水资源、水环境、水安全的各项海绵城市建设指标逐层分解到地块层面，所以地块是海绵城市设计的最小组成单元。因此本书基于地块层面对海绵城市设计与评估指标体系、方法体系、关键技术进行综合论述。

本书以构建修建性详细规划下的建设项目海绵城市设计与评估指标、技术和方法为编撰目标，融合EPC的市场运行阶段特征，对影响海绵城市建设效果的因素进行总结与解析。从建设项目设计、施工、验收、运营维护、规划管理等多阶段综合国家海绵城市建设指南、武汉市海绵城市建设导则与指南、文献研究以及实践案例进行剖析。依据层次分析法构建海绵城市设计与评估指标体系，筛选出海绵城市建设指标、海绵设施、技术措施、景观品质、运营维护五个方面的各级指标，确定各级指标的权重和评分标准，对部分重要指标的评估内容进行具体分析和论述，并应用于设计与评估工作中。以此为基础，按照项目地块的规划条件，对设计方案进行高、中、低评级，此外，明确了海绵城市建设新型设施材料的发展方向，提出海绵城市设计管控创新举措，以期为海绵城市建设贡献绵薄之力。

本书基于目前海绵城市建设存在的主要问题，提出三大策略。策略一：基于武汉市海绵城市建设案例进行数理空间分析，分析指标弹性，为政府管理者的弹性管理提供可行性建议；策略二：通过对海绵设施应用和组合搭配等的综合分析，为建设方提供高、中、低档方案选择策略；策略三：基于海绵设施衔接技术以及公众参与和运营监测反馈的研究，为海绵城市设计机构提供设计指导策略。

目录

第 *1* 章

概 述

1.1 基本概念

1.1.1 海绵城市

"由于高密度的城市化和气候变化，城市极端降雨的频率和强度都在增加，传统排水系统的设计无法应对这种增长，洪水在城市中变得越来越普遍，尤其是在中国迅速增长的城市中。为了更好地应对频繁的城市洪水，并提高雨水径流的水质，中国政府于 2014 年启动了国家海绵城市建设项目"[1]。2014 年 10 月，住房和城乡建设部发布了《海绵城市建设技术指南——低影响开发雨水系统构建（试行）》，该指南对海绵城市进行了明确的定义：海绵城市是指城市能够像海绵一样，在适应环境变化和应对自然灾害等方面具有良好的"弹性"，下雨时吸水、蓄水、渗水、净水，需要时将蓄存的水"释放"并加以利用。海绵城市所建立的雨洪管理系统与传统排水系统在理念、设计原则、设计参数、技术措施等方面均具有较大差异，"海绵城市综合考虑水生态、水安全、水资源、水环境、水文化等综合目标，为了改变传统的广泛的城市化模式，它建立在作为雨水管理核心的现有综合系统之上，该系统与污水或供水以及其他相关系统相连"[2]。

海绵城市建设应遵循生态优先等原则，将自然途径与人工措施相结合，在确保城市排水防涝安全的前提下，最大限度地实现雨水在城市区域的积存、渗透和净化，促进雨水资源的利用和生态环境保护。在海绵城市建设过程中，应统筹自然降水、地表水和地下水的系统性，协调给水、排水等水循环利用各环节，并考虑其复杂性和长期性[3]。

海绵城市理论是低影响开发、绿色基础设施建设等理念和技术在中国的衍生、实践与创新，是实现生态环境保护目标、保证城市可持续发展的有效途径。海绵城市转变了城市的发展理念和发展模式，使城市发展从以往粗放式的工程建设模式向集约式、精细化的建设模式转变，从对自然资源的无序利用及不计后果的开发向科学管理、有序协调转变[4]。

1.1.2 EPC

"EPC（engineering procurement construction）是指'公司受业主委托，按照合同约定对工程建设项目的设计、采购、施工、试运行等实行全过程或若干阶段的承包。通常公司在总价合同条件下，对所承包工程的质量、安全、费用和进度负责'"[5]。

在国家发展改革委联合住房和城乡建设部共同印发推行的《房屋建筑和市政基础设施项目工程总承包管理办法》以及《关于推进全过程工程咨询服务发展的指导意见》等政策文件和相关意见的指导下，国有和政府投资项目原则上需要配备由工程总承包（EPC）项目经理作为总负责人的 EPC 工程总承包管理团队进行工程总承包建设实施。并配备以全过程工程项目管理师和全过程工程咨询项目经理作为总咨询师的全过程工程咨询服务团队，来为业主和 EPC 工程总承包项目提供各阶段咨询和项目全过程管理服务[6]。

本书的研究采用 EPC 概念，从设计、施工、竣工验收、运营维护四个阶段梳理海绵城市设计内容，以各个阶段合理衔接，进行整体设计为目标，综合考量海绵城市设计在各阶段的重要内容及其权重，融合管理、设计、开发三方视角，对海绵城市建设指标、海绵设施的平面布局及技术衔接、海绵设施景观品质、海绵设施运营监测等多方面展开研究。

1.2 发展背景

1.2.1 海绵城市建设管理规行矩步

1.2.1.1 管理手段唯指标化

武汉市海绵城市以"三图两表"为主要设计内容，即下垫面分类布局图、海绵设施分布图、场地竖向及地面径流路径设计图、海绵城市设计目标取值计算表、海绵城市专项设计方案自评表。两表控制的主要指标又分为强制性指标与引导性指标，其中年径流总量控制率、峰值径流系数、面源污染削减率、可渗透硬化地面占比、雨水管网设计暴雨重现期为五个强制性指标；新建项目下沉式绿地率、新建项目景观水体利用雨水的补水量占水体蒸发量的比例、新建项目中高度不超过 30 m 的平屋面软化屋面率为三个引导性指标。"三图两表"管理的核心为在海绵城市建设中强制性指标和引导性指标是否达到目标值要求，这种唯指标化的管理手段使建设项目建设方与设计者过于看重指标要求，进行海绵设施规划布置时对海绵设施之间的衔接以及海绵设施景观效果考虑较少甚至不做考虑，导致建设项目内景观品质不佳。

1.2.1.2 管理内容弹性不足

各地海绵城市建设会依据地块区位、性质等因素拟定弹性空间，且建设指标目标取值会有一定的上下浮动。但不同的地块其规划净用地面积、容积率、建筑密度等规划条件存在差异，项目进行海绵城市建设的基础条件并不相同。因此目前这种依据区位条件等因素赋予指标弹性的做法仍有局限和不足，同样也会限制海绵景观融合设计上的可发挥空间，造成资源与空间浪费。

1.2.1.3 管理阶段后续监管缺位

目前海绵城市建设管理主要针对前期设计与施工，而项目竣工验收后的监管是相对缺乏的。建设项目在核发建设用地规划许可证前，需对建设项目规划设计图纸和施工图进行初步审查，竣工验收时海绵管理办公室和园林管理部门需要检查建设项目是否符合海绵城市建设指标的要求，但在整个监管及报规流程中并未明确要求管理部门对海绵城市建设项目进行后期监测与反馈，后期监管缺位，部分项目的海绵设施运营维护效果不佳。

1.2.2 海绵城市设计轻虑浅谋

1.2.2.1 海绵城市设计与景观设计衔接不当

海绵设施一方面是海绵城市建设的基础，另一方面是景观设计的组成要素，海绵设施的数量、种类、空间布置以及设施之间的衔接都会影响地块海绵城市建设指标和景观效果。如下沉式绿地、雨水花园、绿色屋顶以及透水铺装都是景观设计的组成要素，但目前建设项目中海绵城市设计与景观设计常被划分为两个独立的板块，各自为营，两者规划设计内容并无明确的衔接路径及工作方法，这是造成地块层面海绵景观融合效果不佳的主要原因。

1.2.2.2 海绵城市设计忽视运营维护特征

完善的海绵城市设计内容应考虑项目建成后的监测与反馈问题，将后期在海绵设计水量、流速、使用状况的监测中发现的问题反馈到各项设施的设计标准中，更有利于海绵城市建设达到预期效果和发挥长期作用。但目前海绵城市设计内容更重视设计与施工，缺乏针对项目运行所提出的针对性措施。针对项目的使用特征展开设计也是目前海绵城市设计亟须重视的问题。

1.2.2.3 缺乏公众深度参与

地块层面海绵城市设计参与方多是建设方、设计人员以及政府管理部门，而项目业主极少参与前期设计。海绵城市建设最终应当是受益于民，海绵设施的使用者、海绵景观融合效果的评判者也应是居民，如何在海绵设计中考虑居民的体验感，在相关景观项目中考虑居民的参与性、互动性、趣味性，提升居民对海绵景观设计的认同感，也是当前面临的一大问题。

1.2.3　海绵景观融合设计评估指标体系研究鲜见

海绵设施种类众多，每类海绵设施都有其独有的特征与作用，海绵设施之间的不同搭配与组合对海绵城市建设指标以及景观效果有着不同的影响。在中高水平的预算下，海绵设施选择高端材料，面积较大，但并不一定会带来最佳的海绵景观建设效果和较高的景观品质。利用性价比较高的中低端材料，采取更适合排水、储水的技术手段，海绵景观也能达到预期效果。

基于此，海绵城市建设从前期规划目标的建立，到海绵城市规划设计及海绵城市设计实践，最后到海绵城市绩效评估、考核与反馈，相应的评估指标体系发挥着极其重要的作用。海绵景观融合设计评估指标体系的建立是指导海绵城市建设与景观设计更好衔接、完美融合的关键，也是探索海绵景观融合设计与发展方向的重要因素。

但目前的相关研究中尚缺少对地块层面海绵景观融合设计关键性评估指标体系的梳理概括，虽对于评估指标体系构建方法的研究较成熟，但对于海绵景观融合设计关键指标依旧没有系统甄别与总结，对海绵城市建设指标、海绵设施以及景观品质等关键指标的评估内容和评分标准也缺乏研究与分析。

因此当前对于修建性详细规划下的海绵景观融合设计评估指标体系的研究具有极其重要的意义，可为政府管理者的政策制定、建设方的方案选择和规划设计人员的设计导向提供一定的建议。

1.3　发表意义

1.3.1　为海绵城市建设管理提供弹性策略与评估依据

一方面，本书拟对武汉市近百个案例进行数理分析以及空间分析，研究地块层面海绵城市建设指标（五个强制性指标、三个引导性指标）与地块规划条件相关指标（规划净用地面积、容积率、建筑密度等）之间的联系与差异，在地块海绵设施配置层面分析其相关性形成原因，运用结论优化地块海绵城市设计指标目标取值的制定及管理过程，形成各类指标目标值制定的弹性策略，使其更为科学地适应市场需求，实现土地及水资源利用效率最大化。

另一方面，梳理规划、设计、施工、运营维护多阶段各类型规划的内容，综合考虑地块层面海绵城市设计指标、各类海绵设施的空间配置及技术措施、景观品质及后期运营维护等因素，在海绵城市设计大框架下形成多层级的评估指标，确定每一项指标的评估内容和标准，为管理部门在建设项目海绵城市建设各阶段提供评估依据，推动海绵城市建设由唯指标化管理转向多因素综合管理。

1.3.2　为海绵城市设计提供改进方法及关键技术

海绵城市设计的基础物质载体是各类海绵设施，通过对规范指南、文献、案例的综合梳理，按"渗、滞、蓄、净、用、排"六大功能对常用的海绵设施技术特点进行归纳总结，首先对主要的海绵设施，如透水铺装、下沉式绿地和绿色屋顶等进行综合性研究，分析其在不同的平面布局、竖向设计和材料施工等因素作用下对海绵城市设计效果的影响；其次对海绵城市设计的技术问题，如汇水分区划分、雨水利用方式、断接技术和初期弃流措施等进行系统梳理，为海绵城市设计提供关键技术；最后在项目运营维护中通过前端、末端的水质、水量、流速监测，对海绵设施使用效果进行评估，并将结果反馈到设计中，对规划设计和施工技术提出改进建议。

1.3.3　为建设项目开发提供方案选择与多方参与途径

结合海绵城市设计要点，在满足海绵城市设计基本指标阈值要求的前提下，结合海绵设施的采购成本、运营成本、使用年限、景观效果等因素，在满足"渗、滞、蓄、净、用、排"各类功能需求的前提下，形成高、中、低档海绵设施搭配组合，归纳出地块层面海绵城市设计的各档基本配置的内容，为建设方提供相应的多方案选择。

此外，在海绵城市设计中拟加入公众参与环节，采用问卷调查法邀请市民及海绵城市建设领域相关专家对海绵城市设计指标进行评估打分，确定各级指标权重，使海绵城市设计评估指标能够反映业主的真实需求，建立管理部门、建设方、设计机构多方参与调整机制和途径。

1.3.4 为海绵城市项目理论体系提供研究参考

本书运用层次分析法（analytic hierarchy process，AHP）构建海绵城市设计评估指标体系，在对国家及武汉市海绵城市建设导则和指南、海绵城市文献以及实际案例等进行综合研究与分析的前提下，确立海绵城市设计评估指标体系的各级指标，依据专家打分制定各级指标的权重，通过将定性与定量方法相结合的方式，提供客观可借鉴的评估内容与评估标准，为海绵城市建设及景观设计相关领域各专项规划、专项设计提供了一个较为全面的技术及理论框架，具有一定的理论及实践价值。

1.3.5 为海绵城市建设设施材料发展指引方向

首先，海绵城市建设设施材料的改进可有效解决当前雨洪带来的诸多城市积水问题，雨水可通过海绵设施材料渗透、储存或净化等，地下水资源及时得到补充，城市微生物循环条件得到极大改善；其次，良好的设施材料能通过水的循环调节地表温度，有效解决城市热岛效应问题；最后，海绵城市建设材料可使雨后地面不积水，极大降低城市内涝灾害风险。

1.4 研究方向

1.4.1 海绵城市设计理论及技术综述

1.4.1.1 溯源理论脉络，梳理法规政策

溯源国外城市雨洪处理理论与海绵城市理念研究，对雨洪管理相关理念，如美国的最佳管理措施等进行概述，基于相关理念对发达国家的城市雨水管理法规与管理政策实施进行梳理，分析其与国内海绵城市理念、政策内容的关联性，明确海绵城市设计内容的理论支撑和基础。

1.4.1.2 比较雨洪模型软件，总结案例技术特点

比较国外广泛使用的雨水管理模型技术特点，如美国环境保护署开发的用于模拟单个降水事件或长期水量和水质的动态降水－流出模拟模型（SWMM）；直观显示雨洪管理设施的最佳配置、类型、成本或雨水的流出比关系的国家雨水计算模型（SWC）。在软件模型技术支撑的基础上，分析海绵景观具有参与性、体验性、互动性的成功案例，如德国阿卡迪恩温南登生态村、美国华盛顿州西雅图高点社区等。

1.4.1.3 总结国内海绵城市评估研究方向及问题

梳理国内海绵城市设计研究阶段及特征，对海绵城市设计项目评估对象的层级（城市级、分区级、地块级）、评估指标体系构建程序（层次分析法以及模糊综合层次分析法）、评估指标体系层级及构建方法（一级、二级和三级指标，如适宜性评估、地形地貌评估、SWMM模拟水文变化情况等）、应用策略（管理方、建设方、设计机构）等进行研究，重点对地块层面海绵城市设计相关文献进行梳理总结，分析其特征以及研究侧重点，为海绵城市设

计评估指标体系提供基础理论依据。

1.4.2 海绵城市设计评估指标体系构建

1.4.2.1 海绵城市设计评估指标筛选

基于科学性、动态性、独立性、可度量性、可衔接性和定性与定量相结合的原则，从规范指南、文献、实践案例三个层面广泛梳理评估指标。

①规范指南层面。国家规范指南以《海绵城市建设技术指南——低影响开发雨水系统构建（试行）》、《海绵城市专项规划编制暂行规定》、《海绵城市建设绩效评价与考核办法（试行）》和《国务院办公厅关于推进海绵城市建设的指导意见》（国办发〔2015〕75号）等为对象进行指标筛选；省、市方面以《湖北省海绵城市设计施工图审查要点》（T/HBKCSJ 13—2022）、《武汉市海绵城市设计文件编制规定及技术审查要点》、《武汉市海绵城市规划技术导则》、《武汉海绵城市建设施工及验收规定》和《武汉市海绵城市建设设计指南》等技术导则为基本范围。

②文献层面。在知网数据库（2015—2021年），以"海绵城市"为关键词进行搜索，会议论文有512篇，学位论文有1740篇，期刊论文有9456篇，拟甄别核心期刊，进一步筛选指标。

③实践案例层面。以武汉市为主要研究区域，将近百个地块层面海绵城市设计案例作为甄别对象，分析在设计、施工、竣工验收和运营维护阶段高频率运用的海绵设施、技术环节、景观措施，结合相关技术要求，将对应内容转换为评估指标。

1.4.2.2 海绵城市设计评估指标层级拟定

采用EPC概念，从拿地后规划、设计、施工、运营维护四个阶段梳理海绵城市设计内容，以各个阶段合理衔接、整体全过程设计为目标，综合考量海绵城市设计在各阶段的重要内容，融合管理、设计、开发三方视角，拟从海绵城市建设指标（年径流总量控制率、峰值径流系数、面源污染削减率和雨水资源利用率）、海绵设施（对使用频率较高及景观效果较好的20余种海绵设施，围绕其平面布局、结构设计、排水设计展开指标设置）、技术措施（汇水分区、雨水利用、断接技术、初期弃流、虹吸排水）、景观品质（软、硬质景观，植物空间设计，以及绿色建筑）、运营维护（水质、水量、流速等监测）五个方面构建评估指标体系。

1.4.2.3 海绵城市设计评估指标权重确立

依据专家打分法和问卷调查法构建的方法及程序收集各级指标评估数据，建立评估模型；将数据应用到层次分析法的判断矩阵中，两两比较各指标的重要程度，制定各级指标的权重，形成完整的海绵城市设计评估指标体系。

1.4.3 海绵城市设计评估内容

1.4.3.1 海绵城市建设指标

在海绵城市管理强制性及引导性指标基本要求的基础上，对实践项目地块规划条件与海绵城市设计指标进行空间关联性分析，将地块空间区域要素、面积规模要素、建设强度及密度要素融入海绵城市建设指标中，结合成本因素采用阈值阶段赋分的方式，拟对年径流总量控制率、峰值径流系数、面源污染削减率和雨水资源利用率指标的评估内容进行分析与确定。

1.4.3.2 海绵设施

海绵设施是海绵城市建设的基本要素，是实现海绵城市建设指标的基本载体，同时也是影响海绵城市建设成本的重要因素。本书拟按照常用海绵设施的适用范围和类型特点进行归纳，按其海绵专属功能明确各类海绵设施影响海绵设计与景观设计的基本内容，从平面布局、结构设计、排水设计、景观效果设计、造价比对、使用有效期限等方面确定评估内容及评估标准。本书拟重点关注使用较为广泛的透水铺装、下沉式绿地和绿色屋顶三项海绵设施。

1.4.3.3 技术措施

海绵城市设计需要采用一定的技术处理措施来保证海绵效果和景观品质。本书拟从海绵及景观两方面出发，重点关注治水、排水、渗水、蓄水技术，从技术－设施－景观联动出发，对汇水分区的划定方式、分区特性和连通性；雨水利用的回用性、调蓄／下渗度和直排占比；断接技术的消纳能力和消能设施；初期弃流技术的弃流量和弃流方式；虹吸排水技术的隔断层设计和地面虹吸排水展开研究。

1.4.3.4 景观品质

地块中对海绵景观融合设计品质产生影响的主要因素是建筑、植物、水体、道路以及包括透水铺装在内的海绵设施等，本书拟将上述评估对象概括为软、硬质景观，植物空间设计，以及绿色建筑三类进行综合论述，有利于区别海绵设施的相关评估内容。

1.4.3.5 运营维护

运营维护阶段的评估对象主要是后期的监测结果，包括对水质、水量、流速的背景监测、源头监测、过程监测和末端监测。在运营维护阶段以监测的方式反映地块层面海绵城市建设的效果，基于监测结果分析地块层面海绵城市设计不完善的原因，反馈至设计阶段，将有利于设计机构对地块层面海绵城市设计方案不断优化。

1.4.4 海绵城市设计评估指标体系应用策略

1.4.4.1 弹性管理策略

利用 SPSS 及 ArcGIS 软件，基于武汉市近百个海绵城市项目的规划条件与海绵城市指标的相关性分析和空间分析，在海绵城市建设指标门槛值弹性变化的基础上，强化基于地块不同用地性质、不同区位、不同建设强度、不同建设密度、不同景观效果的海绵城市弹性指标导控策略，在指标类型及阈值范围上"因地制宜"，以免海绵城市建设项目因拼凑指标而带来的资源浪费及各种问题。

1.4.4.2 开发运营策略

基于海绵城市设计评估指标体系的内容，从土地价值、开发强度、楼盘定位、造价预算、景观品质等多方面，在基本能保证海绵景观效果的前提下，制定海绵设施多类型、多种类、多规模的组合方式，采用更为合理的技术措施，形成高、中、低档海绵景观融合建设方案，运用市场规律，为建设方提供多种策划方案，适应不同的需求。

1.4.4.3 设计导向策略

基于各层级、各类型指标评估内容和评分标准，总结不同类型海绵设施的关键技术参数及技术措施，形成重要节点，如入口处、中心景观、组团绿化、楼栋入口处的独立海绵设施和多类型、多功能海绵设施组合布置方法，为海绵城市设计提供明确的指导意见。

1.4.5　海绵城市建设设施材料发展方向

海绵城市建设设施材料是海绵设施的基本载体,同时也是影响海绵城市建设成本的重要因素。本书拟按照"渗、滞、蓄、净、用、排"六大功能对常用海绵设计使用的设施材料进行归纳,分析设施材料的发展过程和改良思路,按海绵城市建设设施材料专属功能明确各类设施材料的设计发展方向。

1.5　编撰路径

1.5.1　方法

1.5.1.1　相关性分析

对武汉市近百个实际建设项目的数据进行统计,采用 SPSS 软件的相关性分析法进行数据分析,研究建设项目海绵城市建设指标与地块规划条件之间的联系,如建设项目的建筑密度、容积率、规划净用地面积等规划条件与年径流总量控制率、面源污染削减率、峰值径流系数等海绵城市建设指标之间是否存在相关性以及相关性系数是多少,利用结论为管理部门和建设方提供可行性建议。

1.5.1.2　空间分析

运用 ArcGIS 软件对武汉市近百个实际建设项目的地理位置进行标注,分析在不同地理空间位置上建设项目的规划条件与海绵城市建设指标等存在的差异,研究其中的原因与影响因素,从而为指标制定的优化与改进提供理论基础。

1.5.1.3　层次分析法

层次分析法是一种定性与定量相结合的系统分析方法。该方法将复杂问题降级化,分解成小指标,在所有指标间进行对比分析,得到多种解决问题的办法,由于各个办法所占权重不同,通过分析最后得到最好的问题解决方式。对近几年海绵城市建设相关文献进行分析总结,可以发现层次分析法广泛应用于评估指标体系的构建,通过层次分析法得出的结论具有一定的实践意义与参考价值,因此本书也将采用层次分析法构建海绵城市设计评估指标体系。

1.5.1.4　文献归纳分析法

研究大量相关理论文献和技术研究成果,掌握海绵城市基础理论,了解海绵城市规划设计与建设项目的关联性,关注海绵城市设计的前沿研究,搜集相关基础数据,研究各项海绵设施与指标的内涵与特点,通过基础理论与文献资料的总结、比较和叠合,获取国内外关于建设项目海绵城市建设的前沿理论和研究信息,并以此为依据提出有重点的、有针对性的应对建设项目海绵城市设计的建设方法与策略。

1.5.2　技术路线

技术路线如图 1-1 所示。

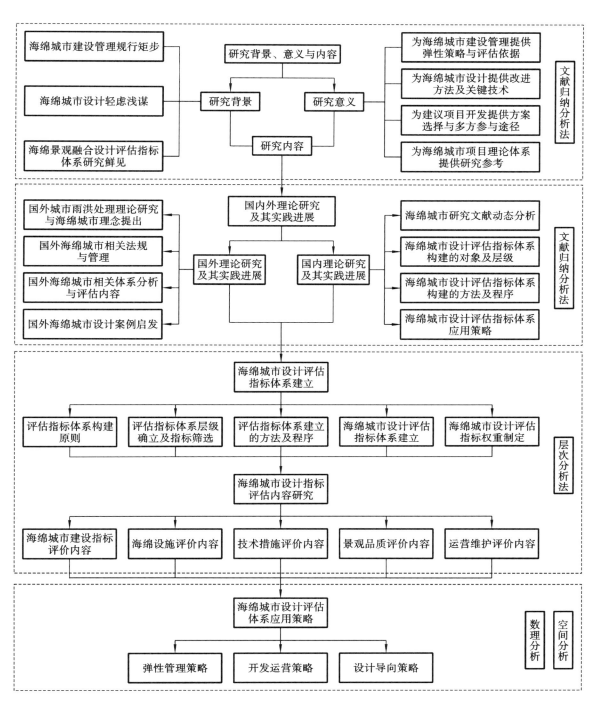

图 1-1 技术路线

第 2 章

国内外海绵城市设计发展现状及其实践进展

2.1 国外海绵城市设计理论与实践

2.1.1 国外城市雨洪处理理论发展现状与海绵城市理念的提出

国外在城市雨洪处理方面较国内更加先进，开始时间更早。美国、德国、澳大利亚、新西兰、英国等发达国家已广泛采用低影响开发技术，几乎在所有新建和改建的场地都不同程度地应用低影响开发措施，最大限度地减少土地开发对于周围生态环境的影响。当前国外较成熟的雨洪管理理念有澳大利亚水敏感城市（WSUD）、新西兰低影响城市设计与设计理念（LIUDD）、英国可持续排水方案（SUDs）和美国最佳管理措施（BMPs）等[7]。国外海绵城市相关理论总结分析见表2-1。

而"我国海绵城市建设是基于低影响发展的理念，与雨水管理基础设施相结合，以减轻城市洪水和风暴污染"[8]。国内海绵城市理念由于提出较晚，目前尚未建立起完整的体系。

表 2-1 国外海绵城市相关理论总结分析

名称	地区	理念概述
最佳管理措施（best management practices, BMPs）	美国	要求尽早制定雨水污染控制的相关法律法规和执行办法，结合水污染的实际情况，明确雨水污染控制的目标。确定合适的城市雨水收集系统，采用分散污染物源头控制和末端集中处理相结合的手段，控制污染物的产生，有效去除污染物。BMPs对于海绵景观融合相关理念较少提及
低影响开发策略（low impact development, LID）	美国	要求建立健全的法律法规制度，重视自然环境，加强非建设工程措施的运用，将雨水利用与公园环境设计等社会功能结合起来，其在控制水文平衡的基础上应用景观设计来净化被污染的径流
绿色基础设施（green infrastructure, GI）	美国	强调雨洪管理与城市规划、景观设计、生态和生物保护等学科的结合和跨专业应用，主张更广泛地设计雨水塘、湿地、景观水体、蓄滞洪区等自然设施，从而改善城市和社区环境质量
可持续排水方案（sustainable drainage systems, SUDs）	美国	强调水质、水量和地表水舒适宜人的娱乐游憩价值。SUDs的设计目的是促进雨水渗入地下，或者在源头控制雨水进入雨水设施，以模仿自然的排水方式
水敏感城市（water sensitive urban design, WSUD）	澳大利亚	与传统城市设计相比，WSUD是从解决城市水问题的角度出发，在不同规模的实践工程上将城市设计与水循环设施有机结合并达到优化，以实现可持续城市化，鼓励景观设计与雨洪管理相结合，增加建设项目的美学价值
低影响城市设计与设计理念（low impact urban design and development, LIUDD）	新西兰	旨在通过系统的方法提高建成环境的可持续性，从而避免传统的建设方法带来的负面影响，同时保护生态水体以及陆地生态系统的完整性。其目的在于强调跨学科的规划与设计，实现自然资源价值的最大化，通过设计具有自然特征的系统调节径流量和湿度，降低洪涝风险、控制污染物、改善流域环境

2.1.2 国外海绵城市相关法规与管理

国外多数发达城市在雨水管理的法规与管理政策实施方面较为成熟，并且实施效果较好。美国并无统一法规，但在《联邦水污染控制法》和《雨水利用条例》等中均对防止初期径流污染和控制暴雨洪峰流量进行了重点规定；瑞典要求各项目的业主承担雨水管理的责任，鼓励或强制业主建设雨洪处理设施；新西兰中央政府层面出台资源管理法，使各地区在进行雨洪管理建设时有统一法规可循；德国政府提供直接或间接财政补贴以促进绿色基础设施及LID设施的建设，并且推出雨水处理费这一惩罚措施，敦促新建项目建设雨洪管理设施；澳大利亚则采取自上而下和自下而上相结合的方式来进行管理[9]。国外雨洪管理相关法规与管理内容梳理见表2-2。

我国海绵城市体系研究起步较晚，时间较短，当前并未出台具有强制性约束作用的法律法规，并且在已有的国家指南以及各个地方的导则规范中也没有对海绵城市建设作出具体指导。

表 2-2　国外雨洪管理相关法规与管理内容梳理

地区	法规与管理措施
美国	无统一法规，但在《联邦水污染控制法》《水质法案》《清洁水法》和《雨水利用条例》等中均对防止初期径流污染和控制暴雨洪峰流量进行了重点规定
新西兰	中央政府层面出台资源管理法，其由超过 20 部法案整合而成，使各地区在规划雨洪管理体系时有统一法规可循
瑞典	将管理雨水的重任下放到了各项目的业主身上，鼓励或强制业主建设雨洪处理设施
德国	政府提供直接或间接财政补贴以促进绿色基础设施及 LID 设施的建设，并且规定新建项目中若没有建设雨水管理设施，政府将收取雨水处理费
澳大利亚	采取自上而下和自下而上相结合的方式

2.1.3　国外海绵城市相关体系分析与评估内容

为更真实、准确地模拟当地水文条件，国外发达国家有关部门和大学不断研发新的雨洪模型。中国广泛使用的雨水管理模型之一是美国环境保护署开发的雨水洪水管理模型 SWMM。雨水洪水管理模型主要是动态降水 - 流出模拟模型，用于模拟单个降水事件或长期水量和水质。

和 SWMM 类似，美国环境保护署开发的城市雨水处理与分析综合模型系统（SUSTAIN）和国家雨水计算模型（SWC）直观地显示了雨洪管理设施的最佳配置、类型、成本或雨水的流出比关系。

当下我国在进行雨洪分析时，多采用海外开发的软件，其实用性强，可应用于大部分的雨洪分析和过程评估。同样，海外关于海绵城市的体系评估也集中在雨量等指标上，对于海绵景观融合设计的定性指标评估很少。

2.1.4　国外海绵城市设计案例启发

2.1.4.1　德国阿卡迪恩温南登生态村

该生态村在提供廉价住宅的同时，还创造了通过雨水回收营造的水景和花园，通过旱溪、水溪将建筑屋顶、道路上的径流收集并储存到分布在场地中的大大小小的蓄水池中，用作厕所、景观和花园灌溉用水。生态村的设计亮点在于鼓励居民参与水的互动并提升其戏水体验，同时将分散式的雨水管理完美地融入社区景观环境中，所有居民都能看到和接触到绿地雨水管理功能，并且应用景观手段来显露自然、还原雨水循环过程，让自然过程可视化，并使其成为居民日常生活的一部分，这可以增强人们的环保意识，达到使人们关爱环境的目的。

2.1.4.2　美国华盛顿州西雅图高点社区

高点社区是一个由 34 个街区组成的混合社区，如今已成为西雅图第一个大规模的绿色社区，而雨水管理策略是其主要的设计亮点之一。在社区规划设计中注重可持续发展理念，将景观化的雨水管理与行人友好型街区设计相结合。并且在每个街区都有一个符合场地特点的雨水管理系统，而这些雨水管理系统又都与沿街道红线设置的雨水设施相关联，共同构成社区综合雨水管理系统。同时显露自然，通过可视化的雨水管理，突出了雨水的美学特征，从而促进人对雨水的体验。

2.1.4.3　国外实践案例总结

国外对于雨洪管理项目的景观化处理大多提倡显露自然，采用景观可视化途径，鼓励人们接触雨洪处理设施、使用雨洪处理设施、了解雨洪处理设施。雨洪处理设施不应千篇一律，应依据不同的地形地貌、不同的功能空间，塑造符合每一个场地特点的雨洪管理系统。同时将雨洪管理系统与活动街区、活动广场、绿地公园等人流集聚地结合，促进人与雨洪管理系统之间的互动。

2.2　国内海绵城市设计发展现状

2.2.1　海绵城市研究文献动态分析

2.2.1.1　文献研究范围

自海绵城市理念提出以来，学者广泛开展有关海绵城市的研究，研究成果众多，在知网数据库以"海绵城市"为关键词进行搜索，截至2021年5月，会议论文有512篇，学位论文有1740篇，期刊论文有9456篇。本书主要以学位论文和期刊论文为研究对象，其中期刊论文按照建筑学和城乡规划学认定的期刊进行检索，各期刊的分类如表2-3所示。

表 2-3　参考论文来源期刊分类表

期刊分区	期刊名称
A	《城市规划》《城市规划学刊》《城市发展研究》《中国园林》《建筑学报》
B	《规划师》《新建筑》《现代城市研究》《国际城市规划》《经济地理》《中国给水排水》《风景园林》
C	《建筑与文化》《华中建筑》《城市建筑》
其他期刊	《建筑科技》《水利发展研究》《南方建筑》

在检索文献时可以看出，不同期刊的海绵城市建设文献数量有很大差异。在学科类别方面，给排水类期刊的海绵城市建设文献数量明显高于其他学科，尤其是中国给水排水，其次是建筑与城乡规划类期刊，包括城市规划、规划师和城市建筑等；A、B刊中相关文献的数量也明显高于其他类型的期刊（图2-1）。

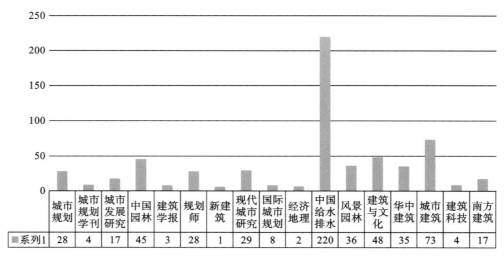

	城市规划	城市规划学刊	城市发展研究	中国园林	建筑学报	规划师	新建筑	现代城市研究	国际城市规划	经济地理	中国给水排水	风景园林	建筑与文化	华中建筑	城市建筑	建筑科技	南方建筑
系列1	28	4	17	45	3	28	1	29	8	2	220	36	48	35	73	4	17

图 2-1　不同期刊中文献数量示意图

2.2.1.2 海绵城市建设阶段特征

对近些年的期刊论文以及学位论文进行总结与分析，如表 2-4 所示，海绵设施和海绵城市建设指标一直是海绵城市相关文献的研究热点与重点。早几年文献偏向于海绵设施建设基础问题的研究，如海绵城市建设规划思路与策略等，到近两年研究重点逐渐转向海绵城市相关规划编制探索、海绵城市建设与评估和景观化策略等具有实际操作意义的主题。

表 2-4　2015—2020 年海绵城市建设研究主题

年份	研究主题
2015	海绵城市建设指标、海绵设施、海绵城市建设中的问题、海绵城市建设规划思路、适宜性评估
2016	海绵城市建设指标、海绵设施、海绵城市建设规划思路与策略、海绵城市相关规划编制思路探索
2017	海绵城市建设指标、海绵设施、海绵城市相关规划编制思路探索、海绵城市的建设与评估
2018	海绵城市建设指标、海绵设施、海绵城市的建设与评估
2019	海绵城市建设指标、海绵设施、海绵城市相关规划、海绵城市规划策略、海绵城市项目绩效评估
2020	海绵城市建设指标、海绵设施、海绵城市理念下的景观绿化设计、海绵城市地块指标分解、海绵城市相关规划

2.2.2 海绵城市设计评估指标体系构成的对象及层级

海绵城市建设是多尺度内容的集合，通常可以分为宏观、中观以及微观，宏观是区域层面，中观是城市和分区层面，微观则是街区以及景观层面。当前对于区域层面海绵城市设计评估指标的研究十分罕见，因此本书主要对城市层面、分区层面以及微观层面的海绵城市设计评估指标进行论述。

2.2.2.1 城市层面

《基于多目标优化与综合评价的海绵城市规划设计》一文以江西省中东部某城市为研究区，以综合建设成本、雨水径流控制能力和污染物控制率为一级指标，分别对绿色屋顶、透水铺装、下凹绿地、生物滞留池、植草沟和雨水花园等海绵设施以及年径流总量控制率、雨水年综合径流系数、雨峰系数等建设指标进行具体研究，得出评估结论[10]。《上海海绵城市绿地建设指标及低影响开发技术示范》以建成区绿地率、年径流污染控制率和雨水资源利用率为一级指标，以居住区绿地率、保障房绿地率、公共建筑绿地率、重要功能区绿地率、工业园区绿地率、道路绿地率、下凹式绿地率、绿色屋顶率和透水铺装率为二级指标[11]。

由这两篇文献可以看出，城市层面海绵城市设计评估指标体系的一级指标无论范围多广，二级指标依旧会落实到具体海绵设施的评估上，其中以下沉式绿地、透水铺装和绿色屋面出现频率最高。

2.2.2.2 分区层面

分区层面的参考文献，如《海绵城市规划目标指标体系构建研究——以南沙新区海绵城市建设为例》[12]和《基于 PSIR 框架的海绵城市规划指标体系构建——以武汉中法生态城为例》[13]都以《海绵城市建设技术指南——低影响开发雨水系统构建（试行）》中确立的水生态、水安全、水环境以及水资源为一级指标，以年径流总量控制率、生态岸线恢复率、绿化覆盖率、径流污染削减率、污水再生利用率、雨水资源利用率、城市内涝防治标准和排涝标准等为二级指标。但两篇文献在对指标细化后加入了下沉式绿地率、透水铺装率和绿色屋顶率，《基于 PSIR 框架的海绵城市规划指标体系构建——以武汉中法生态城为例》还增加了硬化面积率、生物滞留设施和雨水湿塘湿地在城市公园的面积占比等指标。

分区层面的海绵城市设计评估体系研究开始集中于年径流总量控制率和雨水资源利用率等海绵城市建设指标以及透水铺装、下沉式绿地和绿色屋顶等海绵设施方面。

2.2.2.3 地块层面

地块层面的参考文献数量最多，其中《福建省试点城市海绵小区评价指标体系研究——基于 AHP 层次分析法》在水生态、水环境、水资源和水安全的基础上增加了水管理和水文化两个一级指标，相应的管理、运营和公众参与等为二级指标[14]。《海绵城市理念下的城市住区系统构建及控制指标体系研究——以张家口市为例》一文将土地使用控制、生态与环境容量控制、场地开发容量、建筑建造、道路交通、配套设施、规划管理等作为评估指标体系的一级指标，以用地兼容性、LID 设施用地兼容、年径流总量控制率、雨水资源利用率、污水再生利用率、建筑容量、绿地率、屋顶绿化率、建筑中水回用利用率、雨水径流污染物控制、透水铺装、公共服务设施、市政基础设施、施工管理、运营管理和居民参与与监督为二级指标[15]。

综合分析后可以发现，上述研究指标体系根据文献研究侧重点不同而稍有差异，但是对于管理、运营维护、景观品质、居民体验以及公众参与愈加重视。

2.2.3 海绵城市设计评估指标体系构建的方法及程序

基于本书的对象和层级，本书将重点关注微观地块层面的设计指标体系构建方法及程序。

2.2.3.1 设计评估指标体系构建方法

近几年，多数文献在进行海绵城市设计评估指标体系研究时采用的是层次分析法以及模糊综合层次分析法，但也有部分研究采用文献研究、案例研究和类比分析等方法构建评估指标体系。如《福建省试点城市海绵小区评价指标体系研究——基于 AHP 层次分析法》《基于模糊层次分析法的海绵城市措施研究》[16]和《基于多目标优化与综合评价的海绵城市规划设计》皆是以层次分析法构建评估指标体系。而《海绵城市理念下的城市住区系统构建及控制指标体系研究——以张家口市为例》和《国外雨洪管理绩效评估研究进展及启示》[17]采用文献研究、案例研究和类比分析等方法构建评估指标体系，《基于 PSIR 框架的海绵城市规划指标体系构建——以武汉中法生态城为例》则是以 PSIR 框架为结构构建评估指标体系。

层次分析法及模糊综合层次分析法的原理大致相同，需确立一级指标、二级指标和三级指标，再辅以其他的研究方法进行补充，如利用 ArcGIS 进行适宜性评估和地形地貌分析；利用问卷调查法和案例调查获得相应数据；用 SWMM 模拟水文变化情况等。

本书构建的海绵城市设计评估指标体系有多层指标，并且相关评估内容的制定需要对案例进行研究分析，因此本书宜采用层次分析法构建评估指标体系，辅以案例分析法和问卷调查法以完成整个评估过程。

2.2.3.2 设计评估指标体系构建程序

多数采用层次分析法或模糊综合层次分析法的文献构建设计评估指标体系的程序大同小异，如在《福建省试点城市海绵小区评价指标体系研究——基于 AHP 层次分析法》《基于模糊层次分析法的海绵城市措施研究》和《基于多目标优化与综合评价的海绵城市规划设计》中先是论述指标体系构建的原则，接着对指标进行筛选或甄别，再构建相应主题的设计评估指标体系，然后在构建完整的设计评估指标体系的基础上制定各个指标的权重，最后应用到实际案例中进行综合评估。制定指标权重时多数文献采用层次分析法的矩阵法，也有部分文献会根据指标实际情况采用直接赋值的方法。

在《海绵城市规划目标指标体系构建研究——以南沙新区海绵城市建设为例》《基于 PSIR 框架的海绵城市规

划指标体系构建——以武汉中法生态城为例》《海绵城市理念下的城市住区系统构建及控制指标体系研究——以张家口市为例》《上海海绵城市绿地建设指标及低影响开发技术示范》和《海绵城市控制指标体系构建探讨》[18]中未采用层次分析法，但其指标体系构建过程也是先讲原则，再进行指标体系筛选，最后构建完整的设计评估指标体系以及确定指标权重。

2.2.4 海绵城市设计评估指标体系应用策略

2.2.4.1 从管理角度提出的策略

《基于 PSIR 框架的海绵城市规划指标体系构建——以武汉中法生态城为例》提出应当关注监测过程和管理，结合大数据的运用，为政府政策制定和公众满意度评估提供参考，促进公众与政府的有效沟通。在《海绵城市理念下的城市住区系统构建及控制指标体系研究——以张家口市为例》中构建的海绵住区控制指标体系为政府部门科学制定海绵住区控制指标并进行规划管理提供了一定依据。在《海绵城市建设绩效评价指标体系构建及对策研究——以国家级新区贵安新区为例》一文中，作者建议建立海绵监测系统，构建数据库共享服务，同时加强各部门之间的合作[19]。

多数文献对海绵城市设计评估指标体系构建从管理角度提出的策略倾向于为政策制定提供参考、为满意度评估提供依据以及为公众参与提供有效途径。

2.2.4.2 从设计机构角度提出的策略

在《海绵城市规划设计中的指标量化研究——以济南城区为例》中提出海绵城市的规划设计需要不同领域、不同层面的承接配合，既要定性也要定量，其研究适用于不同细化指标方案的模拟论证，从而帮助设计者选出最佳方案[20]。《海绵城市理念下雨水花园景观设计综合评价研究》提出的策略即对雨水公园景观设计的启示，要求对自然环境进行综合考察、注重场地的艺术诉求等[21]。

由此可以看出，当前构建的海绵城市设计评估指标体系对于设计者提供的应用策略多停留在理论层面，并未提供具体的设计方法与手段。

2.2.4.3 从建设方角度提出的策略

当前海绵城市设计评估指标体系研究极少针对建设方提供策略与建议，多数是在设计评估指标体系研究的基础上为政府管理者和设计机构提供可行性建议。

第 *3* 章

海绵城市设计评估指标体系建立

3.1　建立原则

3.1.1　层次性原则

整个海绵城市设计评估指标体系的建立是为了在后期能够指导海绵城市建设项目，基于 AHP 的数理基础，通常需要三个及以上的层次对决策目标进行描述，而决策目标层需划分明确、层级清晰，应自上而下不断分解细化，针对各个目标层赋予权重，方便针对不同的对象及其对应的层次指导工作。

3.1.2　全面性原则

为了使海绵城市设计评估指标体系更为合理和具有综合性，在选取指标的过程中应尽可能全面涵盖各方面的内容要素，使指标趋于完整。

3.1.3　定性与定量结合原则

对于指标评估、海绵设施中有规范可循的做法评估等可以量化，应定量分析；对于景观品质的评估、汇水分区的划分、外观等不能量化但必须考虑到，应定性分析。对于海绵城市设计的评估内容应遵循定性与定量相结合的原则，以定量为主，以定性为辅，提高设计与评估的科学性和有效性。

3.1.4　适用性原则

本书研究除了为海绵城市建设管理提供评估依据，还注重为建设项目的开发提供多种选择，为后期项目的建设提供指导。因此，在选取设计评估指标因素时，应追求化繁为简，明确核心问题，表述通俗易懂，使其容易在实际中运用。另外建立的模型的主要研究对象为武汉地区，对于其他地区相关内容应调整修正。

3.2　层级确立及指标筛选

从海绵城市设计与评估涉及的层面、阶段、工艺、环节出发，本书构建了三级指标体系，涉及 5 个一级指标、24 个二级指标、59 个三级指标。

3.2.1　一级指标

3.2.1.1　海绵城市建设指标

政府管理部门对海绵城市建设项目的验收管理以海绵城市建设指标为准则，管理内容为指标阈值，这种管理方式存在一定的弊端，本书选取海绵城市建设指标为一级评估指标，以期进行一定程度的优化。

3.2.1.2　海绵设施

从设计上看，海绵设施是海绵城市建设的基本要素；从管理上看，海绵设施是实现相应海绵城市建设指标目标的基本载体；从建设上看，海绵设施的材料与施工成本是建设方重点关注的因素。将海绵设施作为海绵城市设计评估指标体系的一级指标，对其进行综合分析，可为管理者、建设方和设计机构提供可行性建议。

3.2.1.3　技术措施

海绵设施的技术措施与项目造价和海绵城市建设品质有着直接联系，并且技术措施的精良与否对能否达成海绵城市建设指标也有重要影响，因此将技术措施作为一级指标进行研究有利于提升海绵设施的效果。

3.2.1.4　景观品质

在海绵景观融合设计中，景观效果和品质是最直观的评判标准，也是研究的重点之一，海绵设施的空间布置与技术措施的优劣也能通过景观品质显现出来。景观品质作为一个定性的一级指标，可为管理人员、设计人员和建设方评估地块海绵景观融合设计效果提供评估依据。

3.2.1.5　运营维护

在运营维护阶段以监测的方式反映地块海绵城市建设的成效，基于监测结果分析地块海绵城市建设不完善的原因，再反馈至设计阶段，将有利于设计者对地块海绵城市设计方案提出改进策略。

3.2.2　二级指标

3.2.2.1　海绵城市建设指标

（1）国家级指南及文件

《海绵城市建设技术指南——低影响开发雨水系统构建（试行）》提出了年径流总量控制率这一海绵城市建设独有的指标名词。推荐将年径流总量控制率作为城市总体规划和专项规划层面的低影响开发控制指标，以及提出面源污染去除率、雨水资源化利用率等其他指标。同时将下沉式绿地率、透水铺装率、绿色屋顶率等作为单项指标，明确指标的计算和分解方法[22]。

《国务院办公厅关于推进海绵城市建设的指导意见》要求"编制城市总体规划、控制性详细规划以及道路、绿地、水等相关专项规划时，要将雨水年径流总量控制率作为其刚性控制指标""将建筑与小区雨水收集利用、可渗透面积、蓝线划定与保护等海绵城市建设要求作为城市规划许可和项目建设的前置条件"[23]。

住房和城乡建设部印发的《海绵城市专项规划编制暂行规定》指出应将雨水年径流总量控制率纳入城市总体规划。编制或修改控制性详细规划时，应参考海绵城市专项规划中确定的雨水年径流总量控制率等要求，并根据实际情况，落实雨水年径流总量控制率等指标[24]。

住房和城乡建设部印发的《海绵城市建设绩效评价与考核办法（试行）》从绩效评估的角度，提出水生态、水环境、水资源和水安全四大方面的考核指标，可作为确定规划控制指标的参考[25]。

水利部印发的《水利部关于推进海绵城市建设水利工作的指导意见》（水规计〔2015〕321号）提出的水利主要指标包括：防洪标准、降雨滞蓄率、水域面积率、地表水体水质达标率、雨水资源利用率、再生水利用率、防洪堤达标率、排涝达标率、河湖水系生态防护比例、地下水埋深、新增水土流失治理率[26]。

国内相关文件中的海绵城市建设指标总结分析见表3-1。

表3-1　国内相关文件中的海绵城市建设指标总结分析

相关文件	指标
《海绵城市建设技术指南——低影响开发雨水系统构建（试行）》	年径流总量控制率、年SS总量去除率、雨水资源化利用率、下沉式绿地率、透水铺装率、绿色屋顶率
《国务院办公厅关于推进海绵城市建设的指导意见》	雨水年径流总量控制率
《海绵城市专项规划编制暂行规定》	雨水年径流总量控制率

相关文件	指标
《海绵城市建设绩效评价与考核办法（试行）》	水生态：年径流总量控制率、生态岸线恢复、地下水位和城市热岛效应 水环境：水环境质量（黑臭消除、河湖水系水质）、城市面源污染控制（雨污分流、雨水径流污染控制、合流制管渠溢流污染控制） 水资源：污水再生利用率、雨水资源利用率、供水管网漏损率 水安全：城市暴雨内涝灾害防治（积水点消除、内涝防范）、饮用水安全（饮用水水源地水质，自来水厂出厂水、管网水和龙头水水质）
《水利部关于推进海绵城市建设水利工作的指导意见》	防洪标准、降雨滞蓄率、水域面积率、地表水体水质达标率、雨水资源利用率、再生水利用率、防洪堤达标率、排涝达标率、河湖水系生态防护比例、地下水埋深、新增水土流失治理率

（2）武汉市技术导则及指南

武汉市根据实际雨水问题，将海绵城市建设指标分为强制性指标和引导性指标。其中，强制性指标包含年径流总量控制率、透水铺装率、峰值径流系数、下沉式绿地率（广义）、雨水管网设计暴雨重现期、面源污染削减率等6项，引导性指标包含雨水资源化利用率和绿色屋顶率等2项，见表3-2。

表3-2　武汉市海绵城市建设指标分类对比

强制性指标	引导性指标
年径流总量控制率、透水铺装率、峰值径流系数、下沉式绿地率（广义）、雨水管网设计暴雨重现期、面源污染削减率	雨水资源化利用率、绿色屋顶率

（3）相关文献研究

近几年的文献中，年径流总量控制率一直是重点研究对象，其他指标（如峰值径流系数和面源污染削减率等）则根据各地海绵城市建设实际情况而定，见表3-3。

表3-3　按年份划分主要研究指标

年份	研究指标
2014	年径流总量控制率、下沉式绿地雨水下沉量、雨量径流系数、饮用水安全
2015	年径流总量控制率、径流峰值控制率、径流污染控制率、雨水资源化利用、饮用水安全、污水再生利用率、绿地率、供水管网漏损率
2016	年径流总量控制率、面源污染控制率、雨水资源利用率、透水铺装率、绿色屋顶、下沉式绿地率、调蓄容积、供水管网漏损率
2017	年径流总量控制率、径流污染控制率、雨水资源利用率、径流峰值控制率、生态岸线比例、雨水口污染物削减率、透水铺装率、绿色屋顶率
2018	年径流总量控制率、污染物削减率、雨水资源利用率、峰值径流系数，下沉式绿地率、污水再生利用率、雨水管渠设计标准
2019	年径流总量控制率、面源污染控制率、雨水资源利用率、透水铺装率、绿色屋顶率、下沉式绿地率、蓄水容积、供水管网漏损率、径流削减率、峰值削减率
2020	年径流总量控制率、峰值径流系数、面源污染控制率、径流峰值控制率、生态岸线比例、雨水口污染物削减率、透水铺装率、绿色屋顶率、下沉式绿地率

（4）海绵城市建设指标总结

综合国家海绵城市建设指南、武汉市技术导则及指南和相关文献中对于指标的要求，可以看出，无论是在国家指南层面还是在地方性指南层面，年径流总量控制率都是最重要的一项指标，在文献中研究得最多的也是年径流总量控制率，其次是峰值径流系数、面源污染削减率和可渗透硬化地面占比。在《武汉市海绵城市建设设计指南》中将面源污染削减率、峰值径流系数和可渗透硬化地面占比均列为控制性指标，并且在国家海绵城市建设指南《海绵城市建设绩效评价与考核办法（试行）》中也对年径流总量控制率、面源污染削减率和可渗透硬化地面占比进行了重点论述。而近几年随着海绵城市建设的发展，对雨水管网设计暴雨重现期、新建项目下沉式绿地率、新建项目景观水体利用雨水的补水量占水体蒸发量的比例和新建项目中高度不超过 30 m 的平屋面软化屋面率等指标的研究也越来越多。因此综合国家海绵城市建设指南、武汉市海绵城市建设导则及指南和相关文献，本书选取年径流总量控制率、峰值径流系数、面源污染削减率、可渗透硬化地面占比、雨水管网设计暴雨重现期、新建项目下沉式绿地（含水体）率、新建项目景观水体利用雨水的补水量占水体蒸发量的比例和新建项目中高度不超过 30 m 的平屋面软化屋面率 8 个指标作为研究与评估对象，见表 3-4。

表 3-4　海绵城市建设指标总结

指标	总结
海绵城市建设指标	年径流总量控制率、峰值径流系数、面源污染削减率、可渗透硬化地面占比、雨水管网设计暴雨重现期、新建项目下沉式绿地（含水体）率、新建项目景观水体利用雨水的补水量占水体蒸发量的比例、新建项目中高度不超过 30 m 的平屋面软化屋面率

3.2.2.2　海绵设施

（1）国家级指南及文件

《海绵城市建设技术指南——低影响开发雨水系统构建（试行）》中提出"低影响开发技术按主要功能一般可分为渗透、储存、调节、转输、截污净化等几类"[3]，因此根据海绵设施的主要功能进行如表 3-5 所示的分类。

表 3-5　国家指南中的海绵设施分类

指南名称	主要分类
《海绵城市建设技术指南——低影响开发雨水系统构建（试行）》	渗透：透水铺装、绿色屋顶、下沉式绿地、简易型生物滞留设施、复杂型生物滞留设施、渗透塘、渗井 储存：湿塘、雨水湿地、蓄水池、雨水罐 调节：调节塘、调节池 转输：植草沟、渗管/渠 截污净化：植被缓冲带、初期雨水弃流设施、人工土壤渗滤

（2）武汉市技术导则及指南

武汉市的海绵城市建设导则及指南主要包括《武汉市海绵城市设计文件编制规定及技术审查要点》[27]《武汉市海绵城市规划技术导则》[28]《武汉海绵城市建设施工及验收规定》[29]《武汉市海绵城市建设设计指南》[30]，如表 3-6 所示，不同的导则与指南对海绵设施的分类略有差异。

（3）相关文献分析

由于本书的研究对象是海绵城市设计，笔者重点选取 6 篇对海绵城市建设理念进行系统研究的文献。其中《基于"海绵城市"理念下的城市生态景观廊道规划模式探究——以淄博市"一山两河"生态修复 EPC 项目为例》研究的海绵设施为透水铺装、生物滞留设施、渗透塘、湿塘、雨水湿地、植被缓冲带、调节塘、渗管、初期雨水弃流设施、雨水收集回用系统[31]；《基于海绵城市理念下的绿色居住区景观设计研究——以桃源金融小区为例》

表 3-6　武汉市技术导则及指南中的海绵设施分类

文件名称	主要分类
《武汉市海绵城市设计文件编制规定及技术审查要点》	渗透：透水铺装、绿色屋顶、下沉式绿地、简易型生物滞留设施、复杂型生物滞留设施、渗透塘、渗井 储存：湿塘、雨水湿地、蓄水池、雨水罐 净化：植被缓冲带、初期雨水弃流设施、人工土壤渗滤 调节：调节塘、调节池 转输：植草沟、渗管/渠
《武汉市海绵城市规划技术导则》	渗滞：透水铺装、绿色屋顶、生物滞留设施、渗透塘、渗井 蓄积：湿塘、蓄水池、雨水罐 净化：初期雨水弃流设施、人工土壤渗滤 转输：植草沟
《武汉海绵城市建设施工及验收规定》	渗透：透水铺装、绿色屋顶、下沉式绿地、生物滞留设施、渗井 储存：湿塘、雨水湿地、蓄水池、雨水罐 净化：植被缓冲带、初期雨水弃流设施、人工土壤渗滤 调节：调节塘、调节池 转输：植草沟、渗管/渠

研究的海绵设施为绿色屋顶、雨水花园、植草沟、下沉式绿地、透水铺装、渗透树池、人工湿地、渗管、植被缓冲带、雨水桶、湿塘、调蓄池[32]；《分析海绵城市理论与环保生态及景观园林的有机结合应用》中提及的海绵设施为绿色屋顶、下沉式绿地、生物滞留设施、渗透塘、植草沟、雨水湿地、透水铺装、蓄水池、渗透管/渠、初期雨水弃流设施[33]；《绿色生态城区海绵城市建设规划设计思路探讨》中研究的海绵设施包括绿色屋顶、初期雨水弃流设施、雨水花园、生态景观调蓄水体、下沉式绿地和湿地[34]；《基于绿色发展理念的海绵城市规划策略研究——以东莞银瓶创新区为例》研究的海绵设施为下沉式绿地、绿色屋顶、透水铺装[35]；《海绵城市建设中LID设施的生态景观设计》则对雨水花园、透水园路、生物滞留带、植草沟、渗井、干塘和蓄水池做了具体分析和论述[36]。

　　每篇文献由于侧重点不同，所研究的海绵设施的种类也有所差别，但几乎所有文献都对透水铺装、下沉式绿地和绿色屋顶进行了深入研究与分析，见表 3-7。

表 3-7　论文分类

论文名称	海绵设施
《基于"海绵城市"理念下的城市生态景观廊道规划模式探究——以淄博市"一山两河"生态修复EPC项目为例》	透水铺装、生物滞留设施、渗透塘、湿塘、雨水湿地、植被缓冲带、调节塘、渗管、初期雨水弃流设施、雨水收集回用系统
《基于海绵城市理念下的绿色居住区景观设计研究——以桃源金融小区为例》	绿色屋顶、雨水花园、植草沟、下沉式绿地、透水铺装、渗透树池、人工湿地、渗管、植被缓冲带、雨水桶、湿塘、调蓄池
《分析海绵城市理论与环保生态及景观园林的有机结合应用》	绿色屋顶、下沉式绿地、生物滞留设施、渗透塘、植草沟、雨水湿地、透水铺装、蓄水池、渗透管/渠、初期雨水弃流设施
《绿色生态城区海绵城市建设规划设计思路探讨》	绿色屋顶、初期雨水弃流设施、雨水花园、生态景观调蓄水体、下沉式绿地、湿地
《基于绿色发展理念的海绵城市规划策略研究——以东莞银瓶创新区为例》	下沉式绿地、绿色屋顶、透水铺装
《海绵城市建设中LID设施的生态景观设计》	雨水花园、透水园路、生物滞留带、植草沟、渗井、干塘、蓄水池

（4）实践项目分析

①使用频率。

对武汉市 100 个实际建设项目中海绵设施的使用频率进行统计，最终得到表 3-8 和表 3-9 所示的结果。在雨水处理海绵设施中透水铺装和下沉式绿地使用频率最高，所有的实际项目都采用了这两类海绵设施，绿色屋面次之。排水处理海绵设施中植被缓冲带和渗管使用频率最高，植草沟次之。

表 3-8　雨水处理海绵设施使用频率统计

透水铺装	下沉式绿地	绿色屋面	雨水桶	蓄水池
100	100	54	27	18

表 3-9　排水处理海绵设施使用频率统计

植被缓冲带	渗管	植草沟	排水路缘石	环保雨水口
100	100	54	45	18

②经济性分析。

对实际建设中各类海绵设施的成本造价进行估算，如表 3-10 所示，透水铺装、下沉式绿地、简单式绿色屋顶、植被缓冲带以及初期雨水弃流设施的造价较低，生态多孔纤维棉和蓄水池、调节池等的造价相对更高。

表 3-10　海绵设施成本造价估算

海绵设施		单价估算
透水铺装		60 ～ 200 元 /m²
绿色屋顶	简单式（种植草坪、地被植物、容器式种植）种植土厚度 ≥ 200 mm	200 ～ 300 元 /m²
	花园式（植物种类比较丰富）种植土厚度 ≥ 900 mm	300 ～ 700 元 /m²
下沉式绿地（狭义）		150 ～ 230 元 /m²
生物滞留设施		150 ～ 800 元 /m²
渗井		200 ～ 500 元 /m³
渗透塘		200 ～ 400 元 /m²
调节池		600 ～ 1000 元 /m²
调节塘		200 ～ 400 元 /m²
蓄水池		800 ～ 1200 元 /m²
雨水桶		300 ～ 650 元 /m³
雨水湿地		500 ～ 700 元 /m²
湿塘		400 ～ 600 元 /m²
生态多孔纤维棉		2000 ～ 5000 元 /m²
环保雨水口		80 ～ 300 元 / 个

续表

海绵设施	单价估算
初期雨水弃流设施	100～300 元/套
植被缓冲带	100～350 元/m²
人工土壤渗滤	800～1200 元/m²
生态护坡	600～900 元/m²
植草沟	30～200 元/m
排水路缘石	30～100 元/m
渗管/渠	100～200 元/m
回用处理设施	6500～13500 元/套

③海绵设施与指标的关联。

依据各项指标的调整措施优先顺序及不同海绵设施变动对指标的影响效果,将关联程度分为强"√"、中"○"、弱"△"三个等级,"—"表示无关联,见表 3-11。

表 3-11 海绵设施与指标间的关联性分析

技术措施	地块强制性指标					地块引导性指标		
	透水铺装率	年径流总量控制率	面源污染削减率	峰值径流系数	雨水重现期	软化屋面率	下沉式绿地率	雨水资源利用率
透水铺装	√	○	√	○	—	—	—	—
绿色屋顶	—	△	○	○	—	√	—	—
下沉式绿地	—	√	○	○	—	—	√	—
生物滞留设施	—	√	√	○	—	—	√	—
渗井	—	△	—	—	—	—	—	—
渗透塘	—	√	○	—	—	—	√	—
调节池	—	—	○	—	—	—	—	—
调节塘	—	—	○	—	—	—	√	—
蓄水池	—	√	√	—	—	—	—	—
雨水桶	—	○	√	—	—	—	—	—
雨水湿地	—	√	√	—	—	—	√	—
湿塘	—	√	√	—	—	—	√	—
生态多孔纤维棉	—	△	—	—	—	—	—	—
环保雨水口	—	—	√	—	—	—	—	—

技术措施	地块强制性指标					地块引导性指标		
	透水铺装率	年径流总量控制率	面源污染削减率	峰值径流系数	雨水重现期	软化屋面率	下沉式绿地率	雨水资源利用率
初期雨水弃流设施	—	—	√	—	—	—	—	—
植被缓冲带	—	—	○	√	—	—	—	—
人工土壤渗滤	—	○	√	√	—	—	—	—
生态护坡	—	—	○	√	—	—	—	—
植草沟	—	—	√	△	—	—	—	—
排水路缘石	—	—	—	—	—	—	—	—
渗管/渠	—	△	△	—	—	—	—	—
回用处理设施	—	—	√	—	—	—	—	√

透水铺装率：只与透水铺装在铺装中的占比有关（透水铺装率＝透水铺装总面积/硬化地面总面积）。

年径流总量控制率：与蓄水容积有直接关系，不达标的情况下优先调整下沉式绿地面积或深度，需要考虑到成本因素时优先增加雨水桶，项目资金较充足的情况下考虑增加蓄水池。

面源污染削减率：根据各单项海绵设施面源污染削减率高低进行关联性强弱分析。

峰值径流系数：将各海绵设施对应峰值径流系数进行关联性强弱分析，系数越高，关联性越弱；系数越低，关联性越强。

雨水重现期：与具体海绵设施的选择无关。

软化屋面率：只与软化屋面在屋面中的占比有关。

下沉式绿地率：与下沉式绿地（广义）、水体面积有关。

雨水资源利用率：与回用雨水量有关。

依据各项指标与海绵设施关联性的强弱对海绵设施进行层级划分，如表 3-12 所示。

表 3-12　海绵设施层级划分

层级	海绵设施
第一层级	绿色屋顶、透水铺装、生物滞留设施、下沉式绿地、雨水湿地、湿塘
第二层级	蓄水池、雨水桶、渗透塘、人工土壤渗滤、调节塘、回用处理设施
第三层级	植草沟、植被缓冲带、环保雨水口、生态护坡、初期雨水弃流设施
第四层级	调节池
第五层级	渗井、渗管/渠、生态多孔纤维棉、排水路缘石

（5）海绵设施分类总结

海绵设施分类对比见表 3-13。

表 3-13　海绵设施分类对比

来源	海绵设施
国家文件	透水铺装、绿色屋顶、下沉式绿地、生物滞留设施、渗透塘、渗井、湿塘、雨水湿地、蓄水池、雨水罐、植被缓冲带、初期雨水弃流设施、人工土壤渗滤
武汉市文件	透水铺装、绿色屋顶、下沉式绿地、生物滞留设施、渗透塘、渗井、湿塘、雨水湿地、蓄水池、雨水罐、雨水桶、调蓄池、雨水储存模块、植被缓冲带、初期雨水弃流设施、人工土壤渗滤、一体化净化设备
论文资料	景观水体、生物滞留设施、渗透塘、渗井、植被浅沟、生态滨水缓冲带、植被缓冲带、树池、砂滤池、湿塘、雨水湿地、蓄水池、绿色屋顶、生态沟、雨水花园、多功能调蓄池、低势绿地、雨水桶、滞留塘、调蓄模块、透水铺装
实践项目	透水铺装、下沉式绿地、绿色屋面、雨水桶、蓄水池、植被缓冲带、渗管、植草沟、排水路缘石、环保雨水口

通过对以上资料中海绵设施的综合分析以及结合以往经验，将海绵设施总结归纳为以下 24 类，见表 3-14。

表 3-14　海绵设施分类总结

类别	海绵设施
1	绿色屋面
2	透水铺装：透水砖铺装、透水水泥混凝土、透水沥青混凝土
3	植被缓冲带：生态缓坡、生态滨水缓冲带
4	生态树池
5	高位花坛
6	干洼地
7	植草沟：植被浅沟、生态沟
8	生态护坡
9	下沉式绿地：低势绿地、下凹式绿地
10	雨水湿地
11	渗透塘
12	湿塘：干塘、湿塘
13	滞留池
14	调节塘
15	调节池
16	渗井
17	排水路缘石
18	渗管 / 渠：下渗沟
19	渗排板
20	钢筋混凝土 / 硅砂蓄水池、PE/ 不锈钢水箱、蓄水模块

类别	海绵设施
21	环保雨水口
22	雨水桶
23	生态多孔纤维棉
24	分流器与弃流设备

3.2.2.3　技术措施

技术措施细分二级指标有 5 个，分别是汇水分区、雨水去向、断接技术、初期弃流和虹吸排水，见表 3-15。在项目建设过程中，汇水分区的规划与划定、雨水去向的确定、断接技术的运用、初期弃流措施的实施以及虹吸排水的实现均是设计人员和施工人员必须考虑的因素，因此本书将这 5 个指标作为技术措施的二级指标。

表 3-15　技术措施二级指标总结

指标	总结
技术措施二级指标	汇水分区、雨水去向、断接技术、 初期弃流、虹吸排水

为汇集雨水和地面水的管渠系统所服务的区域即雨水汇水区，规划地块汇水区域的划分主要依据该地块雨水径流方向以及海绵设施建设条件。雨水汇水区的划分是为了更好地进行雨水管网系统的设计，雨水汇水区划分结果将直接影响雨水管网设计，成为关系管网投资预算的决定性因素[37]。

雨水利用有三个去向，分别是回用、调蓄 / 下渗和直排。回用即雨水经净化处理后用于道路冲洗以及景观补水等，调蓄 / 下渗即雨水下渗至海绵设施蓄滞、净化，直排则是雨水不经处理直接排入管渠系统。

传统建筑屋面雨水直接排入管道或者地面，既增加管道排水压力，又带来一定的径流污染。断接技术即将屋面雨水与地面管道断接，雨水先经海绵设施消纳、削减面源污染，再流入管渠系统，有利于雨水资源化利用。

初期雨水形成地表径流汇集到雨水管渠的过程中，会携带地表的废弃杂物，从而对受纳水体造成一定的污染，同时也会增加雨水回收处理构筑物的负荷和处理难度。因此采用初期雨水弃流设施将雨水纳入污水处理厂进行处理，采用弃流措施后进行排放或者加以利用。

3.2.2.4　景观品质

本书以文献参考为主确定景观品质的二级指标，重点选取五篇文献。《POE 视角下的开放式住区公共空间景观设计策略研究》中确定的一级评估因子有绿化空间、活动空间、道路交通、配套设施和规划布局等，其中绿化空间的二级指标有植物配置、空间营造和绿地养护，活动空间的二级指标包括广场空间、街道空间、休闲空间、儿童活动空间、庭院空间等，道路交通的二级指标有路网组织、步行与骑行系统、停车位设置等，配套设施的二级指标有景观小品、地面铺装、无障碍设计等，规划布局的二级指标有尺度与边界、服务半径、节点布置等[38]；《基于 AHP 法的郑州城市公园康养景观评价》的一级评估因子为安全性、舒适性、便捷性和生态性等，安全性的二级指标为植物品种的安全性、道路交通的合理性、空间布局的安全性等，舒适性的二级指标是空间尺度的舒适性、景观的层次性、材料的舒适性、色彩的协调性等，便捷性的二级指标是空间功能的多样化、交通的合理性、空间的可达性等，生态性的二级指标是景观多样性、环境协调性、生物多样性[39]；《基于 AHP 法的特色商业步行街景观评价与改造策略研究——以福清成龙步行街为例》中确定的一级评估因子为基本环境、植物景观、服务设施及小品、街道空间感受等，其中基本环境的二级指标是道路铺装舒适性、交通组织合理性、环境舒适度等，植物景观的二级指标是植物多样性、植物观赏性、绿地覆盖率，服务设施及小品的二级指标是休憩设施完善度、导向系统设施完善度等，街道空间感受的二级指标是街道安全感、街道高宽比、空间序列感等[40]；《基于 AHP 法的风景名胜区民宿景观评价研究——以鹰潭龙虎山为例》的一级评估因子为建筑景观、水体景观、绿化景观、园林铺装、园林小品等，建筑景观的二级指标为建筑特色与风格、建筑与环境协调、建筑文化氛围等，水体景观的二级指标为水体景观美观性、水资源利用、水质清洁度等，绿化景观的二级指标为植物种类多样性、植物层次丰富性、植物色彩搭配美观等，园林铺装的二级指标为铺面材料生态性、园路尺度得体、铺装美感、道路通达性等，园林小品的二级指标为园林小品数量合适、园林小品大小合适、园林小品造型美观、园林小品的趣味性等[41]；《基于 AHP-FCE 法的大学校园景观评价——以贵州大学西校区为例》的一级评估因子为植物景观、水景观、小品设施等，植物景观的二级指标为种类多样性、色彩多样性、搭配和谐性、与硬质景观协调度等，水景观的二级指标为安全性和视觉效果等，小品设施的二级指标是艺术性、实用性、多样性[42]。具体见表 3-16。

表 3-16　论文中景观评估指标分析

论文名称	一级评估因子	二级指标
《POE 视角下的开放式住区公共空间景观设计策略研究》	绿化空间、活动空间、道路交通、配套设施、规划布局	绿化空间：植物配置、空间营造、绿地养护 活动空间：广场空间、街道空间、休闲空间、儿童活动空间、庭院空间 道路交通：路网组织、步行与骑行系统、停车位设置 配套设施：景观小品、地面铺装、无障碍设计 规划布局：尺度与边界、服务半径、节点布置
《基于 AHP 法的郑州城市公园康养景观评价》	安全性、舒适性、便捷性、生态性	安全性：植物品种的安全性、道路交通的合理性、空间布局的安全性 舒适性：空间尺度的舒适性、景观的层次性、材料的舒适性、色彩的协调性 便捷性：空间功能的多样化、交通的合理性、空间的可达性 生态性：景观多样性、环境协调性、生物多样性
《基于 AHP 法的特色商业步行街景观评价与改造策略研究——以福清成龙步行街为例》	基本环境、植物景观、服务设施及小品、街道空间感受	基本环境：道路铺装舒适性、交通组织合理性、环境舒适度 植物景观：植物多样性、植物观赏性、绿地覆盖率 服务设施及小品：休憩设施完善度、导向系统设施完善度 街道空间感受：街道安全感、街道高宽比、空间序列感
《基于 AHP 法的风景名胜区民宿景观评价研究——以鹰潭龙虎山为例》	建筑景观、水体景观、绿化景观、园林铺装、园林小品	建筑景观：建筑特色与风格、建筑与环境协调、建筑文化氛围 水体景观：水体景观美观性、水资源利用、水质清洁度 绿化景观：植物种类多样性、植物层次丰富性、植物色彩搭配美观 园林铺装：铺面材料生态性、园路尺度得体、铺装美感、道路通达性 园林小品：园林小品数量合适、园林小品大小合适、园林小品造型美观、园林小品的趣味性
《基于 AHP-FCE 法的大学校园景观评价——以贵州大学西校区为例》	植物景观、水景观、小品设施	植物景观：种类多样性、色彩多样性、搭配和谐性、与硬质景观协调度 水景观：安全性、视觉效果 小品设施：艺术性、实用性、多样性

基于以上论文梳理可以看出，地块中对景观品质产生影响的主要因素是建筑、植物、水体、道路以及铺装构成的活动场所等，将这些因素和海绵城市设计特点结合分析，确定本书景观品质评估的 5 个二级指标分别为美观性、体验感、科普性、合理性、耐久性（表 3-17）。美观性的评估主要关注海绵城市设计中软景和硬景的海绵设施的景观特征与其呈现出的景观效果；体验感的评估主要针对绿化景观建设后景观场地中参与性与互动性的体验效果；科普性的评估主要关注海绵设施建成后的宣传推广以及对雨水循环可视化的介绍；合理性的评估主要针对的是海绵设施在设计初期需要与景观竖向微地形结合，并且依据场地地表雨水径流及地下综合雨水管网进行海绵设施的布置；耐久性的评估主要关注海绵设施竣工验收时是否合格，后期维护中是否达到维护标准，旨在通过评估

结果监督施工过程及维护过程，使建设效果达到预期水准。

表 3-17　景观品质二级指标总结

指标	总结
景观品质二级指标	美观性、体验感、科普性、合理性、耐久性

3.2.2.5　运营维护

运营维护的二级指标为监测评估和后期维护（表 3-18）。从项目进行海绵城市建设的背景，到雨水排入海绵设施源头的流量监测，再到雨水排放过程中的流速监测，最后是对排放后雨水的液位以及水质污染进行监测，贯穿雨水处理全过程。后期的碎屑移除、植被管理、沉淀清除和其他维护也是评估的重要指标。

表 3-18　运营维护二级指标总结

指标	总结
运营维护二级指标	监测评估、后期维护

3.2.3　三级指标

3.2.3.1　海绵城市建设指标

海绵城市建设指标没有细分三级指标。

3.2.3.2　海绵设施

海绵设施分别根据屋面及铺装、点线绿地、面状绿地、成品设施 4 个指标分为 24 个三级指标，其中屋面及铺装细分的三级指标为绿色屋面和透水铺装，点线绿地细分的三级指标为植被缓冲带、生态树池、高位花坛、干洼地、植草沟和生态边坡，面状绿地细分的三级指标为下沉式绿地、雨水湿地、渗透塘、湿塘、滞留池、调节塘和调节池，成品设施细分的三级指标为渗井，排水路缘石，渗管 / 渠，渗排板，钢筋混凝土 / 硅砂蓄水池、PE/ 不锈钢水箱、蓄水模块，环保雨水口，雨水桶，生态多孔纤维棉，分流器与弃流设备。

3.2.3.3　技术措施

技术措施细分了 14 个三级指标，其中汇水分区细分的三级指标为汇水分区数量、分区特征和消纳能力，雨水去向细分的三级指标为直排和非直排，断接技术细分的三级指标为区域选择、径流路径和断接方式，初期弃流细分的三级指标为弃流量和弃流方式，虹吸排水细分的三级指标为区域选择、雨水系统、设计重现期和管道布置。

3.2.3.4　景观品质

景观品质细分了 10 个三级指标，其中美观性细分的三级指标为软景和硬景，体验感细分的三级指标为参与性和互动性，科普性细分的三级指标为科普宣传栏和可视化宣传设施，合理性细分的三级指标为合理结合场地景观竖向和合理结合雨水径流路径，耐久性细分的三级指标为竣工验收合格和后期维护达标。

3.2.3.5　运营维护

运营维护的三级指标有 11 个，分别是背景监测、流量监测、液位监测、水质监测、流速监测、碎屑移除、植被管理、沉淀清除、内涝改善、修复与更换、维护频次。

3.3 评估指标体系建立方法及程序

3.3.1 权重制定的方法与程序

3.3.1.1 权重制定的方法

（1）专家打分法

专家打分法是一种带有主观判断的量化方法，邀请10名海绵城市相关领域专家对海绵城市设计各级评估指标进行打分，通过专家打分判断与分析海绵城市设计评估指标体系的各个要素两两比较的重要程度，以此构造判断矩阵。

（2）问卷调查法

通过发放问卷的方式让市民、政府管理者以及其他相关人员在基于实际的前提下对建设项目的海绵城市设计各指标进行打分，为整体评估海绵城市设计效果提供数据基础。对有效问卷的分值数据进行整理、统计与分析，各指标的平均分值乘以指标权重得出的结果即该建设项目海绵城市设计效果的最终评估结论。

3.3.1.2 权重制定的程序

本书采用层次分析法确定各级指标权重。基于已建立的指标体系，按照各级指标的重要性建立指标间的判断矩阵，参照1~9标度表对各指标的重要程度进行标度，如表3-19所示。

表3-19 判断尺度的含义

标度	定义
1	a因素与b因素同等重要
3	a因素比b因素略重要
5	a因素比b因素明显重要
7	a因素比b因素非常重要
9	a因素比b因素绝对重要
2、4、6、8	表示相邻判断的中间值
倒数	若b因素与a因素比较，得到的判断值为$i_{ab}=1/i_{ba}$

①为检验判断矩阵的一致性，需要计算一致性指标AI和随机一致性比率AR。AI=（$\lambda_{max}-n$）/（$n-1$），AR=AI/MI。MI为平均随机一致性指标。当AR＜0.1时，认为判断矩阵具有满意的一致性。接着通过模糊合成得到模糊综合评估向量，见式（3-1）：

$$I \cdot R = \begin{bmatrix} i_1, & i_2, & \cdots, & i_p \end{bmatrix} \begin{bmatrix} Y_{11} & Y_{12} & \cdots & Y_{1m} \\ Y_{21} & Y_{22} & \cdots & Y_{2m} \\ \vdots & \vdots & \vdots & \vdots \\ Y_{p1} & Y_{p2} & \cdots & Y_{pm} \end{bmatrix} = \begin{bmatrix} j_1, & j_1, & \cdots, & j_m \end{bmatrix} \quad （3-1）$$

②分析模糊综合评估向量，计算综合模糊评估指标。利用加权平均求隶属等级的方法，形成最终的多级综合

模糊评估指标，见式（3-2）：

$$M = J \cdot V = \left(j_1, j_2, \cdots, j_m\right) \cdot \begin{bmatrix} V_1 \\ V_2 \\ \vdots \\ V_m \end{bmatrix}$$ （3-2）

指标权重将直接影响评估结果的准确性，对最终的评估结果起着至关重要的作用。笔者邀请10位专家对海绵城市设计评估指标体系各级指标的重要性进行独立判断，通过问卷调查方式获得判断结果，进而构造出两两相比判断矩阵，确定其权重。

3.3.2 评估模型建立

依据层次分析法相关原理确定海绵城市设计指标体系，按照目标层、准则层和指标因子层建立评估指标体系，评估指标体系模型如表3-20所示。

表3-20 层次分析法评估指标体系

目标层	准则层	指标因子层
A	B1	C1
		C2
		C3
		C4
		C5
		…
	B2	C7
		…
	B3	C9
		C10
		C11
		C12
		…
	B4	C14
		C15
		C16
		C17
		…
	B5	C19
		C20
		…
	…	C22
		……

3.4 设计评估指标体系

根据上文的分析，本书根据海绵城市建设的设计、施工、竣工验收和运营维护4个阶段确定海绵城市设计评估指标体系的5个一级指标，分别是海绵城市建设指标、海绵设施、技术措施、景观品质以及运营维护，对5个一级指标进行进一步的分析与研究，确定其各自对应的二级指标以及三级指标，见表3-21至表3-26。

表 3-21　海绵城市设计评估指标体系

阶段	一级指标	二级指标	三级指标
设计	海绵城市建设指标	年径流总量控制率	
		面源污染削减率	
		峰值径流系数	
		可渗透硬化地面占比	
		雨水管网设计暴雨重现期	
		新建项目下沉式绿地（含水体）率	
		新建项目景观水体利用雨水的补水量占水体蒸发量的比例	
		新建项目中高度不超过 30 m 的平屋面软化屋面率	
设计 + 施工	海绵设施	屋面及铺装	绿色屋面
			透水铺装
		点线绿地	植被缓冲带
			生态树池
			高位花坛
			干洼地
			植草沟
			生态护坡
		面状绿地	下沉式绿地
			雨水湿地
			渗透塘
			湿塘
			滞留池
			调节塘
			调节池
		成品设施	渗井
			排水路缘石
			渗管 / 渠
			渗排板
			钢筋混凝土 / 硅砂蓄水池、PE/ 不锈钢水箱、蓄水模块
			环保雨水口
			雨水桶
			生态多孔纤维棉
			分流器与弃流设备
施工	技术措施	汇水分区	汇水分区数量
			分区特性
			消纳能力
		雨水去向	直排
			非直排
		断接技术	区域选择
			径流路径
			断接方式

续表

阶段	一级指标	二级指标	三级指标
施工	技术措施	初期弃流	弃流量
			弃流方式
		虹吸排水	区域选择
			雨水系统
			设计重现期
			管道布置
竣工验收	景观品质	美观性	软景
			硬景
		体验感	参与性
			互动性
		科普性	科普宣传栏
			可视化宣传设施
		合理性	合理结合场地景观竖向
			合理结合雨水径流路径
		耐久性	竣工验收合格
			后期维护达标
运营维护	运营维护	监测评估	背景监测
			流量监测
			液位监测
			水质监测
			流速监测
		后期维护	碎屑移除
			植被管理
			沉淀清除
			内涝改善
			修复与更换
			维护频次

表 3-22　海绵城市设计海绵城市建设指标评估体系

目标层	准则层
海绵城市设计海绵城市建设指标评估	年径流总量控制率
	面源污染削减率
	峰值径流系数
	可渗透硬化地面占比
	雨水管网设计暴雨重现期
	新建项目下沉式绿地（含水体）率
	新建项目景观水体利用雨水的补水量占水体蒸发量的比例
	新建项目中高度不超过 30 m 的平屋面软化屋面率

表 3-23　海绵城市设计海绵设施评估体系

目标层	准则层	指标因子层
海绵城市设计海绵设施评估	屋面及铺装	绿色屋面
		透水铺装
	点线绿地	植被缓冲带
		生态树池
		高位花坛
		干洼地
		植草沟
		生态护坡
	面状绿地	下沉式绿地
		雨水湿地
		渗透塘
		湿塘
		滞留池
		调节塘
		调节池
	成品设施	渗井
		排水路缘石
		渗管 / 渠
		渗排板
		钢筋混凝土 / 硅砂蓄水池、PE/ 不锈钢水箱、蓄水模块
		环保雨水口
		雨水桶
		生态多孔纤维棉
		分流器与弃流设备

表 3-24　海绵城市设计技术措施评估体系

目标层	准则层	指标因子层
海绵城市设计技术措施评估	汇水分区	汇水分区数量
		分区特性
		消纳能力
	雨水去向	直排
		非直排
	断接技术	区域选择
		径流路径
		断接方式
	初期弃流	弃流量
		弃流方式
	虹吸排水	区域选择
		雨水系统
		设计重现期
		管道布置

表 3-25　海绵城市设计景观品质评估体系

目标层	准则层	指标因子层
海绵城市设计景观品质评估	美观性	软景
		硬景
	体验感	参与性
		互动性
	科普性	科普宣传栏
		可视化宣传设施
	合理性	合理结合场地景观竖向
		合理结合雨水径流路径
	耐久性	竣工验收合格
		后期维护达标

表 3-26　海绵城市设计运营维护评估体系

目标层	准则层	指标因子层
海绵城市设计运营维护评估	监测评估	背景监测
		流量监测
		液位监测
		水质监测
		流速监测
	后期维护	碎屑移除
		植被管理
		沉淀清除
		内涝改善
		修复与更换
		维护频次

3.5　设计评估指标权重

3.5.1　海绵城市设计一级指标权重制定

海绵城市设计一级指标判断矩阵见表 3-27。

表 3-27　海绵城市设计一级指标判断矩阵

海绵城市设计	海绵城市建设指标	海绵设施	技术措施	景观品质	运营维护
海绵城市建设指标	1	1/3	1	1/2	1
海绵设施	3	1	2	2	3
技术措施	1	1/2	1	1/3	3
景观品质	2	1/2	3	1	1
运营维护	1	1/3	1/3	1	1

利用层次分析软件 yaahp10.0 可以求出判断矩阵对应的特征向量。上述判断矩阵的特征向量及一致性检验结果分别为：

U_1=[0.1000，0.4000，0.3000，0.1000，0.1000]，CR=0.000＜0.1，矩阵一致性可以接受。

这样便得到了海绵城市设计一级指标的权重，如表 3-28 所示。

表 3-28　海绵城市设计一级指标权重

目标层	准则层	权重	合成权重
	海绵城市建设指标	0.1200	0.1200
	海绵设施	0.3600	0.3600
海绵城市设计	技术措施	0.2600	0.2600
	景观品质	0.1600	0.1600
	运营维护	0.1000	0.1000

注：本书表格内的数据因涉及四舍五入，故存在总和不为 1 或不相等的情况。

3.5.2　海绵城市建设指标权重制定

海绵城市建设指标判断矩阵见表 3-29。

表 3-29　海绵城市建设指标判断矩阵

海绵城市建设指标	年径流总量控制率	面源污染削减率	新建项目下沉式绿地（含水体）率	峰值径流系数	雨水管网设计暴雨重现期	新建项目景观水体利用雨水的补水量占水体蒸发量的比例	可渗透硬化地面占比	新建项目中高度不超过 30 m 的平屋面软化屋面率
年径流总量控制率	1	2	5	4	3	5	3	5
面源污染削减率	1/2	1	3	1/3	3	4	3	5
新建项目下沉式绿地（含水体）率	1/5	1/3	1	1/4	2	2	1/4	3
峰值径流系数	1/4	3	4	1	3	3	1/2	4
雨水管网设计暴雨重现期	1/3	1/3	1/2	1/3	1	2	1/4	2
新建项目景观水体利用雨水的补水量占水体蒸发量的比例	1/5	1/4	1/2	1/3	1/2	1	1/3	2
可渗透硬化地面占比	1/3	1/3	4	1/2	4	3	1	4
新建项目中高度不超过 30 m 的平屋面软化屋面率	1/5	1/5	1/3	1/4	1/2	1/2	1/4	1

利用层次分析软件 yaahp10.0 可以求出判断矩阵对应的特征向量。上述判断矩阵的特征向量及一致性检验结果分别为：

U_{11}=[0.4000，0.3000，0.1000，0.2000]，CR=0.0000＜0.1，矩阵一致性可以接受。

这样便得到了海绵城市建设指标评估指标的权重，如表 3-30 所示。

表 3-30　海绵城市建设指标评估指标权重

目标层	准则层	权重	合成权重
海绵城市建设指标	年径流总量控制率	0.2500	0.2500
	面源污染削减率	0.1800	0.1800
	新建项目下沉式绿地（含水体）率	0.0700	0.0700
	峰值径流系数	0.2000	0.2000
	雨水管网设计暴雨重现期	0.0600	0.0600
	新建项目景观水体利用雨水的补水量占水体蒸发量的比例	0.0400	0.0400
	可渗透硬化地面占比	0.1700	0.1700
	新建项目中高度不超过 30 m 的平屋面软化屋面率	0.0300	0.0300

3.5.3　海绵设施权重制定

海绵设施判断矩阵见表 3-31。

表 3-31　海绵设施判断矩阵

海绵设施	屋面及铺装	点线绿地	成品设施	面状绿地
屋面及铺装	1	3	2	3
点线绿地	1/3	1	1/3	1/2
成品设施	1/2	3	1	2
面状绿地	1/3	2	1/2	1

屋面及铺装判断矩阵见表 3-32。

表 3-32　屋面及铺装判断矩阵

屋面及铺装	绿色屋面	透水铺装
绿色屋面	1	1
透水铺装	1	1

点线绿地判断矩阵见表 3-33。

表 3-33　点线绿地判断矩阵

点线绿地	生态护坡	植草沟	植被缓冲带	生态树池	高位花坛	干洼地
生态护坡	1	1/3	1/2	1/3	1/2	3

续表

点线绿地	生态护坡	植草沟	植被缓冲带	生态树池	高位花坛	干洼地
植草沟	3	1	3	1	1	4
植被缓冲带	2	1/3	1	1/3	2	4
生态树池	3	1	3	1	2	3
高位花坛	2	1	1/2	1/2	1	3
干洼地	1/3	1/4	1/4	1/3	1/3	1

面状绿地判断矩阵见表 3-34。

表 3-34　面状绿地判断矩阵

面状绿地	下沉式绿地	调节池	雨水湿地	渗透塘	湿塘	滞留池	调节塘
下沉式绿地	1	3	2	2	2	2	2
调节池	1/3	1	1/2	1/2	1/2	1/2	1/2
雨水湿地	1/2	2	1	2	2	2	2
渗透塘	1/2	2	1/2	1	2	2	2
湿塘	1/2	2	1/2	1/2	1	1/2	1/2
滞留池	1/2	2	1/2	1/2	2	1	1/2
调节塘	1/2	2	1/2	1/2	2	2	1

成品设施判断矩阵见表 3-35。

表 3-35　成品设施判断矩阵

成品设施	渗井	钢筋混凝土/硅砂蓄水池、PE/不锈钢水箱、蓄水模块	雨水桶	生态多孔纤维棉	环保雨水口	渗管/渠	渗排板	分流器与弃流设备
渗井	1	1/3	1/2	1/2	1/2	1/2	1/3	1/2
钢筋混凝土/硅砂蓄水池、PE/不锈钢水箱、蓄水模块	3	1	3	1	2	1	2	2
雨水桶	2	1/3	1	2	1/3	2	2	1/2
生态多孔纤维棉	2	1	1/2	1	1/2	1/2	2	1/2
环保雨水口	2	1/2	3	2	1	3	4	3
渗管/渠	2	1	1/2	2	1/3	1	3	3
渗排板	3	1/2	1/2	1/2	1/4	1/3	1	1/2
分流器与弃流设备	2	1/2	2	2	1/3	1/3	2	1

利用层次分析软件 yaahp10.0 可以求出判断矩阵对应的特征向量。上述判断矩阵的特征向量及一致性检验结果分别为：

U_{12}=[0.3500，0.1000，0.2000，0.1750，0.1000，0.0750]^{T}，CR=0.0000 < 0.1，矩阵一致性可以接受；

U_{12-1}=[0.2143，0.1429，0.2143，0.1429，0.1429，0.1429]^{T}，CR=0.0000 < 0.1，矩阵一致性可以接受；

U_{12-2}=[0.500，0.500]^{T}，CR=0.0000 < 0.1，矩阵一致性可以接受；

U_{12-3}=[0.2500，0.2500，0.2500，0.2500]^{T}，CR=0.0000 < 0.1，矩阵一致性可以接受；

U_{12-4}=[0.3333，0.1667，0.1667，0.1667]^{T}，CR=0.0000 < 0.1，矩阵一致性可以接受；

U_{12-5}=[0.3333，0.3333，0.3333]^{T}，CR=0.0000 < 0.1，矩阵一致性可以接受。

这样便得到了海绵设施评估指标的权重，如表 3-36 所示。

表 3-36　海绵设施评估指标权重

目标层	准则层	权重	指标因子层	权重	合成权重
海绵设施	屋面及铺装	0.4500	透水铺装	0.5000	0.2250
			绿色屋面	0.5000	0.2250
	点线绿地	0.1100	生态树池	0.2775	0.0305
			植草沟	0.2616	0.0288
			植被缓冲带	0.1635	0.0180
			高位花坛	0.1531	0.0168
			生态护坡	0.092	0.0101
			干洼地	0.0522	0.0058
	面状绿地	0.1600	下沉式绿地	0.2489	0.0398
			雨水湿地	0.1958	0.0313
			渗透塘	0.1605	0.0257
			调节塘	0.1315	0.0210
			滞留池	0.1077	0.0172
			湿塘	0.0883	0.0141
			调节池	0.0674	0.0108
	成品设施	0.2800	环保雨水口	0.2227	0.0624
			钢筋混凝土/硅砂蓄水池、PE/不锈钢水箱、蓄水模块	0.1947	0.0545
			渗管/渠	0.145	0.0406
			雨水桶	0.1148	0.0321
			分流器与弃流设备	0.1104	0.0309
			生态多孔纤维棉	0.0923	0.0258
			渗排板	0.066	0.0185
			渗井	0.0542	0.0152

3.5.4 技术措施权重制定

技术措施判断矩阵见表 3-37。

表 3-37 技术措施判断矩阵

技术措施	汇水分区	虹吸排水	雨水去向	初期弃流	断接技术
汇水分区	1	2	2/3	2	2/3
虹吸排水	1/2	1	1/3	1	1/3
雨水去向	3/2	3	1	3	3/2
初期弃流	1/2	1	1/3	1	1/3
断接技术	3/2	3	2/3	3	1

汇水分区判断矩阵见表 3-28。

表 3-38 汇水分区判断矩阵

汇水分区	汇水分区数量	分区特性	消纳能力
汇水分区数量	1	1/2	1
分区特性	2	1	2
消纳能力	1	1/2	1

虹吸排水判断矩阵见表 3-39。

表 3-39 虹吸排水判断矩阵

虹吸排水	区域选择	雨水系统	设计重现期	管道布置
区域选择	1	2/3	2	1/2
雨水系统	3/2	1	3	3/4
设计重现期	1/2	1/3	1	1/4
管道布置	2	4/3	4	1

初期弃流判断矩阵见表 3-40。

表 3-40 初期弃流判断矩阵

初期弃流	弃流量	弃流方式
弃流量	1	1
弃流方式	1	1

断接技术判断矩阵见表 3-41。

雨水去向主要考虑直排或非直排因素，无须进行矩阵判断，直排得分，非直排不得分。

表 3-41　断接技术判断矩阵

断接技术	区域选择	径流路径	断接方式
区域选择	1	1	1/4
径流路径	1	1	1/4
断接方式	4	4	1

利用层次分析软件 yaahp10.0 可以求出判断矩阵对应的特征向量。上述判断矩阵的特征向量及一致性检验结果分别为：

U_{13}=[0.2414，0.1724，0.2069，0.1379，0.0690，0.1724]^T，CR=0.0000＜0.1，矩阵一致性可以接受；

U_{13-1}=[0.2857，0.2857，0.4286]^T，CR=0.0000＜0.1，矩阵一致性可以接受；

U_{13-2}=[0.4000，0.4000，0.2000]^T，CR=0.0000＜0.1，矩阵一致性可以接受；

U_{13-3}=[0.5000，0.5000]^T，CR=0.0000＜0.1，矩阵一致性可以接受；

U_{13-4}=[0.3009，0.2229]^T，CR=0.0000＜0.1，矩阵一致性可以接受；

U_{13-5}=[0.6000，0.4000]^T，CR=0.0000＜0.1，矩阵一致性可以接受。

这样便得到了技术措施评估指标的权重，如表 3-42 所示。

表 3-42　技术措施评估指标权重

目标层	准则层	权重	指标因子层	权重	合成权重
技术措施	汇水分区	0.1988	汇水分区数量	0.2500	0.0497
			分区特性	0.5000	0.0994
			消纳能力	0.2500	0.0497
	虹吸排水	0.0994	区域选择	0.2000	0.0199
			雨水系统	0.3000	0.0298
			设计重现期	0.1000	0.0099
			管道布置	0.4000	0.0398
	初期弃流	0.0994	弃流量	0.5000	0.0497
			弃流方式	0.5000	0.0497
	断接技术	0.2766	区域选择	0.1667	0.0461
			径流路径	0.1667	0.0461
			断接方式	0.6667	0.1844
	雨水去向	0.3258	直排得分	0.3258	0.3258
			非直排不得分		

3.5.5　景观品质权重制定

景观品质判断矩阵见表 3-43。

表 3-43　景观品质判断矩阵

景观品质	美观性	体验感	科普性	合理性	耐久性
美观性	1	1	2	1/5	1/4
体验感	1	1	3	1/3	1
科普性	1/2	1/3	1	1/5	1/2
合理性	5	3	5	1	1
耐久性	4	1	2	1	1

美观性判断矩阵见表 3-44。

表 3-44　美观性判断矩阵

美观性	软景	硬景
软景	1	5
硬景	1/5	1

体验感判断矩阵见表 3-45。

表 3-45　体验感判断矩阵

体验感	参与性	互动性
参与性	1	2
互动性	1/2	1

科普性判断矩阵见表 3-46。

表 3-46　科普性判断矩阵

科普性	科普宣传栏	可视化宣传设施
科普宣传栏	1	1/3
可视化宣传设施	3	1

合理性判断矩阵见表 3-47。

表 3-47　合理性判断矩阵

合理性	合理结合场地景观竖向	合理结合雨水径流路径
合理结合场地景观竖向	1	2
合理结合雨水径流路径	1/2	1

耐久性判断矩阵见表 3-48。

表 3-48　耐久性判断矩阵

耐久性	竣工验收合格	后期维护达标
竣工验收合格	1	1
后期维护达标	1	1

利用层次分析软件 yaahp10.0 可以求出判断矩阵对应的特征向量。上述判断矩阵的特征向量及一致性检验结果分别为：

U_{14}=[0.1250，0.3750，0.3750，0.1250]^T，CR=0.0000 < 0.1，矩阵一致性可以接受；

U_{14-1}=[0.5000，0.1667，0.3333]^T，CR=0.0000 < 0.1，矩阵一致性可以接受；

U_{14-2}=[0.1250，0.3750，0.2500，0.2500]^T，CR=0.0000 < 0.1，矩阵一致性可以接受；

U_{14-3}=[0.2000，0.4000，0.2000，0.2000]^T，CR=0.0000 < 0.1，矩阵一致性可以接受；

U_{14-4}=[0.2500，0.5000，0.2500]^T，CR=0.0000 < 0.1，矩阵一致性可以接受。

这样便得到了景观品质评估指标的权重，如表 3-49 所示。

表 3-49　景观品质评估指标权重

目标层	准则层	权重	指标因子层	权重	合成权重
景观品质	美观性	0.1068	软景	0.8333	0.0890
			硬景	0.1667	0.0178
	体验感	0.1667	参与性	0.6667	0.1111
			互动性	0.3333	0.0556
	科普性	0.0741	科普宣传栏	0.2500	0.0185
			可视化宣传设施	0.7500	0.0556
	合理性	0.3884	合理结合场地景观竖向	0.6667	0.2589
			合理结合雨水径流路径	0.3333	0.1295
	耐久性	0.2630	竣工验收合格	0.5000	0.1315
			后期维护达标	0.5000	0.1315

3.5.6　运营维护权重制定

运营维护判断矩阵见表 3-50。

表 3-50　运营维护判断矩阵

运营维护	监测评估	后期维护
监测评估	1	1
后期维护	1	1

监测评估判断矩阵见表 3-51。

表 3-51　监测评估判断矩阵

监测评估	背景监测	流量监测	水质监测	液位监测	流速监测
背景监测	1	1	1	1	1
流量监测	1	1	1	1	1
水质监测	1	1	1	1	1
液位监测	1	1	1	1	1
流速监测	1	1	1	1	1

后期维护判断矩阵见表 3-52。

表 3-52　后期维护判断矩阵

后期维护	植被管理	修复与更换	维护频次	碎屑移除	内涝改善	沉淀清除
植被管理	1	1/2	1/2	1	1/3	1
修复与更换	2	1	1	2	1/2	2
维护频次	2	1	1	2	1/2	2
碎屑移除	1	1/2	1/2	1	1/3	1
内涝改善	3	2	2	3	1	3
沉淀清除	1	1/2	1/2	1	1/3	1

　　利用层次分析软件 yaahp10.0 可以求出判断矩阵对应的特征向量。上述判断矩阵的特征向量及一致性检验结果分别为：

　　U_{15}=[0.1000，0.3000，0.2000，0.4000]^T，CR=0.0000＜0.1，矩阵一致性可以接受；

　　U_{15-1}=[0.3000，0.3000，0.4000]^T，CR=0.0000＜0.1，矩阵一致性可以接受；

　　U_{15-2}=[0.6667，0.3333]^T，CR=0.0000＜0.1，矩阵一致性可以接受；

　　U_{15-3}=[0.500，0.500]^T，CR=0.0000＜0.1，矩阵一致性可以接受；

　　U_{15-4}=[0.2500，0.5000，0.2500]^T，CR=0.0000＜0.1，矩阵一致性可以接受。

　　这样便得到了运营维护评估指标的权重，如表 3-53 所示。

表 3-53　运营维护评估指标权重

目标层	准则层	权重	指标因子层	权重	合成权重
运营维护	监测评估	0.5000	背景监测	0.2000	0.1000
			流量监测	0.2000	0.1000
			水质监测	0.2000	0.1000
			液位监测	0.2000	0.1000
			流速监测	0.2000	0.1000

目标层	准则层	权重	指标因子层	权重	合成权重
运营维护	后期维护	0.5000	植被管理	0.0987	0.0494
			修复与更换	0.1883	0.0942
			维护频次	0.1883	0.0942
			碎屑移除	0.0987	0.0494
			内涝改善	0.3274	0.1637
			沉淀清除	0.0987	0.0494

第 *4* 章

海绵城市设计方法

4.1 指标体系在海绵城市设计中的应用

海绵城市的方案设计有诸多方法和路径可以选择，或听从客户意见，或依据设计人员的主观设计经验，评判一个海绵方案的优劣也以主观因素为主，其中缺少了系统的、全面的、客观的评估方式和设计方式。

为响应国家政策，海绵城市建设迅猛发展，随着深入海绵城市设计的人员越来越多，急需一套系统的设计方法，海绵城市设计评估指标体系则可弥补这一缺失，它可以形成一套完整的评分系统，不仅可以为每个海绵项目的设计方案评分，还可以为每个海绵项目的每个指标评分，从经济性和景观性的不同方面进行对比，从而可以对方案进行优化，以及设计出不同方案，为客户提供不同的选择。

4.2 地块类型划分

根据评分细则，首先，检验指标体系的合理性和适用性，并将居住类项目和商业类项目运用同一评估体系及权重进行评分，更利于比较两类用地之间海绵效果的差异性。其次，确定影响评分的关键因素，以及调控关键因素的方法。最后，通过案例分析，总结海绵城市设计中的不同方法，并结合调控关键因素的方法，确定不同层级的海绵方案设计方法。

但是，商业类项目和居住类项目由于自身的规划条件不一致，且在海绵城市建设指南中，海绵城市设计的指标目标值也所有区别，其海绵城市建设档次（高、中、低档）并不能用一个标准来衡量，即两类用地海绵城市设计得分一致，并不能说明档次一致；得分有高低也不能说明档次有差距。所以本章在进行海绵城市设计得分关键影响因素甄别的过程中，将依据项目的用地性质分类型进行研究，以提高研究的公平合理性。

具体来看，根据项目经验，地块大致可分为以下三种用地性质。

第一类：工业用地项目，考虑到其污染性，在二类和三类工业用地上建设的工程不考虑做海绵设计，虽也有极少数会做海绵设计，但由于不具有代表性，因此不将其纳入研究类型。

第二类：独立的商业用地和居住用地项目，这两种用地性质在实际项目中占比较大，因此可以考虑将其作为独立的两类进行研究。

第三类：商业与居住混合用地，这类用地在实际项目中的占比也不大，因此可以按单个项目的商业和居住的建筑面积占比，将其归入商业用地或居住用地。

综上所述，将本次研究案例类型划分为商业类和居住类，并对二者进行分析评估，有海绵城市建设理论和实践上的意义。

4.2.1 居住类

居住类用地按功能可分为住宅用地、为本区居民配套建设的公共服务设施用地（也称公建用地）、公共绿地以及把上述三项用地连成一体的道路用地。

居住类用地在海绵城市建设设计过程中，会出现以下几种情况：

①绿地率相对较高，峰值径流系数较易达标；

②绿地面积较大，可以设置各种绿地类海绵设施；

③建筑密度相对较低，峰值径流系数较易达标；

④对于景观品质的要求较高，对绿地类海绵设施周边植物的种植有较高要求；

⑤年径流总量控制率目标值较高，完成值需高于目标值，较难达标；

⑥峰值径流系数的目标值较低，完成值需低于目标值，较难达标。

4.2.2　商业类

商业类用地，是指用于开展商业、旅游、娱乐活动所占用的场所，如用于建造商店、饮食店、公园、游乐场、影剧院和俱乐部等的用地。

通常，在进行商业类用地项目的海绵城市建设时，会遇到以下几种情况：

①绿地率相对较低，峰值径流系数较难达标；

②绿地面积较小，绿地类海绵设施设置较为困难，一般设置地埋式蓄水设施来满足指标要求；

③建筑密度相对较高，峰值径流系数较难达标，可通过增设绿色屋面和绿地来满足指标要求；

④对于景观品质的要求较低；

⑤年径流总量控制率目标值较低，完成值需高于目标值，较易达标；

⑥峰值径流系数的目标值较高，完成值需低于目标值，较易达标。

4.2.3　居住类和商业类用地特点总结

居住类和商业类用地特点总结见表4-1。

表4-1　居住类和商业类用地特点总结

指标		居住类用地特点		商业类用地特点
绿地率	较高	峰值径流系数易达标	较低	峰值径流系数难达标
绿地面积	较大	便于设置各种绿地类海绵设施	较小	绿地类海绵设施设置较为困难
建筑密度	较低	峰值径流系数易达标	较高	峰值径流系数较难达标
景观品质	较高	绿地类海绵设施周边植物的种植要求较高	较低	绿地类海绵设施周边植物的种植要求较低
年径流总量控制率	较高	完成值需高于目标值，较难达标	较低	完成值需高于目标值，较易达标
峰值径流系数	较低	完成值需低于目标值，较难达标	较高	完成值需低于目标值，较易达标

对商业类和居住类用地进行梳理总结，对项目的特征进行提炼解析，基于实践项目探究影响居住类和商业类用地海绵设计评分的关键因素，可以提供更加优化的海绵城市建设策略。

4.3　基于指标体系的案例评分

指标体系评分中满分为100分，其中海绵城市建设指标满分为12分，海绵设施满分为36分，技术措施满分为26分，景观品质满分为16分，运营维护满分为10分，但由于运营维护我们无法进行评判，因此不进行评分。居住类项目案例评分见表4-2。

表 4-2 居住类项目案例评分

项目编号	项目名称	海绵城市建设指标得分	海绵设施得分	技术措施得分	景观品质得分	总分
1	武汉 XX 房地产开发有限公司 XX 海绵城市	2.40	18.39	9.00	7.50	37.29
2	武汉中国 XX 养生社区 B 地块项目	5.00	20.08	4.50	9.00	38.58
3	武汉中国 XX 养生社区 C、D 地块项目	5.00	29.85	4.50	9.00	48.35
4	XXX 锦绣楚城	3.50	22.01	8.70	8.00	42.21
5	武汉 XXXX 房地产开发有限公司 XX 名仕城	8.85	23.45	3.75	8.00	44.05
6	武汉 XXXX 置业有限公司－商业、生态住宅项目 XXXX 一期	4.85	21.65	10.75	8.00	45.25
7	武汉 XX 房地产开发有限公司居住项目（XXX）	6.61	18.77	12.50	8.00	45.88
8	XXX 静脉产业园农民还建楼项目	9.65	24.60	3.75	8.00	46.00
9	湖北 XXXXX 置业有限公司＋洪山区 XX 路 A-1 地块居住设施项目（XXXX）	7.70	16.71	13.67	8.00	46.08
10	XXXXXX（武汉）有限公司 XXXXXX 项目	6.55	25.12	6.95	8.00	46.62
11	武汉 XX 房地产开发有限公司 XX 昕苑	3.95	22.83	12.50	8.00	47.28
12	武汉 XX 置业有限公司 XX 郡项目	5.85	21.17	12.50	8.00	47.52
13	XX 恒瑞	5.85	21.63	12.50	8.00	47.98
14	蔡甸大集 G 区 XX 花园项目	4.75	22.78	12.50	8.00	48.03
15	XXX 香华府	6.61	21.36	12.50	8.00	48.47
16	XX 铭苑	8.00	21.40	12.50	8.00	49.90
17	XXXX 城武汉 XX 置业有限公司	5.76	20.73	15.92	8.00	50.41
18	武汉 XXXX 房地产开发有限公司 XX 村 079 地块	4.35	28.40	9.95	8.00	50.70
19	武汉 XXXX 房地产开发有限公司 XX 生态示范城园区服务配套设施项目 -XXXX 项目一期 D5 居住	5.85	26.58	10.75	8.00	51.18
20	武汉蔡甸 XXX 地产开发有限公司 XXX 学府一号（商业 C）	10.20	24.01	10.83	8.00	53.04
21	中法武汉 XXXX 城投资开发有限公司中法武汉 XX 示范城棚改项目－黄陵片区（一期）	9.15	22.22	12.50	8.00	51.87
22	XX 阳光城项目	9.26	22.22	12.50	8.00	51.98
23	武汉 XX 房地产开发有限公司 XX 佳园海绵	7.85	29.49	7.75	7.50	52.59
24	武汉 XXXX 房地产开发有限公司 XXXXB 地块	7.25	27.63	10.25	7.50	52.63
25	三和 XX 房地产三和 XX 项目（1）	6.60	42.78	4.50	9.00	62.88
26	武汉 XX 房地产开发有限公司中粮 XX·地铁小镇项目 C2	8.60	26.69	10.25	7.50	53.04
27	武汉 XX 物业管理有限公司 XX 村集体建设用地建设租赁住房试点项目	11.10	25.59	10.25	7.50	54.44
28	X 水（三、四期）	4.87	28.36	15.17	8.00	56.40
29	武汉 XXXX 房地产开发有限责任公司 XX 朗城	8.60	32.61	9.00	7.50	57.71

续表

项目编号	项目名称	海绵城市建设指标得分	海绵设施得分	技术措施得分	景观品质得分	总分
30	武汉 XXX 房地产开发公司 XXX 度假村综合整改项目	11.10	28.94	10.25	7.50	57.79
31	武汉 XXXX 置地有限公司金 XX 悦里项目居住	9.10	32.61	9.00	7.50	58.21
32	武汉 XXXX 房地产开发有限公司中粮·国际 XX 城二期（XX·地铁小镇）A2 地块	10.26	27.55	12.50	8.00	58.31
33	三和 XX 房地产三和 XX 项目（2）	6.75	26.80	18.55	8.00	60.10

从项目得分趋势图（图 4-1）可以看出，景观品质的得分比较平缓，海绵设施的得分起伏较大，其权重也比较大，因此海绵设施最能影响总分，其次是技术措施和海绵城市建设指标的得分会细微地影响总分。

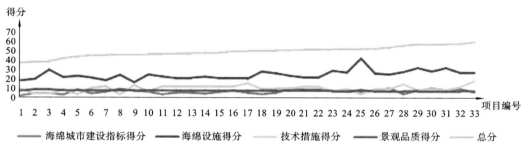

图 4-1　居住类项目案例得分趋势图

由表 4-2 可以看出当前居住类海绵城市建设的得分较多在 40 ～ 50 分，这类项目基本都是各项指标刚好达到要求，海绵设施得分大多维持在 20 分左右，技术措施得分基本在 10 ～ 12 分，因此没有拉开较大的差距，其主要原因在于居住类项目一般使用绿地类海绵设施，在技术措施方面的得分点比较相似，因此得分比较平均；50 分以上的项目，一类是海绵城市建设指标完成得比较好，得分较高，另一类是海绵设施方面得分较高，其主要原因是海绵城市设计的合理性较强，无论是平面还是竖向都设计得比较合理；还有一种高分项目是在海绵设施中使用了成品设施，从而使得技术措施的得分点增加，最后的总分超过 60 分；个别项目分数较低，只有 30 多分，主要原因是海绵城市建设指标得分较低，基本都是刚好达标，另外，其技术措施部分处理得也不够完善，因此总体得分偏低。

商业类项目案例评分见表 4-3。

表 4-3　商业类项目案例评分

项目编号	项目名称	海绵城市建设指标得分	海绵设施得分	技术措施得分	景观品质得分	总分
1	武汉 XXXX 置业有限公司武汉世茂嘉年华商业中心（一期）	5.5	15.19	12.26	3.5	36.45
2	武汉市蔡甸区 XXXX 局蔡甸区临嶂大道绿化广场改造工程项目	4.6	20.99	9	8	42.59
3	武汉 XX 小镇房地产开发有限公司中粮·国际营养健康城二期（XX）B1 地块	6	22.37	10.88	6	45.25
4	武汉 XX 房地产开发有限公司中粮·国际 XXXX 城启动区（中粮 XX·地铁小镇）A 地块	7.7	21.09	9.58	8	46.37

续表

项目编号	项目名称	海绵城市建设指标得分	海绵设施得分	技术措施得分	景观品质得分	总分
5	武汉 XXX 房地产开发有限公司 XXX 度假村综合整改项目二期	5.75	25.39	10.4	6.5	48.04
6	武汉市 XX 城建投资开发集团有限公司 XXX 运铎社区建设工程	5.7	18.39	14.25	9.5	47.84
7	湖北 XX 经济投资有限公司 XX 汽车城二期 6#、7# 楼规划调整方案（蔡）	5.85	21.08	12	9	47.93
8	武汉市 XX 城建投资开发集团有限公司武汉市 XX 城市综合服务中心工程（A 地块）	3.95	20.36	16.33	8	48.64
9	武汉 XXXX 华置业有限公司 XX 龙湾十二期	8.76	19.19	12.5	9	49.45
10	武汉 XXXX 房地产开发有限公司 XX 生态示范城园区服务配套设施项目 –XXXX 项目一期 D5 商业	5.85	21.74	13	9	49.59
11	武汉 XXXX 房地产开发有限公司 XX 生态示范城园区服务配套设施项目 –XXXX 项目一期 D6 商业	6.61	22.13	13	9	50.74
12	武汉市公安局 XX 区交通大队武汉市公安局 XX 区分局交通管理业务综合楼项目	8.6	29.41	4.5	9	51.51
13	武汉 XX 房地产开发有限公司 + 中粮 XX·XX 小镇二期 A2 地块	4.95	25.39	12.83	9.5	52.67
14	武汉 XXXX 置地有限公司 XX 朗悦里项目	9.3	21.45	13	9	52.75

从项目得分趋势图（图 4-2）可以看出，景观品质的得分比较平缓，海绵设施的得分起伏较大，其权重也比较高，因此海绵设施最能影响总分，其次是技术措施和海绵城市建设指标的得分会细微地影响总分。

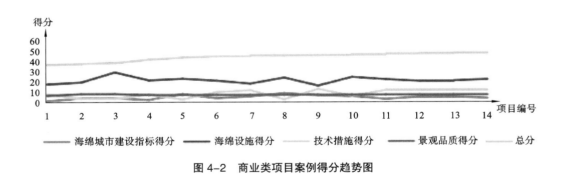

图 4-2　商业类项目案例得分趋势图

由表 4-3 可以看出当前商业类海绵城市建设项目的评分整体低于居住类项目，得分主要集中在 40～50 分，由于商业类项目的用地性质特点，峰值径流系数难以达标，大多都只能做到刚好满足海绵城市建设指标要求，因此商业类项目的海绵城市建设指标得分都偏低，导致总分也偏低；另外，商业类项目的绿地率通常比居住类项目要低，使用绿地类海绵设施通常无法满足蓄水容积的要求，从而会使用到成品设施，相应地，技术措施会增加得分点，如此一来，若是使用了成品设施，则该项目海绵设施和技术措施的得分会比较高，但也会出现 12 号项目这种特殊情况，虽然成品设施使用得较合理，技术措施方面却没有相应地加强，导致技术措施得分很低，但总分依然位列前三；个别项目分数较低，在 30 分左右，其主要原因是景观品质效果较差；14 号项目得分最高，且海绵城市建设指标的得分相对较高，主要原因是其海绵设施使用得当，技术措施配合得较好。

居住及商业类项目区位分布如图 4-3 所示。

图例
- 项目点位
— 地铁线
□ 100
□ 300
□ 500
□ 1000
□ 工业区
□ 旧城区

图 4-3　居住及商业类项目区位分布

4.4　基于案例数据相关性分析的影响因素选取

影响海绵城市评分的因素有很多，总体来说有 14 个影响因素，这些影响因素会影响评估指标体系下各层级的评分，其大致可分为以下两类。

①规划用地条件：规划净用地面积、容积率、建筑密度、绿地率、项目距离区域中心距离。

②海绵城市建设的实际值：雨水管网设计暴雨重现期、年径流总量控制率、峰值径流系数、面源污染削减率、透水铺装率、下沉式绿地率、蓄水容积、透水铺装面积、下沉式绿地面积。

基于案例数据的相关性分析见表 4-4。

表 4-4　案例数据相关性分析

数据分类	正相关			负相关		
规划净用地面积	蓄水容积 0.714	透水铺装面积 0.854	下沉式绿地面积 0.594			
容积率	建筑密度 0.333	峰值径流系数 0.242	面源污染削减率 0.277	绿地率 −0.355		
建筑密度	容积率 0.333	峰值径流系数 0.434		绿地率 −0.413	年径流总量控制率 −0.241	
绿地率	年径流总量控制率 0.412			容积率 −0.355	建筑密度 −0.413	峰值径流系数 −0.443

数据分类	正相关				负相关		
年径流总量控制率	绿地率 0.412	蓄水容积 0.334			建筑密度 −0.241	峰值径流系数 −0.456	
峰值径流系数	容积率 0.242	建筑密度 0.434			绿地率 −0.443	年径流总量控制率 −0.456	透水铺装率 −0.382
面源污染削减率	容积率 0.242				透水铺装率 −0.382		
透水铺装率	面源污染削减率 0.274				峰值径流系数 −0.382		
下沉式绿地率	下沉式绿地面积 0.361						
蓄水容积	规划净用地面积 0.14	年径流总量控制率 0.334	透水铺装面积 0.642	下沉式绿地面积 0.711			
透水铺装面积	规划净用地面积 0.854	蓄水容积 0.642	下沉式绿地面积 0.511				
下沉式绿地面积	规划净用地面积 0.594	下沉式绿地率 0.361	蓄水容积 0.711	透水铺装面积 0.511			

通过SPSS软件中的Pearson法对选取的因素进行相关性分析，进一步验证了所选取的规划净用地面积、容积率、建筑密度、绿地率、年径流总量控制率、峰值径流系数、面源污染削减率、透水铺装率、下沉式绿地率、蓄水容积、透水铺装面积、下沉式绿地面积这几个影响因素并非相互独立存在，它们之间存在明显的相关性。部分因子之间的相关度比较高，可确保所选影响因素的可靠性。

因此将以下这几个作为主要影响因素进行研究。

（1）规划净用地面积

规划净用地面积是建设项目报经城市规划行政主管部门取得用地规划许可后，经国土资源行政主管部门测量确定的建设用地面积（准确界限由土地供应图标明）。

由表4-4可知，规划净用地面积与蓄水容积呈正相关，相关性系数为0.714。蓄水容积的计算公式见式（4-1）：

$$V = 10H\phi F \tag{4-1}$$

式中：V——设计调蓄容积或所需蓄水容积，m^3；

H——设计降雨量，mm；

ϕ——场均综合雨量径流系数；

F——汇水面积，hm^2。

规划净用地面积与透水铺装面积呈正相关，相关性系数为 0.854。规划净用地面积越大，相应的透水铺装面积也会更大。规划净用地面积与下沉式绿地面积呈正相关，相关性系数为 0.594。规划净用地面积越大，所需蓄水容积越大，因此为了满足指标要求，下沉式绿地面积也会相应增大。

综上所述，规划净用地面积会影响峰值径流系数、可渗透硬化地面占比和下沉式绿地率这三个指标，尤其是对所需蓄水容积的影响最大，因此将规划净用地面积作为项目评分的影响因素。

（2）建筑密度

建筑密度是指在规划用地范围内，建筑物的基底面积总和与规划建设用地面积的比例。

由表 4-4 可知，建筑密度与峰值径流系数呈正相关，相关性系数为 0.434。建筑密度会直接影响到屋面的面积。在海绵城市建设中，硬屋面的峰值径流系数比路面、铺装和绿地的峰值径流系数大得多。建筑密度越大，屋面面积占比越大，峰值径流系数越大。建筑密度与绿地率呈负相关，相关性系数为 -0.413。建筑密度越高，容积率就越高，相应地，绿地率越低。建筑密度与年径流总量控制率呈负相关，相关性系数为 -0.241。建筑密度变低，场均综合雨量径流系数变低，所需蓄水容积变小，年径流总量控制率随之降低。

综上所述，建筑密度会直接影响到峰值径流系数，对可渗透硬化地面占比和下沉式绿地率有间接的影响。因此，将建筑密度作为项目评分的影响因素来进行研究。

（3）绿地率

绿地率指的是规划建设用地范围内的绿地面积与规划建设用地面积之比。

绿地率与年径流总量控制率呈正相关，相关性系数为 0.412。绿地率变高时，绿地面积占比变大，建筑密度也就相应变低，场均综合雨量径流系数变低，所需蓄水容积变小，年径流总量控制率就变小了。绿地率与峰值径流系数呈负相关，相关性系数为 -0.443。绿地率越高，绿地占比越高，峰值径流系数越低。

综上所述，峰值径流系数的大小跟绿地率的大小有直接的联系。因此将绿地率作为项目评分的影响因素来进行研究。

（4）容积率

容积率指的是一个小区的地上总建筑面积与净用地面积的比率。容积率越高，建筑密度越高，对应的绿地率越低。

容积率与建筑密度呈正相关，相关性系数为 0.333。容积率越高，建筑面积占比越多，建筑密度就越大。容积率与峰值径流系数呈正相关，相关性系数为 0.242。容积率增大，屋面的面积占比也会相应增加，硬屋面的峰值径流系数比路面、铺装和绿地的峰值径流系数大得多，因此峰值径流系数也会更大。容积率与绿地率呈负相关，相关性系数为 -0.355。容积率越高，建筑面积占比越多，绿地率越低。容积率与面源污染削减率呈正相关，相关性系数为 0.277。容积率越高，绿地率越低，面源污染削减率就越高。

综上所述，容积率会影响到峰值径流系数、面源污染削减率。因此将容积率作为项目评分的影响因素来进行研究。

（5）区域位置

区域位置指的是建筑用地所在地的平面位置。

不同的区域位置，项目的目标值不一样，完成值也有相应变化。目标值越高，完成值越难实现，因此想取得更高的评分会越难。取值不一样，会影响设计降雨量的数值，根据蓄水容积的计算公式可知，也会影响所需蓄水容积的大小。

综上所述，区域位置会影响到海绵城市建设指标的取值。海绵城市建设指标的取值会影响到年径流总量控制率、峰值径流系数、面源污染削减率。因此将区域位置作为项目评分的影响因素来进行研究。

通过分析可以发现，规划净用地面积、建筑密度、绿地率、容积率和区域位置几个因素并非相互独立存在，而是存在明显的相关性。各个因素之间的相关度比较高，因此对上述几个影响因素可以进行回归性分析。

4.5　基于线性多元回归方法的数据分析

根据前期的相关性分析研究，建筑密度、规划净用地面积、绿地率、容积率等因素在不同程度上对项目得分产生一定影响。但由于相关性分析是两两比较进行的，各因素之间的影响会有重复性，因此利用 SPSS 软件对定性数据进行多元线性回归分析，可以得出更准确的相关性。

4.5.1　海绵城市建设指标数据分析

（1）居住类项目海绵城市建设指标数据分析

居住类项目海绵城市建设指标数据分析见表 4-5。

表 4-5　居住类项目海绵城市建设指标线性回归分析表

系数 [a]						
模型		未标准化系数		标准化系数	t	显著性
		B	标准错误	Beta		
1	（常量）	14.157	3.405		4.158	0.000
	峰值径流系数	−13.989	6.573	−0.362	−2.128	0.042
2	（常量）	1.058	7.132		0.148	0.883
	峰值径流系数	−15.242	6.273	−0.395	−2.430	0.022
	年径流总量控制率 /（％）	0.173	0.084	0.335	2.061	0.048

注：a 为因变量海绵城市建设指标得分。

据上表可知，项目的峰值径流系数越高，硬质屋面及铺装比例也会相对偏高，相应地，该场地的容积率及建筑密度也就越高；峰值径流系数越低，则该场地的绿地率越高。年径流总量控制率越大，场地的绿地面积占比越大，则该场地的绿地率越高，建筑密度越低。

因为居住类项目的海绵城市建设指标得分与峰值径流系数呈负相关，标准回归系数为 −0.395。即当峰值径流系数越高时，海绵城市建设指标得分越低，峰值径流系数与容积率、建筑密度呈正相关，与绿地率呈负相关。海绵城市建设指标与年径流总量控制率呈正相关，标准回归系数（标准化系数）为 0.335。即当海绵城市建设指标得分越高时，年径流总量控制率越高。年径流总量控制率与绿地率呈正相关，与建筑密度呈负相关。

（2）商业类项目海绵城市建设指标数据分析

数据显示，商业类项目的海绵城市建设指标与规划用地条件没有关联性。

4.5.2 海绵设施数据分析

（1）居住类项目海绵设施数据分析

居住类项目海绵设施数据分析见表 4-6。

表 4-6 居住类项目海绵设施线性回归分析表

模型	系数[a]				
	未标准化系数		标准化系数	t	显著性
	B	标准错误	Beta		
（常量）	29.144	1.973		14.773	0.000
项目距离区域中心距离 /km	−0.507	0.222	−0.385	−2.282	0.030

注：a 为因变量海绵设施得分。

据上表可知，距区域中心越远的项目，海绵设施得分越低。由于距离区域中心越远的项目楼盘品质一般，海绵设施质量不高，从而导致得分不高。

（2）商业类项目海绵设施数据分析

根据数据分析，商业类项目的海绵设施与规划用地条件没有关联性。

4.5.3 技术措施数据分析

（1）居住类项目技术措施数据分析

居住类项目技术措施数据分析见表 4-7。

表 4-7 居住类项目技术措施线性回归分析表

模型	系数[a]				
	未标准化系数		标准化系数	t	显著性
	B	标准错误	Beta		
（常量）	−2.865	5.032		−0.569	0.573
雨水管网设计暴雨重现期 / 年	4.589	1.739	0.434	2.639	0.013

注：a 为因变量技术措施得分。

人口密集且较发达的地区，雨水管网设计暴雨重现期（年）建议采用规定范围的上限，而该地区居住小区一般品质较高，技术措施的选用品质较高，因此得分较高。

据上表可知，居住类项目的技术措施得分与雨水管网设计暴雨重现期（年）呈正相关，标准回归系数为 0.434，即雨水管网设计暴雨重现期（年）越长，技术措施得分越高。如 XX 铭苑项目、武汉 XX 置业有限公司 XX 郡项目等数个项目，雨水管网设计暴雨重现期（年）为 3 年，技术措施得分为 12.5。

（2）商业类项目技术措施数据分析

商业类项目技术措施数据分析见表 4-8。

表 4-8　商业类项目技术措施线性回归分析表

系数 [a]

模型	未标准化系数		标准化系数	t	显著性
	B	标准错误	Beta		
（常量）	9.620	1.144		8.413	0.000
容积率	1.316	0.599	0.520	2.197	0.047

注：a 为因变量技术措施得分。

使用成品设施会运用到更多的技术措施，从而增加技术措施的得分。因此，当场地内出现无法满足蓄水容积的情况时，可采用绿地类海绵设施的绿地面积也就越少，则该地块的建筑密度大，绿地率小，容积率高。

据上表可知，商业类项目的技术措施得分与项目地块的容积率呈正相关，标准回归系数为 0.520，容积率与建筑密度、峰值径流系数、面源污染削减率呈正相关。若场地内只采用绿地类海绵设施，也可能出现不需要断接的情况，导致技术措施的可得分项减少。

4.5.4　景观品质数据分析

（1）居住类项目景观品质数据分析

居住类项目景观品质数据分析见表 4-9。

表 4-9　居住类项目景观品质线性回归分析表

系数 [a]

模型	未标准化系数		标准化系数	t	显著性
	B	标准错误	Beta		
（常量）	7.622	0.163		46.698	0.000
下沉式绿地率 /（%）（旧规 ≥ 25%）	0.010	0.004	0.391	2.328	0.027

注：a 为因变量景观品质得分。

下沉式绿地率越高，下沉式绿地的面积越大，即该地块的绿地率越高。

据上表可知，景观品质得分与下沉式绿地率呈正相关，标准回归系数为 0.391，即下沉式绿地率越高，景观品质得分越高。根据景观品质评分标准可知，下沉式绿地率越高，景观品质所对应的评分点也就越多，该项得分也就越高。

（2）商业类项目景观品质数据分析

商业类项目景观品质数据分析见表 4-10。

表 4-10 商业类项目景观品质线性回归分析表

系数 [a]					
模型	未标准化系数		标准化系数	t	显著性
	B	标准错误	Beta		
（常量）	8.746	0.415		21.078	0.000
透水铺装面积	0.000062	0.000	−0.622	−2.868	0.013

注：a 为因变量景观品质得分。

透水铺装面积越少，其蓄水容积需求也会减少，则该地块的规划用地面积越小。

据上表可知，景观品质得分与透水铺装面积呈负相关，标准回归系数为 −0.622。透水铺装的样式和材质一般不如硬质铺装，从而影响景观品质，因此透水铺装面积越小，硬质铺装面积越大，则景观品质的得分就会越高。

4.5.5 运营维护数据分析

运营维护部分由于无法观测到，因此没有相关数据进行分析。

4.5.6 项目综合评分数据分析

（1）居住类项目综合评分数据分析

居住类项目综合评分数据分析见表 4-11。

表 4-11 居住类项目总分线性回归分析表

系数 [a]						
模型		未标准化系数		标准化系数	t	显著性
		B	标准错误	Beta		
1	（常量）	28.801	8.442		3.412	0.002
	雨水管网设计暴雨重现期 / 年	7.262	2.917	0.414	2.490	0.019
2	（常量）	−16.591	19.894		−0.834	0.411
	雨水管网设计暴雨重现期 / 年	8.636	2.751	0.492	3.139	0.004
	年径流总量控制率 /（%）	0.521	0.210	0.389	2.480	0.019
3	（常量）	−5.595	18.043		−0.310	0.759
	雨水管网设计暴雨重现期 / 年	10.133	2.494	0.577	4.064	0.000
	年径流总量控制率 /（%）	0.598	0.188	0.446	3.176	0.004
	峰值径流系数	41.612	14.020	−0.415	−2.968	0.006

注：a 为因变量总分。

据上表可知，项目的峰值径流系数越高，硬质屋面及铺装比例也会相对偏高，相应地，该场地的容积率及建筑密度也就越高；峰值径流系数越低，则该项目场地的绿地率越高。年径流总量控制率越大，场地的绿地面积占比越大，则该项目地块的绿地率越高，建筑密度越低。

居住类项目的总分与雨水管网设计暴雨重现期（年）呈正相关，标准回归系数为 0.577。即当雨水管网设计暴雨重现期（年）越高时，总分越高。根据技术措施评分细则，雨水管网设计暴雨重现期（年）越长，技术措施得分越高，因此总分越高。

居住类项目的总分与年径流总量控制率呈正相关，标准回归系数为 0.446。即当年径流总量控制率越高时，总分越高。根据海绵城市建设指标评分细则，年径流总量控制率越高，则海绵城市建设指标得分越高，因此总分也就越高。

居住类项目的总分与峰值径流系数呈负相关，标准回归系数为 −0.415。即当峰值径流系数越高时，总分越低。根据海绵城市建设指标评分细则，峰值径流系数越高，则海绵城市建设指标得分越低，因此总分也就越低。

（2）商业类项目综合评分数据分析

商业类项目综合评分数据分析见表 4-12。

表 4-12　商业类项目总分线性回归分析表

模型		系数 [a]				
		未标准化系数		标准化系数	t	显著性
		B	标准错误	Beta		
1	（常量）	50.145	0.970		51.698	0.000
	透水铺装面积	0.000	0.000	−0.722	−3.764	0.002
2	（常量）	57.631	3.100		18.593	0.000
	透水铺装面积	0.000	0.000	−0.818	−4.918	0.000
	透水铺装率/（%）（≥40%）	−0.136	0.054	−0.416	−2.504	0.028

注：a 为因变量总分。

据上表可知，透水铺装面积小、透水铺装率低的情况下，通常其规划净用地面积会比较小，建筑密度较高，容积率较低。

首先，商业类项目的总分与透水铺装面积和透水铺装率呈负相关，标准回归系数分别为 −0.818 和 −0.416。透水铺装面积与规划净用地面积、蓄水容积、下沉式绿地面积呈正相关，即当项目净规划用地面积越小时，地块内海绵设施的面积和数量等也会相应减少，对景观的影响也就越小，因此景观得分会高，相应的总分也会越高。

其次，透水铺装率与面源污染削减率呈正相关，与峰值径流系数呈负相关，根据面源污染削减率计算方式可知，透水铺装面源污染削减率比硬质铺装面源污染削减率高，因此透水铺装率越高，面源污染削减率越高；由于透水铺装峰值径流系数低于普通硬质铺装，因此透水铺装率越高，峰值径流系数越低，根据居住类项目海绵城市建设指标线性回归分析表可得，透水铺装率越高，面源污染削减率越高，峰值径流系数越低，海绵城市建设指标得分越高，总分也就越高。

4.5.7　小结

根据上文对项目评分的分析，年径流总量控制率、透水铺装率、峰值径流系数这三项指标，以及与这三项指标关联的海绵设施和技术措施对项目评分有一定影响，且透水铺装率通常较易达到目标值，而透水铺装的占比会影响到海绵城市建设指标中的其他三项强制性指标，即年径流总量控制率、峰值径流系数、面源污染削减率，因此可以将这三项海绵城市建设指标看作海绵城市建设的关键因素。

4.6　设计方法层级划分

本节基于上一节的结论，首先，论述海绵城市建设指标的调控方法，并分析其对成本造价、景观效果的影响，总结可优先选用的方法。其次，结合实际案例的运用，在满足海绵城市建设指标的目标值，保证基本实现海绵景观效果的前提下，制定海绵设施多类型、多种类、多规模的组合方式，采用更为合理的技术措施，分析不同类型海绵设施的关键技术参数及技术措施在满足海绵城市建设指标方面的优势和劣势，总结可行的设计方案。并根据第3章各层级、各类型指标的评估内容和评分标准，从成本造价、景观效果和评分三个方面评判方案，进行对比分析。最后，结合前面总结的规划用地条件，为不同条件下的项目设计方案制定高、中、低档海绵城市建设方案，适应不同的需求，为海绵城市设计提供明确的指导意见。

4.6.1　基于海绵城市建设指标调控管理方法

海绵城市建设的最终要求是海绵城市建设的各项指标（五个强制性指标：年径流总量控制率、峰值径流系数、面源污染削减率、可渗透硬化地面占比、雨水管网设计暴雨重现期）达到目标值，而目标值的调控主要受海绵设施和技术措施影响，海绵设施的不同组合搭配、技术措施对于整体呈现的景观效果以及建设成本也有较大差异，因此归纳总结各项指标相应的完成方式，有利于分析不同海绵设施组合配置的优势和劣势。根据"4.5.7 小结"得出的结论，重点论述年径流总量控制率、峰值净流系数、面源污染削减率的调控管理方法，可渗透硬化地面占比和雨水管网设计暴雨重现期的调控办法比较单一，且前文对可渗透硬化地面占比的调控办法已进行论述，所以本小节对这两项海绵城市建设指标的调控办法不进行赘述。

4.6.1.1　年径流总量控制率

由蓄水容积计算公式 $H=V/10\phi F$ 可知，年径流总量控制率不达标相当于实际蓄水容积不达标，且设计降雨量（H）由场地位置及用地性质决定，汇水面积（F）无法调整，因此只能通过降低场均综合雨量径流系数（ϕ）达到降低设计蓄水容积的目的，或者通过降低设计蓄水容积来达到指标要求。

（1）调整屋面材质

在屋面材质的选择中，可以选择绿色屋面来代替硬屋面，场均综合雨量径流系数减少幅度较大，且基质层厚度超过 300 mm 的屋面，场均综合雨量径流系数更小。

基于海绵城市设计评估指标体系中海绵设施的评分细则可知，绿色屋面的权重最高。依据海绵城市建设指标评分细则，当项目配有高度不超过 30 m 的屋面且全部设置软化屋面时，软化屋面率可得满分，可增加指标得分。

（2）调整路面与铺装材质

在路面与铺装材质的选择上，可以选用植草类透水铺装来代替非植草类透水铺装；或者用非植草类透水铺装代替硬质铺装。也能将透水铺装的基层厚度设置超过 300 mm，场均综合雨量径流系数更小。

基于海绵城市设计评估指标体系中海绵设施的评分细则可知，透水铺装的权重最高，《绿色建筑评价标准》（GB/T 50378—2019）规定可渗透硬化地面占比达到 50% 时可得 3 分，可增加指标得分。

（3）增加地下建筑绿地的覆土厚度

地下建筑绿地的覆土厚度超过 500 mm 后，场均综合雨量径流系数更小。选择该方案对项目评分没有影响，会提升一定的成本造价，通常绿地的覆土厚度由甲方决定，因此实际操作较为困难。

（4）增加断接面积

如下垫面无法调整，或蓄水容积与目标值的差值较小，可以考虑适当增加断接。《武汉市海绵城市建设设计指南》规定如果场地有多种下垫面，且某种地面非海绵设施下垫面的范围内不设置雨水排水口（即断接地面非海绵设施下垫面），使这部分雨量径流至海绵设施后再排入市政雨水管网。这种情况的汇水分区的综合雨量径流系数理应比不断接非海绵设施下垫面时的综合雨量径流系数有所降低。可使所需蓄水容积降低，从而使年径流总量控制率达标。具体计算方法详见《武汉市海绵城市建设设计指南》6.3.2。

在技术措施方面可以采用断接的方式，技术措施在海绵城市建设指标评估体系中的权重占比仅次于海绵设施，因此若使用断接技术，则可相应提高项目总评分。增设断接区域能够一定程度降低场均综合雨量径流系数，从而达到提高年径流总量控制率的效果。断接区域造价成本低，对景观效果无影响。断接时首先选择断接路面，可以选用开口路缘石或者生态植草沟进行引流，施工简单迅速，成本低。其次是断接屋面，通过切断建筑雨落管的径流路径，将径流合理引导至绿地等透水区域，但高度超过 30 m 的屋面需要增设消能设施，成本会提高。

（5）增设蓄水类型的成品设施

增设硅砂蓄水池、蓄水模块、钢筋混凝土蓄水池、雨水桶等蓄水类成品设施，使实际蓄水容积增大，从而使年径流总量控制率达标。

成品设施在海绵设施评分细则中权重占比较高，并且根据 4.3 节项目案例评分可知，使用蓄水类成品设施会相应增加技术措施的得分，使项目总评分提高。在实际使用中，目前设置蓄水模块是海绵城市建设的大趋势，其属于拼接式水池，能摆放成不同的形状，施工迅速，蓄水率高，能重复利用，且成品类蓄水设施通常设置在地下，对景观效果基本没有影响。

（6）增设下沉式绿地（广义）

增设下沉式绿地（广义），使实际蓄水容积增大，从而使年径流总量控制率达标。

下沉式绿地在海绵设施的评分细则中权重占比较低，其主要原因在于会对景观效果造成较大影响，但通过植物的组合搭配进行遮挡，分区域、分路段进行设计，利用曲直、起伏等微地形变化也能营造出良好的景观效果以及空间层次感，《绿色建筑评价标准》（GB/T 50378—2019）将下沉式绿地（含水体）率作为评分项指标，下沉式绿地（含水体）率达到 30% 时可作为满足《绿色建筑评价标准》（GB/T 50378—2019）评分项指标的加分项；并且下沉式绿地（广义）的成本造价低，维护与管理比草坪简单，因此它既能保证一定的景观效果，又能节省成本。

4.6.1.2 峰值径流系数

依据峰值径流系数计算方法可得，峰值径流系数指标计算层面只能通过改变不同下垫面面积进行调整，考虑到绿地范围受到地下室范围影响，因海绵设计而更改没有可行性，因此下垫面可以调整的类型为以下几种。

（1）调整屋面材质

因软化屋面径流系数低于非软化屋面，因此将非软化屋面替换为软化屋面后，项目的峰值径流系数会降低。而其中又以绿色屋面（基质层厚度 ≥ 300 mm）峰值径流系数最低，将普通硬屋面设置为绿色屋面（基质层厚度 ≥ 300 mm）可将峰值径流系数从 0.95 降至 0.4，替换成其他软化屋面，峰值径流系数也有不同程度的降低。

基于海绵城市设计评估指标体系中海绵设施的评分细则可知，绿色屋面的权重最高，依据海绵城市建设指标评分细则，当项目配有高度不超过 30 m 的屋面且全部设置软化屋面时，软化屋面率可得满分，可增加指标得分。

（2）调整路面与铺装材质

因可渗透硬化地面峰值径流系数低于非可渗透硬化地面，因此将非可渗透硬化地面替换为可渗透硬化地面后，项目的峰值径流系数会降低。而其中又以工程透水层厚度≥300 mm 的透水铺装峰值径流系数最低，大块石等铺砌路面及广场设置为非植草类透水铺装（基质层厚度≥300 mm）可将峰值径流系数从 0.65 降至 0.35，将其他非可渗透硬化地面替换为可渗透硬化地面，峰值径流系数均有不同程度的降低。

基于海绵城市设计评估指标体系中海绵设施的评分细则可知，透水铺装的权重最高，《绿色建筑评价标准》（GB/T 50378—2019）规定可渗透硬化地面占比达到 50% 时可得 3 分，可增加指标得分。

（3）增加地下建筑绿地的覆土厚度

地下建筑绿地的覆土厚度≥500 mm 时的峰值径流系数比地下建筑绿地的覆土厚度＜500 mm 时的峰值径流系数小，因此将地下建筑绿地的覆土厚度增加到 500 mm 以上也能使峰值径流系数降低。选择该方案对项目评分没有影响，会提升一定的成本造价，通常绿地的覆土厚度由甲方决定，因此实际操作较为困难。

4.6.1.3　面源污染削减率

根据上文所述面源污染削减率计算方法可知，提高项目的面源污染削减率可以大体分为增设海绵设施、在设计阶段将削减能力较弱的海绵设施替换为削减能力较强的海绵设施及提高断接至海绵设施的汇水面积三种思路。

（1）将非可渗透硬化地面替换为可渗透硬化地面

根据《武汉市海绵城市规划技术导则》，将不透水的硬质铺装替换为透水砖、透水混凝土、透水沥青均能获得 80%～90% 的面源污染削减率，是比较有效的改善手段。

基于海绵城市设计评估指标体系中海绵设施的评分细则可知，屋面及铺装的权重最高，若采用此种方案，透水铺装率会相应增加，《绿色建筑评价标准》（GB/T 50378—2019）规定可渗透硬化地面占比达到 50% 时可得 3 分，同时还可以降低峰值径流系数以及场均综合雨量径流系数。其成本造价也不高，但可能会影响景观效果。

（2）将硬屋面换为绿色屋面

将未铺石子的硬屋面设置为绿色屋面，面源污染削减率可提高至 70%～80%。

基于海绵城市设计评估指标体系中海绵设施的评分细则可知，屋面及铺装的权重最高，若采用屋面或铺装的方式提高面源污染削减率，则项目评分会提高。选择此种方案，峰值径流系数会降低，年径流总量控制率以及绿色屋顶率会上升，依据海绵城市建设指标评分细则，当项目配有高度不超过 30 m 的屋面且全部设置软化屋面时，软化屋面率可得满分。但此种方案涉及建筑施工，需多方协商，实际操作较为困难。

（3）将普通雨水口换为环保雨水口

将路面上的普通雨水口替换为环保雨水口，环保雨水口中的截污挂篮能够对雨水径流进行过滤净化，达到削减污染的作用。

成品设施在海绵设施评分细则中权重占比较高。根据 4.3 节项目案例评分可知，使用蓄水类成品设施会相应增加技术措施的得分，因此采用成品设施的方式提高面源污染削减率可以提高项目总评分。而且成品类蓄水设施一般配备有净化设备，因此面源污染削减率相较于下沉式绿地（广义）更高。采用环保雨水口对其他指标数据没有影响，且造价不高，对景观效果基本无影响。

（4）增设下沉式绿地（广义）

将普通绿地设置为下沉式绿地可以有效提高该区域的污染物去除率，根据下沉式绿地结构、用途、复杂程度不同，可取值 50%～95% 不等。

根据《绿色建筑评价标准》（GB/T 50378—2019），下沉式绿地（含水体）率达到30%时可作为满足《绿色建筑评价标准》（GB/T 50378—2019）评分项指标的加分项，增设下沉式绿地（广义）可提高指标得分，同时实际蓄水容积会随之增加，会提高年径流总量控制率。如方案本身设置了下沉式绿地，将其更换为结构更为复杂的雨水花园等，不仅面源污染削减率会有一定的提高，而且对景观效果的影响也会减少，但对总体数据的影响非常小，建议当与目标值差值小于1%时再进行考虑。

（5）增加断接区域

断接作为一种技术措施，通过切断非海绵设施的径流路径，将径流引导至蓄水设施，再进行净化溢流，能够达到去除面源污染的效果。

技术措施在海绵城市建设评估指标体系中的权重占比仅次于海绵设施，因此若使用断接技术，可相应提高项目总评分。增设断接区域在提高面源污染削减率的同时，能够一定程度降低场均综合雨量径流系数，从而达到提高年径流总量控制率的效果。其造价成本低，对景观效果无影响。

4.6.1.4　小结

综上所述，海绵城市建设指标的年径流总量控制率、峰值径流系数和面源污染削减率调控方式大致可归纳为屋面和铺装、绿地类海绵设施、成品设施三种海绵设施和技术措施的组合方式，即海绵城市建设指标的调控管理办法实际上是不同类型的海绵设施的组合方式与技术措施的结合。结合项目实际经验，对控制海绵城市建设指标的调控方法进行选用排序，有利于在实际操作过程中调整和选择设计方案。

（1）增设绿色屋面或透水铺装

选用屋面和铺装可以同时调控年径流总量控制率、峰值径流系数和面源污染削减率这三项指标，从经济成本上考虑，增设透水铺装相对于增设绿色屋面更便宜，施工简单，后期维护上也不需要花费太多时间、精力；从景观效果上看，设置过量的透水铺装会影响景观效果，而选用绿色屋面则会提升景观效果；从影响指标上来说，透水铺装的面源污染削减率达到90%，高于绿色屋面的80%；从项目评分上看，在海绵设施板块的得分，透水铺装和绿色屋面的权重一致，但在海绵城市建设指标中，可渗透硬化地面占比，即透水铺装率的权重远远高于绿色屋面。综上所述，可优先选用增设透水铺装的方式，其次考虑增设绿色屋面，选用任何一种方法均可解决峰值径流系数问题。

（2）选用断接技术措施

无论是控制年径流总量还是提升面源污染削减率，都需要对路面硬质铺装和硬质屋面采用断接技术，断接技术可以减少场地的蓄水容积，从而使年径流总量控制率更好地达标，同时面源污染削减率最高能达到90%。断接时首先选择断接路面，可以选用开口路缘石或者生态植草沟进行引流，施工简单迅速，成本低。其次是断接屋面，通过切断建筑雨落管的径流路径，将径流合理引导至绿地等透水区域，但高度超过30 m的屋面需要增设消能设施，成本会提高。

（3）选用蓄水类海绵设施

蓄水类海绵设施满足蓄水容积要求，同样可以提高年径流总量控制率和面源污染削减率。蓄水类海绵设施又分为绿地类海绵设施和成品设施，从经济成本上考虑，绿地类海绵设施相对于成品设施更便宜；从景观效果上看，设置绿地类海绵设施会影响景观效果，而选用成品设施对景观效果基本无影响；从影响指标上来说，成品设施的面源污染削减率达到90%，远高于绿地类海绵设施的80%；从项目评分上看，在海绵设施板块的得分中，成品设施的权重高于绿地类海绵设施，且使用成品设施后，会涉及雨水回用和弃流设备，即会相应提高技术措施的得分。综上所述，在选用海绵设施时，优先推荐选用成品类蓄水设施，其次是绿地类海绵设施。

4.6.2 基于项目案例的海绵设计方法

基于前文的指标评估体系内容和指标调控管理办法，本小节通过实际案例，分居住类项目和商业类项目分别检验前文方法的合理性和适用性。按照工作经验选取不同用地性质的项目进行方案设计，并计算每个方案的成本造价和评分，由于每个项目的用地规划条件不一样，最后所得项目总分的高低并不能作为单独的评判依据，因此结合成本、景观效果和评分对比不同方案的优缺点，为海绵城市建设提供设计指导意见。同时为检测海绵设施和技术措施对项目评分的影响程度，本小节所有案例的海绵设施和技术措施设置的合理程度规定为一致，海绵城市建设指标的目标值尽量控制在同一得分区间内，景观品质得分取平均值 8 分为基础，若选用的海绵设施对景观效果的影响越小，则该项得分会越高。

4.6.2.1 居住类项目案例设计方法

项目 A 规划净用地面积为 57880.15 m²，建筑密度为 18.81%，容积率为 2.51，绿地率为 30%，四面临路；其年径流总量控制率需要高于 75%，峰值径流系数需要低于 0.60，面源污染削减率需要高于 70%，场地蓄水容积需为 710.09 m³。

该项目的规划用地条件良好，各项指标比较容易达到目标值，因此在方案设计中只考虑用不同的海绵设施可以带来的最终效果。

（1）方案一：透水铺装 + 绿地类海绵设施

①峰值径流系数。

增设透水铺装 10276.60 m²，成本造价约为 61.66 万元，则透水铺装率可达到 55%。

②年径流总量控制率、面源污染削减率。

依据前文调控海绵城市建设指标的方法，断接硬质铺装 5702.69 m²，断接硬屋面 4981.47 m²，可将蓄水容积减少至 659.37 m³。断接硬质铺装成本造价约为 20.24 万元，断接硬屋面成本造价约为 19.93 万元。在建筑红线内设置 8686.41 m² 深度为 0.10 m 的雨水花园即可满足场地的蓄水容积要求，成本造价约为 212.88 万元。

总计成本造价约为 314.71 万元。面源污染削减率可提高至 70.50%，年径流总量控制率可控制在 82.72%，峰值径流系数可降低至 0.48。依据海绵城市设计评估指标体系评分，项目海绵城市建设指标分数为 8.25 分，海绵设施分数为 18 分，技术措施分数为 10 分，景观品质分数为 8 分，项目总评分为 44.25 分。

（2）方案二：透水铺装 + 成品类海绵设施

①峰值径流系数。

增设透水铺装 10276.60 m²，成本造价约为 61.66 万元，则透水铺装率可达到 55%，峰值径流系数可降低至 0.48。

②年径流总量控制率、面源污染削减率。

若场地使用成品设施，断接硬质铺装 6350.67 m²，断接硬屋面 6616.23 m²，可将蓄水容积减少至 642.46 m³。断接硬质铺装成本造价约为 22.54 万元，断接硬屋面成本造价约为 26.64 万元。需在地下室范围线外的绿地下设置 700 m³ 的蓄水模块满足场地的蓄水容积要求，成本造价在 70.00 万元左右。

总计成本造价约为 180.84 万元。年径流总量控制率可控制在 77.18% 以上，面源污染削减率可控制在 72.21%，峰值径流系数可控制在 0.48。依据海绵城市设计评估指标体系评分，项目海绵城市建设指标分数为 8.85 分，海绵设施分数为 20 分，技术措施分数为 12 分，景观品质分数为 10 分，项目总评分为 50.85 分。

（3）方案三：成品类蓄水设施＋绿地类海绵设施

①峰值径流系数。

增设透水铺装 10276.60 m²，成本造价约为 61.66 万元，则透水铺装率可达到 55%，峰值径流系数可降低至 0.48。

②年径流总量控制率、面源污染削减率。

断接硬质铺装 6350.67 m²，断接硬屋面 6161.47 m²，可将蓄水容积减少至 642.46 m³。断接硬质铺装成本造价约为 22.54 万元，断接硬屋面成本造价约为 24.65 万元。则需设置面积为 1350 m²、深度为 0.30 m 的雨水花园，成本造价约为 94.50 万元，再设置 300 m³ 的蓄水类成品设施，成本造价约为 30.00 万元。

总计成本造价约为 233.35 万元。年径流总量控制率可控制在 77.37%，面源污染削减率可控制在 72.50% 以上，峰值径流系数可降低至 0.48。依据海绵城市设计评估指标体系评分，项目海绵城市建设指标分数为 9.25 分，海绵设施分数为 24 分，技术措施分数为 12 分，景观品质分数为 11 分，项目总评分为 56.25 分。

（4）方案四：绿色屋面＋成品类蓄水设施＋绿地类海绵设施

①峰值径流系数。

增设透水铺装 10276.60 m²，成本造价约为 61.66 万元，则透水铺装率可达到 55%；增设绿色屋面 1653.42 m²，成本造价约为 49.60 万元，峰值径流系数可降低至 0.46。

②年径流总量控制率、面源污染削减率。

断接硬质铺装 5702.69 m²，断接硬屋面 4981.67 m²，可将蓄水容积减少至 625.55 m³。断接硬质铺装成本造价约为 20.24 万元，断接硬屋面成本造价约为 19.93 万元。需在地下室范围线外的绿地下设置 350 m³ 的蓄水模块满足场地的蓄水容积要求，成本造价在 35.00 万元左右，另设置面积为 1200 m²、深度为 0.3 m 的雨水花园，成本造价为 84 万元。

总计成本造价约为 270.43 万元。年径流总量控制率可控制在 78.28%，面源污染削减率可控制在 73.77% 以上，峰值径流系数可降低至 0.46。依据海绵城市设计评估指标体系评分，项目海绵城市建设指标分数为 9.45 分，海绵设施分数为 26 分，技术措施分数为 12 分，景观品质分数为 12 分，项目总评分为 59.45 分。

综上所述，四个方案最终的项目得分、成本造价和景观效果相差较大（表 4-13）。方案一，即选用透水铺装＋绿地类海绵设施的方案（图 4-4），该项目场地的蓄水容积较大，因此需要设置的绿地类海绵设施数量较多、总面积较大，对景观影响较为严重，其次由于面源污染削减率较低，需设置雨水花园，而雨水花园造价较高，并且由于下沉式绿地（广义）在海绵设施中的得分占比并不高，因此项目评分也最低。

表 4-13　居住 A 项目方案对比表

项目	方案一	方案二	方案三	方案四
成本造价 / 万元	314.71	180.84	233.35	270.43
景观效果	一般	良好	良好	最佳
项目总评分 / 分	44.25	50.85	56.25	59.45

方案二，即选用透水铺装＋成品类海绵设施的方案（图 4-5），和方案三（选用成品类蓄水设施＋绿地类海绵设施的方案，如图 4-6 所示）对比，二者的景观效果相差甚微，但方案二成本造价在四个方案中最便宜，方案三成本造价适中，通过海绵设施的组合方式提高了海绵设施、技术措施和景观品质的得分，二者在不同程度上都可算作不错的方案。

方案四，即选用绿色屋面＋成品类蓄水设施＋绿地类海绵设施的方案，虽然成本造价较高，但景观效果最佳，且项目评分也最高。

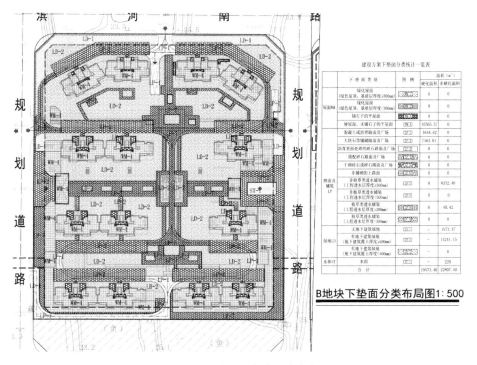

图 4-4　居住类项目海绵设计方案一

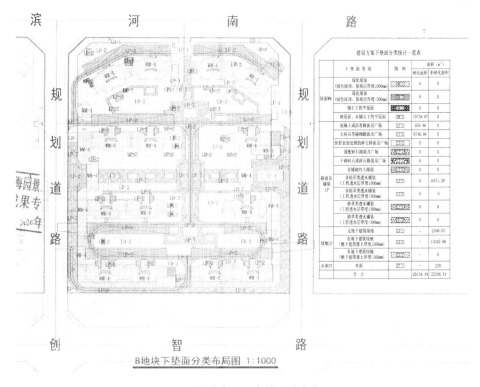

图 4-5　居住类项目海绵设计方案二

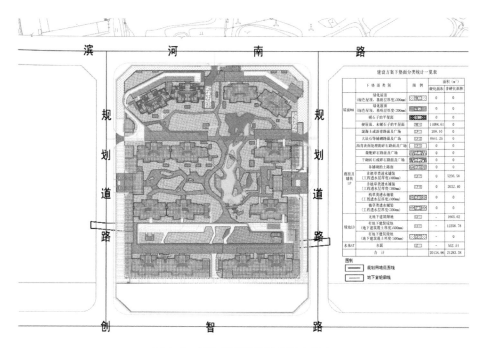

图 4-6　居住类项目海绵设计方案三

4.6.2.2　商业类项目案例设计方法

项目 B 规划净用地面积为 10514.57 m²，建筑密度为 52.12%，容积率为 3.51，绿地率为 20.09%；其年径流总量控制率需要高于 60%，峰值径流系数需要低于 0.65，面源污染削减率需要高于 50%，场地蓄水容积需为 110.88 m³。

由于该项目绿地率较低，建筑密度较高，峰值径流系数难以达到目标值，因此在方案设计中还要考虑到透水铺装率的问题；而且可以设置下沉式绿地的位置较少，所以更多考虑使用成品类蓄水设施。

（1）方案一：部分透水铺装 + 部分绿色屋面 + 成品类海绵设施

①峰值径流系数。

设置 1370.43 m² 的透水铺装，透水铺装率达到 47.01%，成本造价约为 8.22 万元。同时设置 1978.38 m² 的绿色屋面，成本造价约为 59.35 万元。

②年径流总量控制率、面源污染削减率。

断接屋面 1604.68 m²，成本造价约为 6.41 万元，断接路面 213.55 m²，成本造价约为 0.76 万元，场地蓄水容积减少至 103.49 m³，则需设置 120.00 m³ 的蓄水模块，成本造价约为 12.00 万元，共计 19.17 万元。

合计总成本造价约为 86.74 万元。年径流总量控制率可控制在 62.47%，面源污染削减率可控制在 53.76% 以上，峰值径流系数可控制在 0.64。依据海绵城市设计评估指标体系评分，项目海绵城市建设指标分数为 6.45 分，海绵设施分数为 24 分，技术措施分数为 12 分，景观品质分数为 13 分，则总得分为 55.45 分。

（2）方案二：场地路面全部设置透水铺装 + 部分绿色屋面 + 成品类海绵设施

①峰值径流系数。

设置 2577.77 m² 的透水铺装，透水铺装率达到 88.43%，成本造价约为 15.47 万元。同时设置 1310.00 m² 的绿色屋面，成本造价约为 39.30 万元。

②年径流总量控制率、面源污染削减率。

断接屋面 1208.33 m²，成本造价约为 4.83 万元，场地蓄水容积减少至 107.18 m³，则需设置 120 m³ 的蓄水模块，成本造价约为 12 万元，共计 16.83 万元。

合计总成本造价约为 71.60 万元。年径流总量控制率可控制在 60.36%，面源污染削减率可控制在 53.79% 以上，峰值径流系数可控制在 0.65。依据海绵城市设计评估指标体系评分，项目海绵城市建设指标分数为 4.7 分，海绵设施分数为 24 分，技术措施分数为 12 分，景观品质分数为 10 分，则总得分为 50.7 分。

（3）方案三：部分绿色屋面 + 成品类海绵设施 + 下沉式绿地 + 部分透水铺装

①峰值径流系数。

设置 1370.43 m² 的透水铺装，透水铺装率达到 47.01%，成本造价约为 8.22 万元。同时设置 2602.10 m² 的绿色屋面，成本造价约为 78.06 万元。

②年径流总量控制率、面源污染削减率。

断接屋面 2106.57 m²，成本造价约为 8.43 万元，场地蓄水容积减少至 97.94 m³，则需设置 90 m³ 的蓄水模块，以及深度为 0.3 m、面积为 74.18 m² 的雨水花园，蓄水模块成本造价约为 9.00 万元，雨水花园成本造价约为 5.19 万元，共计 22.62 万元。

合计总成本造价约为 108.90 万元。年径流总量控制率可控制在 62.50%，面源污染削减率可控制在 60.74%，峰值径流系数可控制在 0.61。依据海绵城市设计评估指标体系评分，项目海绵城市建设指标分数为 8.35 分，海绵设施分数为 24 分，技术措施分数为 12 分，景观品质分数为 12 分，则总得分为 56.35 分。

综上所述，方案一与方案三最终的项目得分相差无几，区别主要在成本造价和景观效果上（表 4-14）。方案一，即选用部分透水铺装 + 部分绿色屋面 + 成品类海绵设施的方案（图 4-7），透水铺装和硬质铺装相结合，既能满足透水铺装率的要求，也能强调景观品质，绿色屋面提升了场地的绿化率和景观效果，其项目综合评分较高，但成本造价也略高。

表 4-14　商业 B 项目方案对比表

项目	方案一	方案二	方案三
成本造价/万元	86.74	71.60	108.90
景观效果	好	一般	良好
项目总评分/分	55.45	50.70	56.35

方案二，即选用全部透水铺装 + 部分绿色屋面 + 成品类海绵设施的方案（图 4-8），该方案将场地的路面上全部换成了透水铺装，虽有效地减少了蓄水容积，但其景观品质却是最差的，而商业类项目通常会更注重景观品质，因此该方案项目评分、景观效果、成本造价都最低。

方案三，即选用部分绿色屋面 + 成品类海绵设施 + 下沉式绿地 + 部分透水铺装的方案（图 4-7），在方案一的基础上，通过选用下沉式绿地与蓄水模块相结合的方式满足蓄水容积要求，同时由于下沉式绿地的范围并不大，因此对景观效果的影响也较小。

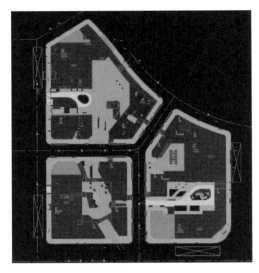

图例
景观中原有透水铺装
新增透水铺装
新增透水沥青
绿色屋面

图 4-7 商业类项目海绵设计方案一、三

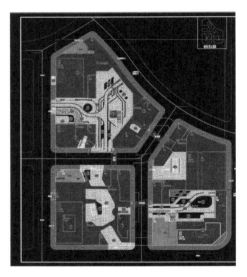

图 4-8 商业类项目海绵设计方案二

项目 C 规划净用地面积为 298505.3 m²，容积率为 0.59，建筑密度为 24.16%，绿地率为 20%；其年径流总量控制率需要高于 65%，峰值径流系数需要低于 0.65，面源污染削减率需要高于 50%，场地蓄水容积需为 3539.02 m³。

由于该项目容积率较低，年径流总量控制率较高，因此蓄水容积较难达标；且绿地率只有 20%，可以设置绿地类海绵设施的位置较少，所以更多考虑使用成品类蓄水设施。

（1）方案一：透水铺装 + 绿地类海绵设施 + 断接技术

①峰值径流系数。

设置 65652.28 m² 的透水铺装，透水铺装率达到 43.21%，成本造价约为 393.91 万元。

②年径流总量控制率、面源污染削减率。

断接硬屋面 10355.87 m²，成本造价约为 41.42 万元，断接硬质铺装 28325.00 m²，成本造价约为 100.55 万元，场地蓄水容积减少至 3352.75 m³，则需设置深度为 0.20 m、面积为 7569.00 m² 的下沉式绿地，成本造价约为 151.38 万元，以及深度为 0.30 m、面积为 6150 m² 的雨水花园，成本造价约为 430.50 万元，共计 723.85 万元。

合计总成本造价约为 1117.76 万元。年径流总量控制率可控制在 68.03%，面源污染削减率可控制在 50.01%，峰值径流系数可控制在 0.63。依据海绵城市设计评估指标体系评分，项目海绵城市建设指标分数为 6.37 分，海绵设施分数为 22 分，技术措施分数为 10 分，景观品质分数为 10 分，则总得分为 48.37 分。

（2）方案二：透水铺装 + 蓄水类成品设施 + 断接技术

①峰值径流系数。

设置 65652.28 m² 的透水铺装，透水铺装率达到 43.21%，成本造价约为 393.91 万元。

②年径流总量控制率、面源污染削减率。

断接硬屋面 61674.91 m²，成本造价约为 246.70 万元，断接硬质铺装 28325.00 m²，成本造价约为 100.55 万元，场地蓄水容积减少至 3042.31 m³，则需设置 3237 m³ 的成品设施，成本造价约为 323.70 万元，共计 670.95 万元。

合计总成本造价约为 1064.86 万元。年径流总量控制率可控制在 69.90%，面源污染削减率可控制在 64.34%，峰值径流系数可控制在 0.63。依据海绵城市设计评估指标体系评分，项目海绵城市建设指标分数为 10.75 分，海绵设施分数为 24 分，技术措施分数为 12 分，景观品质分数为 11 分，则总得分为 57.75 分。

（3）方案三：透水铺装 + 绿地类海绵设施 + 蓄水类成品设施 + 断接技术

①峰值径流系数。

设置 65652.28 m² 的透水铺装，透水铺装率达到 43.21%，成本造价约为 393.91 万元。

②年径流总量控制率、面源污染削减率。

断接硬屋面 61674.91 m²，成本造价约为 246.70 万元，断接硬质铺装 28325.00 m²，成本造价约为 100.55 万元，场地蓄水容积减少至 3042.31 m³，则需设置深度为 0.2 m、面积为 9280 m² 的下沉式绿地，成本造价约为 185.60 万元，再设置 1274 m³ 的成品设施，成本造价约为 127.40 万元，共计 660.25 万元。

合计总成本造价约为 1054.16 万元。年径流总量控制率可控制在 68.14%，面源污染削减率可控制在 66.50%，峰值径流系数可控制在 0.63。依据海绵城市设计评估指标体系评分，项目海绵城市建设指标分数为 9.59 分，海绵设施分数为 26 分，技术措施分数为 13 分，景观品质分数为 12 分，则总得分为 60.59 分。

（4）方案四：透水铺装 + 绿色屋面 + 绿地类海绵设施 + 蓄水类成品设施 + 断接技术

①峰值径流系数。

设置 65652.28 m² 的透水铺装，透水铺装率达到 43.21%，成本造价约为 393.91 万元。并增设 10440.45 m² 的绿色屋面，成本造价约为 313.21 万元。

②年径流总量控制率、面源污染削减率。

断接硬屋面 61674.91 m²，成本造价约为 246.70 万元，断接硬质铺装 28325.00 m²，成本造价约为 100.55 万元，场地蓄水容积减少至 3042.31 m³，则需设置深度为 0.30 m、面积为 6150 m² 的雨水花园，成本造价约为 430.50 万元，再设置 1274 m³ 的成品设施，成本造价约为 127.40 万元，共计 905.15 万元。

合计总成本造价约为 1612.27 万元。年径流总量控制率可控制在 68.44%，面源污染削减率可控制在 68.83%，峰值径流系数可控制在 0.62。依据海绵城市设计评估指标体系评分，项目海绵城市建设指标分数为 13.49 分，海绵设施分数为 26 分，技术措施分数为 13 分，景观品质分数为 13 分，则总得分为 65.49 分。

综上所述，四个方案最终的项目得分、成本造价和景观效果相差较大（表 4-15）。方案一，即选用透水铺装 + 绿地类海绵设施 + 断接技术的方案，该项目场地的绿地率较低，地块较大，蓄水容积需求量较大，因此需要设置下沉式绿地的数量较多、总面积较大，还需设置一定深度的雨水花园，对景观影响较为严重，另外由于绿地类海绵设施在海绵设施中的得分占比并不高，因此项目评分最低，且价格也偏高。

表 4-15　商业 C 项目方案对比表

项目	方案一	方案二	方案三	方案四
成本造价 / 万元	1117.76	1064.86	1054.16	1612.27
景观效果	一般	较好	良好	最佳
项目总评分 / 分	48.37	57.75	60.59	65.49

　　方案二，即选用透水铺装 + 蓄水类成品设施 + 断接技术的方案，与方案三，即选用透水铺装 + 绿地类海绵设施 + 蓄水类成品设施 + 断接技术的方案相比，二者的项目总评分、成本造价和景观效果相差甚微，方案二和方案三都通过选用成品设施的方式，提高了海绵设施、技术措施和景观品质的得分，方案三选择蓄水类成品设施和绿地类海绵设施相结合的方式，成本造价和景观效果互补，使设计达到较好的效果。

　　方案四，即选用透水铺装 + 绿色屋面 + 绿地类海绵设施 + 蓄水类成品设施 + 断接技术的方案，虽然成本造价最高，但景观效果最佳，且项目评分也最高。

4.6.3　设计方案分级

　　通过案例分析，首先归纳总结了居住类和商业类项目可行的设计方案，并将方案进行对比分析；其次根据项目经验，可以得出基本所有方案设计仅以达到目标值为目的，而从海绵城市建设和海绵城市设计评估指标体系的角度考量，这并非最优选择。结合前面影响因素的选取，不难看出，由于项目用地规划条件本身对海绵城市建设指标会有直接或间接的影响，因此项目本身的规划用地条件会影响项目的方案选取，而其中影响效果最明显、最大的是绿地率、容积率以及建筑密度，这三项规划条件与海绵设施的分布和选取息息相关。综合考量，对居住类项目和商业类项目的规划用地条件进行大致分类，并根据不同项目用地条件，以优化海绵城市建设指标中的强制性指标，即透水铺装率、峰值径流系数、年径流总量控制率和面源污染削减率这四项为基准，根据上述设计方案划分高、中、低三个档次。

　　绿地类海绵设施包括下沉式绿地（狭义）和雨水花园，雨水花园深度可达到 0.3 m，而下沉式绿地深度最多只能达到 0.2 m，且雨水花园的面源污染削减率有 95%，而下沉式绿地的面源污染削减率仅有 80%，因此，下文中所写绿地类海绵设施默认为狭义的下沉式绿地，若面源污染削减率需达到 70% 以上或年径流总量控制率需达到 75% 以上，则默认绿地类海绵设施为雨水花园或下沉式绿地（狭义）与雨水花园相结合，或直接写明为雨水花园。

4.6.3.1　居住类项目设计方案分级

　　居住类项目海绵设施组合配置分级见表 4-16，居住类项目方案设计见表 4-17。

表 4-16　居住类项目海绵设施组合配置分级表

档次	透水铺装率	峰值径流系数	年径流总量控制率	面源污染削减率
低档	达标	透水铺装	断接 + 绿地类海绵设施	断接 + 绿地类海绵设施
中档	达标（40%）	透水铺装	断接 + 蓄水类成品设施	断接 + 蓄水类成品设施 + 环保雨水口
			断接 + 绿地类海绵设施 + 蓄水类成品设施	断接 + 绿地类海绵设施 + 蓄水类成品设施
高档	达标（50%）	透水铺装 + 绿色屋面	断接 + 蓄水类成品设施 + 绿色屋面	断接 + 蓄水类成品设施 + 绿色屋面 + 环保雨水口
			断接 + 雨水花园 + 成品类海绵设施 + 绿色屋面	断接 + 雨水花园 + 成品类海绵设施 + 绿色屋面

表 4-17　居住类项目方案设计表

项目编号	规划净用地面积/m²	容积率	建筑密度/(%)	绿地率/(%)	年径流总量控制率/(%)	峰值径流系数	面源污染削减率/(%)	透水铺装率/(%)(≥40%)	下沉式绿地率/(%)(旧规≥25%)	绿化屋面率/(%)	绿色屋顶面积/m²	蓄水容积/m³	透水铺装面积/m²	下沉式绿地面积/m²	雨水花园面积/m²
1	2823.68	2.00	27.39	31.16	76.55	0.43	63.00	52.00	47.07	0.00	0.00	154.77	2576.88	773.86	0.00
2	8371.00	2.48	20.60	42.70	90.00	0.60	70.00	59.97	28.68	0.00	0.00	102.39	1811.97	1023.92	0.00
3	8793.80	2.99	35.47	35.00	80.42	0.51	74.80	76.54	21.77	0.00	0.00	140.12	2243.17	700.59	0.00
4	13399.75	3.13	20.07	30.00	60.35	0.53	52.12	58.55	25.57	0.00	0.00	228.61	5286.23	1023.77	0.00
5	15858.00	2.36	27.24	31.00	77.67	0.56	50.00	47.76	34.88	0.00	0.00	249.87	3026.17	1665.77	0.00
6	22985.00	1.77	26.78	37.00	79.24	0.52	50.00	61.16	26.38	0.00	0.00	351.64	4224.37	2344.16	0.00
7	23385.00	2.50	16.08	30.00	82.00	0.50	65.30	69.50	39.00	0.00	0.00	401.94	6191.13	39.00	0.00
8	28756.00	2.80	20.64	30.00	80.00	0.50	80.76	41.78	25.13	0.00	0.00	591.12	4614.53	2955.61	0.00
9	35658.55	2.87	19.54	30.00	80.17	0.50	70.00	50.00	30.00	0.00	0.00	506.71	6736.64	4032.10	372.54
10	38020.00	0.86	29.90	50.10	75.62	0.49	56.26	51.27	25.35	0.00	0.00	547.36	3639.17	4975.97	0.00
11	43980.53	3.00	24.70	30.00	75.10	0.53	50.50	50.50	25.40	0.00	0.00	606.60	9120.00	4044.00	0.00
12	46888.00	3.50	17.56	30.00	85.00	0.50	94.00	61.83	31.53	0.00	0.00	796.70	13428.51	5286.00	0.00
13	47007.00	2.80	15.00	31.52	77.00	0.55	68.50	52.73	25.81	0.00	0.00	408.62	11879.49	4086.21	0.00
14	49083.60	2.00	15.90	30.00	80.10	0.59	71.00	19.41	42.85	0.00	0.00	825.00	8239.02	4125.00	0.00
15	49135.54	2.50	16.22	30.00	75.00	0.56	72.50	56.85	25.45	0.00	0.00	461.00	13035.25	4609.00	0.00
16	50431.04	2.50	25.94	33.73	70.00	0.49	63.00	46.00	25.00	0.00	0.00	1677.50	2933.07	25182.41	0.00
17	51091.07	0.52	28.25	50.01	88.50	0.49	51.20	50.32	27.48	0.00	0.00	706.77	5750.51	7067.71	0.00
18	52205.00	2.80	19.00	30.50	82.32	0.46	61.00	73.70	33.77	0.00	0.00	825.56	13526.07	8255.51	0.00
19	66421.00	1.20	20.42	30.50	75.20	0.40	71.90	61.17	35.10	14.70	2127.08	1012.46	14957.37	12499.55	0.00
20	66767.00	2.70	18.00	30.00	80.00	0.69	63.23	42.77	37.12	0.00	0.00	3341.57	8949.92	13366.24	0.00
21	66854.00	1.40	22.23	31.21	80.00	0.50	70.00	75.27	38.72	0.00	0.00	2110.98	13538.98	11605.53	0.00
22	68635.00	2.90	25.00	30.00	80.50	0.52	70.30	40.00	23.30	0.00	0.00	1282.50	8500.20	6412.40	0.00
23	71540.74	3.00	30.00	30.00	80.31	0.50	70.17	50.41	30.09	0.00	0.00	996.05	11192.13	8609.76	947.51
24	74851.00	2.80	19.19	30.00	80.20	0.53	70.20	44.50	39.00	0.00	0.00	1241.70	29393.00	8278.00	0.00
25	77613.53	3.00	28.00	30.00	70.00	0.60	70.00	58.71	40.59	0.00	0.00	1158.72	18226.96	11587.23	0.00
26	81397.00	3.70	18.26	37.00	75.23	0.47	56.25	50.47	28.42	0.00	0.00	959.68	17056.49	8498.05	0.00
27	117681.00	3.00	18.70	30.00	81.15	0.53	70.16	42.76	25.44	0.00	0.00	1814.52	20814.99	11312.34	0.00
28	132134.00	3.05	19.71	31.21	80.00	0.50	70.00	58.10	82.29	0.00	0.00	5017.03	24730.30	48396.57	0.00
29	149720.00	2.48	21.50	30.00	85.00	0.54	72.00	54.50	84.60	0.00	0.00	4543.87	37875.57	40832.69	0.00
30	167355.86	3.00	25.00	32.00	85.00	0.49	70.90	50.30	25.27	0.00	0.00	3504.55	34435.85	1718.00	0.00
31	126226.46	2.00	17.00	35.00	77.20	0.37	70.20	100.00	25.00	0.00	0.00	1251.46	49494.91	13905.07	0.00
32	264189.72	0.46	23.22	62.00	80.04	0.50	70.30	41.18	13.60	0.00	0.00	4185.32	14337.08	18924.24	0.00

据表 4-17 可知，除了 9 号、23 号项目增设了雨水花园，19 号项目增设了绿化屋面，其余项目均以下沉式绿地为主，观察这 32 个居住类项目的规划用地条件可知，容积率和规划净用地面积以及建筑密度基本没有规律可言，但所有项目的绿地率都在 30% 及以上，换言之，当绿地率达到 30% 时才有设置绿地类海绵设施的条件，由此也可以推断，当居住类项目的绿地率达到 30% 及以上时即可选用方案一，而其他三种方案则可看作在方案一的基础上进行了不同程度的优化。综上所述，当居住类项目的绿地率达到 30% 及以上时，海绵设计方案分级如下。

（1）低档方案：以强制性指标达到目标值和经济性为基准

①优化峰值径流系数优先增设透水铺装。

②优化年径流总量控制率优先断接硬质铺装和屋面，其次选用绿地类海绵设施满足蓄水容积要求。

③优化面源污染削减率可采用断接的方式使其达到目标值。

（2）中档方案：以优化强制性指标中的一到两项指标为基准

①优化峰值径流系数优先增设透水铺装。

②优化年径流总量控制率可依据项目情况和客户需求分两种方式：优先断接硬质铺装和屋面，其次选用成品类海绵设施与绿地类海绵设施结合的方式满足蓄水容积要求，或选用成品类海绵设施满足蓄水容积要求。

③根据优化年径流总量控制率的方式，优化面源污染削减率也有两种选择：若选用成品类海绵设施与绿地类海绵设施，则选用断接技术、蓄水类成品设施相结合的方式；若只选用成品类海绵设施，则可选用断接技术、蓄水类成品设施与环保雨水口相结合的方式。

（3）高档方案：以优化所有强制性指标和景观性为基准

①可在保证透水铺装率达到目标值的情况下，增设部分绿色屋面，降低峰值径流系数，提升景观品质。

②优化年径流总量控制率可依据项目情况分两种方式：优先断接硬质铺装和屋面，其次选用成品类海绵设施与绿色屋面相结合的方式满足蓄水容积要求，或选用绿色屋面、成品类海绵设施与雨水花园相结合的方式满足蓄水容积要求。

③优化面源污染削减率则根据优化年径流总量控制率的方式选择，若只选用成品类海绵设施，则可选用断接技术、蓄水类成品设施、绿色屋面与环保雨水口相结合的方式；若选用成品类海绵设施与雨水花园，则选用断接技术、绿色屋面与蓄水类成品设施相结合的方式。

4.6.3.2 商业类项目设计方案分级

商业类项目海绵设施组合配置分级见表4-18、表4-19，商业类项目方案设计见表4-20。

表4-18 商业类项目海绵设施组合配置分级表1

档次	透水铺装率	峰值径流系数	年径流总量控制率	面源污染削减率
低档	达标	透水铺装	断接＋绿地类海绵设施	断接＋绿地类海绵设施
中档	达标	透水铺装	断接＋蓄水类成品设施	断接＋蓄水类成品设施＋环保雨水口
			断接＋绿地类海绵设施＋蓄水成品设施	断接＋绿地类海绵设施＋蓄水类成品设施
高档	达标	透水铺装＋绿色屋面	断接＋蓄水类成品设施＋绿色屋面	断接＋蓄水类成品设施＋绿色屋面＋环保雨水口
			断接＋雨水花园＋成品类海绵设施＋绿色屋面	断接＋雨水花园＋成品类海绵设施＋绿色屋面

表4-19 商业类项目海绵设施组合配置分级表2

档次	透水铺装率	峰值径流系数	年径流总量控制率	面源污染削减率
低档	做满	透水铺装＋绿色屋面	断接＋绿地类海绵设施	断接＋下沉式绿地
中档	达标（40%）	透水铺装＋绿色屋面	断接＋成品类海绵设施＋绿色屋面	断接＋成品类海绵设施＋绿色屋面
高档	达标（50%）	透水铺装＋绿色屋面	断接＋成品类海绵设施＋绿地类海绵设施＋绿色屋面	断接＋成品类海绵设施＋绿地类海绵设施＋环保雨水口

表 4-20　商业类项目方案设计表

项目编号	规划净用地面积/m²	容积率	建筑密度/(%)	绿地率/(%)	年径流总量控制率/(%)	峰值径流系数	面源污染削减率/(%)	透水铺装率/(%)(≥40%)	绿化屋面率/(%)	绿色屋顶面积/m²	蓄水容积/m³	透水铺装面积/m²	下沉式绿地面积/m²	雨水花园面积/m²	混凝土蓄水池/m³
1	8764.20	2.99	35.47	20.00	70.86	0.63	70.99	59.62	0.00	0.00	126.08	1887.22	630.42	0.00	0.00
2	10211.00	1.96	37.14	20.00	68.09	0.63	50.00	54.99	0.00	0.00	132.37	2205.73	882.46	0.00	0.00
3	13666.00	2.99	35.47	20.00	70.70	0.64	81.77	52.79	0.00	0.00	199.02	2475.32	995.09	0.00	0.00
4	13873.04	1.16	25.14	30.00	70.39	0.55	70.08	50.39	0.00	0.00	145.17	3625.04	988.32	0.00	0.00
5	14590.00	0.50	22.09	50.00	89.00	0.49	51.00	41.54	0.00	0.00	367.04	1470.22	1835.22	0.00	0.00
6	15492.00	0.03	6.41	48.25	70.00	0.65	50.00	94.00	37.21	438.02	373.51	5836.18	1867.53	0.00	0.00
7	16815.00	1.90	49.62	17.76	72.01	0.64	73.44	63.65	15.16	1253.69	235.00	4064.02	0.00	0.00	235.00
8	19974.00	0.28	12.98	35.00	75.00	0.54	50.00	41.82	0.00	0.00	281.55	4453.86	1661.96	0.00	0.00
9	35658.55	3.20	30.00	30.00	80.17	0.50	70.00	50.01	0.00	0.00	506.71	6736.64	4032.10	372.54	0.00
10	41445.23	2.50	25.00	35.00	80.00	0.48	79.30	45.70	0.00	0.00	956.20	6550.59	4781.02	0.00	0.00
11	44333.00	1.51	41.55	20.00	75.24	0.65	72.66	49.70	6.81	1365.00	780.41	7327.00	2637.97	0.00	250.00
12	61807.00	2.11	20.00	32.00	100.00	0.46	51.46	54.19	0.00	0.00	5974.85	23526.71	0.00	3983.23	0.00
13	95673.00	0.40	25.71	50.00	85.00	0.50	60.94	52.70	0.00	0.00	2264.59	12079.48	13057.29	0.00	306.00
14	107357.60	1.99	44.77	20.00	75.00	0.75	80.00	40.92	23.65	11400.82	1887.30	16539.56	16936.71	0.00	0.00
15	298505.30	0.59	24.16	20.00	66.00	0.50	50.00	43.21	0.00	0.00	3262.42	65652.28	12156.24	6889.96	0.00

据表 4-20 可知，7 号、11 号和 13 号项目选用了蓄水类成品设施，9 号、12 号和 15 号项目增设了雨水花园，6 号、7 号、11 号和 14 号项目增设了绿色屋面。由于商业类项目规划用地条件的特殊性，归纳总结项目的规划用地条件，并在此条件下，将商业项目的方案划分为高、中、低三档。

当商业类项目的容积率低于 1.0，且项目用地的建筑密度小于 30% 时，可设置绿地类海绵设施的位置变少，导致无法满足蓄水容积要求，需要设置雨水花园或成品类蓄水设施，因此，在此条件下的商业类项目海绵设计方案层级划分为以下三档。

（1）低档方案：以强制性指标达到目标值和经济性为基准

①优化峰值径流系数优先增设透水铺装。

②优化年径流总量控制率优先断接硬质铺装和屋面，其次选用绿地类海绵设施满足蓄水容积要求。

③优化面源污染削减率可采用断接的方式使其达到目标值。

（2）中档方案：以优化强制性指标中的一到两项指标为基准

①优化峰值径流系数优先增设透水铺装。

②优化年径流总量控制率可依据项目情况和客户需求分两种方式：优先断接硬质铺装和屋面，其次选用成品类海绵设施与绿地类海绵设施相结合的方式满足蓄水容积要求，或选用成品类海绵设施满足蓄水容积要求。

③根据优化年径流总量控制率的方式，优化面源污染削减率也有两种选择：若选用成品类海绵设施与绿地类海绵设施，则选用断接技术、蓄水类成品设施相结合的方式；若只选用成品类海绵设施，则可选用断接技术、蓄水类成品设施与环保雨水口相结合的方式。

（3）高档方案：以优化所有强制性指标和景观性为基准

①可在保证透水铺装率达到目标值的情况下，增设部分绿色屋面，降低峰值径流系数，提升景观品质。

②优化年径流总量控制率可依据项目情况分两种方式：优先断接硬质铺装和屋面，其次选用成品类海绵设施与绿色屋面相结合的方式满足蓄水容积要求；或选用绿色屋面、成品类海绵设施与雨水花园相结合的方式满足蓄水容积要求。

③优化面源污染削减率则根据优化年径流总量控制率的方式选择，若只选用成品类海绵设施，则可选用断接技术、蓄水类成品设施、绿色屋面与环保雨水口相结合的方式；若选用成品类海绵设施与雨水花园，则选用断接技术、绿色屋面与蓄水类成品设施相结合的方式。

当商业类项目的建筑密度大于40%，且峰值径流系数需低于0.65，绿地率只有20%或以下时，由于建筑占地面积较大，绿地不充足或分布不均，路面铺装面积有限，场地峰值径流系数过高，较难达到目标值，因此还需设置绿色屋面降低峰值径流系数。则在此条件下的商业类项目海绵设计方案层级划分为以下三档。

（1）低档方案：以强制性指标达到目标值和经济性为基准

①优化峰值径流系数优先增设透水铺装，将场地内的透水铺装做到极致，即将场地所有路面铺装做成透水铺装，降低峰值径流系数，若峰值径流系数没有降到目标值以下，则继续增设部分绿色屋面，降低峰值径流系数。

②优化年径流总量控制率选用绿地类海绵设施满足蓄水容积要求。

③优化面源污染削减率可采用断接技术和绿地类海绵设施使其达到目标值。

（2）中档方案：以优化强制性指标中的一到两项指标为基准

①优化峰值径流系数优先增设透水铺装，在透水铺装率达到目标值的情况下，增设部分绿色屋面。

②优化年径流总量控制率优先断接硬质铺装和屋面，其次选用成品类海绵设施满足蓄水容积要求。

③优化面源污染削减率可选用绿色屋面、断接技术与成品类海绵设施相结合的方式，场地条件允许的情况下还可增设环保雨水口。

（3）高档方案：以优化所有强制性指标和景观性为基准

①可在保证透水铺装率达到目标值的情况下，增设部分绿色屋面，降低峰值径流系数。

②优化年径流总量控制率可依据项目情况：优先断接硬质铺装和屋面，其次选用成品类海绵设施与绿色屋面相结合的方式满足蓄水容积要求。

③优化面源污染削减率可选用断接技术、蓄水类成品设施、绿色屋面与环保雨水口相结合的方式。

除此之外的商业项目规划用地条件，其高、中、低档的设计可参考居住类项目的层级分档。

4.7　结论

本章首先对项目进行分类，并运用海绵城市设计评估指标体系对不同类型案例进行评分，分析总结评分的指标体系中的主要评分点；其次凭借项目经验及资料收集，选取与海绵城市建设相关的影响因素，并通过相关性分析和线性多元回归方法进行验证，得出相关结论，即影响海绵城市建设的主要因素为年径流总量控制率、峰值径流系数、面源污染削减率；再次通过分析影响海绵城市建设三大指标的调控方法，结合项目归纳总结商业类项目和居住类项目的设计方案，从宏观角度出发，根据项目规划条件，针对优化海绵城市建设指标，将不同的方案划分为高、中、低三档，为更好地建设海绵城市提供建议。

第 5 章

海绵城市新型设施材料

5.1　海绵城市新型设施材料需求

海绵城市建设应遵循生态优先等原则，将自然途径与人工措施相结合，在确保城市排水防涝安全的前提下，最大限度地实现雨水在城市区域的积存、渗透和净化，促进雨水资源的利用和生态环境保护。应用海绵城市新型设施材料，建设"会呼吸"的城镇景观路面，有效缓解城市热岛效应，让城市路面不再"发热"。

海绵城市建设材料是海绵设施基本载体，同时也是控制海绵城市建设成本造价的重要因素。本书按照"渗、滞、蓄、净、用、排"六大功能及设计施工维护中材料应用存在的问题，对常用海绵设施使用材料进行分析，提出海绵设施材料及结构的改良思路，按海绵城市建设材料专属功能明确各类材料的设计发展方向及材料优化效果。

针对现阶段海绵城市存在的诸多建设问题，本章提出一些建议。

5.2　海绵设施材料分类

建设海绵城市的过程中，需要在城市中建设许多具有吸收、蓄积、净化、回用功能的"城市海绵体"。这些"海绵体"在海绵城市建设过程中发挥了重要的作用，尤其是在地下水补给、雨水集蓄综合利用、城市排洪除涝方面意义重大。因此本书拟按照海绵城市建设六字方针"渗、滞、蓄、净、用、排"，从这六大功能对常用海绵设施的材料进行分析研究，按其海绵专属功能明确各类海绵设施材料对海绵城市建设的影响和发展。

结合海绵设施在海绵城市建设中的使用频率及其功能作用，综合考虑，本书拟重点关注使用最为广泛的透水铺装、蓄水池和下沉式绿地这三项海绵设施的材料来研究发展方向。

5.2.1　传统路面材料分类及特点

现代城市化的重要特征之一，即原有的天然植被不断被建筑物和采用封闭性面层的非透水性硬化地面取代，从而改变自然土壤及下垫层的天然可渗透性，打破了大自然中水与气的平衡，由此产生了许多负面影响。传统硬化路面材料包括沥青、石材、砖类等。

（1）沥青

沥青以其表面平整、热稳性高、振动小、噪声低、行车舒适、养护维修方便等优点被广泛应用于公路建设上。

（2）石材

石材主要特点有硬度较高、经久耐用、易于清理。从类型上看，石材主要可划分为人造石材和天然石材两大类，比较常见的石材主要包括砂岩、大理岩、花岗岩等。

（3）砖类

砖类主要特点有质感细腻、颜色丰富、耐磨性高、防滑性好，后期维护方便。砖类主要分为广场砖、陶瓷砖、PC仿石砖等。

5.2.2　现有透水路面材料分类及特点

针对传统硬化路面的缺点，透水材料路面逐渐崭露头角，根据近年来的研究，现有的透水材料主要可以分为普通透水材料、透水沥青、透水混凝土、透水砖、透水塑胶等。其中工程项目中运用最广泛的材料为透水沥青、透水混凝土和透水砖。

（1）透水沥青

透水沥青是指脱色沥青与其他颜色涂料、添加剂、石料等材料在一定的温度下混合搅拌，最后制作而成的不同颜色的沥青混合料。对其进行摊铺和碾压，可形成具有一定强度和路用性能的彩色沥青混凝土路面，能够满足车行道路要求，适用于行车道、公交车专用道、路口、高速公路服务区等重载交通路面。

透水沥青是一种典型的骨架-孔隙结构，粗集料所占比重较大，具有抗滑、排水、降噪等功能。其抗压强度较高，防滑性能、耐磨性能好，色彩丰富，可定制。

（2）透水混凝土

透水混凝土又称多孔混凝土、无砂混凝土。它是由骨料、水泥、增强剂和水拌制而成的一种多孔轻质混凝土，不含细骨料。透水混凝土由粗骨料表面包覆一薄层水泥浆相互黏结而形成孔穴均匀分布的蜂窝状结构，故具有透气、透水和重量轻的特点。

（3）透水砖

透水砖最早起源于荷兰，经过长时间的发展慢慢传入中国，设计技术在中国大大改善，现在国内已经有很多城市着手于在道路中铺设透水砖。透水砖是由普通碎石的多孔混凝土材料经压制成形，可以缓解城市排水系统的压力，防治公共地区的路面污水问题，一般用于人行道、庭院地铺、室外广场等场所。随着技术的不断创新，透水砖的制作材料和材质都有了很大的改善，因此应用也更广泛。

透水砖的透水通气性强，下雨的时候可使雨水迅速渗入地下，地面没有积水，不会形成陆上海景。透水砖内部有中空区域，可以吸收来往车辆的噪声、水和热量，能够缓解热岛效应，在沿海、环山、发达城市等区域效果要更为显著。透水砖砖体表面粗糙，可以防止路面反光和车辆打滑，在一定程度上减少交通事故。

5.2.3　现有蓄水池分类及特点

根据在海绵城市建设中使用的频次，以及地形、土质条件和建筑材料的不同，蓄水池可分为钢筋混凝土蓄水池、玻璃钢蓄水池、不锈钢蓄水池等。

（1）钢筋混凝土蓄水池

钢筋混凝土蓄水池是最常用，也是最常见的雨水收集设施，有各种各样的形态，适用于各种地方，材料耐酸腐蚀，经久耐用，消除了砖池不适应酸性的情况。钢筋混凝土蓄水池抗压强度高，卡车在其上部滚动时不会沉降或变形。钢筋混凝土蓄水池采用一体化、工厂化生产，方便建设，可提高工作效率，缩短工期，质量重且安装方便，施工快捷方便，使用成本远低于目前的砖蓄水池。

（2）玻璃钢蓄水池

玻璃钢蓄水池是指以合成树脂为基体、玻璃纤维增强材料制作而成的雨水蓄水设备。其质量轻、强度高、韧性好、耐腐蚀、色彩鲜艳、水质好、使用范围广、使用时间长、保温性能好、外形美观、安装方便、清洗维修简便，解决了钢筋混凝土蓄水池的自重、适用范围等问题，其效果远远超过陶瓷、硬塑、钢铁等材料的同类制品，适用于住宅、小区、消防等用水储存，矿业、生活用水储存，腐蚀性的酸碱液体储存，以及各种类型的循环水、冷却水、热水供应系统用水储存。

（3）不锈钢蓄水池

不锈钢蓄水池是继玻璃钢蓄水池之后的新一代蓄水产品，其产品采用SUS304不锈钢板精工模压而成，造型美观、经济实用、主体耐久不坏。不锈钢蓄水池不仅承接了玻璃钢蓄水池外形美观、重量轻、强度高、耐腐蚀、耐高温、安装方便、无须维修、便于清洗等诸多优点，还进一步加强了水质清洁功能，永不生青苔，水质无二次污染，防渗，具有良好的抗冲击性和抗震性，主要适用于大型酒店、办公室、公寓、科研教学大楼，以及食品加工、卫生、电子工业等对水质有较高要求的行业。

5.2.4　现有下沉式绿地分类及特点

下沉式绿地具有狭义和广义之分，狭义的下沉式绿地指低于周边铺砌地面或道路 200 mm 以内的绿地，即下沉深度应根据植物耐淹性能和土壤渗透性能确定，一般为 100 ～ 200 mm，且下沉式绿地内应设置溢流口（如雨水口），保证暴雨时径流的溢流排放，溢流口顶部标高一般应高于绿地 50 ～ 100 mm。

（1）简易型下沉式绿地

这种绿地适用于常年降雨量较小，不需要精心养护的普通绿化区域，绿地与周边场地的高差在 10 cm 以下，底下不设排水结构层，出现较大降雨时绿地的排水以溢流为主，雨水一般通过补渗地下水的方式消化，不考虑回收利用。其可少量接纳周边雨水，以利于减少浇灌频率。

（2）典型设有排水系统的下沉式绿地

标准的下沉式绿地的典型结构为绿地高程低于周围硬化地面高程 15 ～ 30 cm，溢流雨水口设置在绿地中或绿地和硬化地面交界处，高程高于绿地高程且低于硬化地面高程。溢流雨水口的数量和布置，应按汇水面积所产生的流量确定，溢流雨水口间距宜为 25 ～ 50 m，雨水口周边 1 m 范围内宜种植耐旱耐涝的草皮。出现较大降雨时，雨水通过排水沟、沉砂池溢流至雨水管道，避免绿地中雨水出现外溢。这种绿地适用于绿地面积较大、常年降雨量大、暴雨频率高的地区。其可在雨水控制区根据蓄水量承担一定的外围雨水。

（3）兼顾雨水收集和再利用的下沉式绿地

对于那些全年降雨充沛且具有明显的周期性特征、存在旱季的场地或者全年平均降雨量为 400 ～ 800 mm 的水资源匮乏区，其海绵城市的设计目标均应该强调雨水的收集再利用。作为居住区中具有天然储水、渗水功能的绿地也被纳为雨水收集和处理设施的一部分，在绿地区域同时设计渗水管、集水管、蓄水池、泵站和回灌设施，绿地及周边雨水排入绿地，通过绿地的过滤和净化，进入渗水管、集水管、蓄水池，多余的雨水溢流进入市政雨水管道，收集后的雨水可以用于绿地的养护和周边道路的喷洒等，可降低后期的维护管理费用。

5.3　功能性海绵设施在设计、施工、维护阶段存在的问题

5.3.1　透水路面材料（渗、排）

5.3.1.1　设计阶段存在的问题

（1）材料品质不高

透水砖多采用各种环保材料压制成形，表面呈微小凹凸，颗粒感较强，平整度不高。

（2）颜色种类单一

常用颜色为黑、白、灰，彩色透水砖颜色较为暗沉，且颜色种类较少（图 5-1）。

（3）搭配效果不佳，档次较低

与硬质铺装相比较，材料质感肌理不同，搭配效果不佳，影响场地效果。

| 水泥透水板 | PC透水板 | 砂基透水板 |
| 陶瓷透水板 | 仿石陶瓷透水板 | 砂基面CT花岗岩透水板（砖） |

图 5-1　市面透水砖材料对比图

5.3.1.2　施工阶段存在的问题

（1）材料质量不佳

因成本或其他原因，采购到质量不佳的透水材料，完工后质感粗糙，面层易泛碱、掉色、掉渣、膨胀开裂（图 5-2 至图 5-4）。基层施工质量差，下雨天时会导致材料及结构被雨水侵蚀，造成路面损坏及排水不畅。

（2）施工工序未达标

施工团队海绵城市施工经验不足，未按图纸施工，海绵城市施工工序未按要求实施，导致海绵材料出现质量问题。

（3）未做好成品保护及验收

成品保护不到位，以及验收不严格导致海绵设施品质不高，效果不佳。

图 5-2　透水铺装泛碱

图 5-3　透水铺装掉色、掉渣

图 5-4　透水铺装膨胀开裂

5.3.1.3　维护阶段存在的问题

（1）材料透水性能易下降

透水性能的弱化也是多数透水材料的通病，透水材料通过连通孔隙来实现透水功能，而透水铺装包括透水砖在内，工作环境大多在室外，容易受到各类杂质的污染，例如空气中的飞尘、绿化带中的泥土、各种生活垃圾等，加之维护清理标准较为严格，孔隙容易堵塞，导致透水材料的连续孔隙率和透水率降低，致使透水砖透水性能得不到发挥。

透水沥青由于要求长期透水，其表面需要大面积接触雨水，因此透水沥青面层混合料对沥青胶黏剂的要求很高，否则长期浸泡雨水容易出现脱胶的现象。

透水混凝土容易掉色，一般是使用 5 年以后颜色就会逐渐淡化。在使用过程中孔隙容易被堵塞，从而对其透水性造成一定影响，需要用高压水枪冲洗。现在还没有相对成熟的技术来清除透水砖缝隙中堆积的灰尘、杂质和其他沉积物。

（2）材料强度较低，易破损沉降

大多数透水材料在受力时，当荷载达到峰值后立即破坏，表现出明显的脆性，易劈裂、易碎，耐损伤能力较差。

透水砖为保证其透水率，较普通水泥基材料来说，材料会有较高的孔隙率，其中规范要求透水混凝土孔隙率在 10% 以上，故骨料之间的水泥砂浆连接较为薄弱，所以普通透水砖的强度没有"密实"的硬性材料大。透水砖铺设在室外，在部分地区经受长时间的风吹雨打、车辆碾压，容易出现质量问题。透水砖砖体内部缝隙多，所以其抗压、抗弯强度低，耐磨强度低，存在易折裂等问题。

透水沥青耐高温性差，夏天暴晒下易软化，会挥发难闻的气味。一般使用 4～5 年后容易掉色，颜色会逐渐淡化。

透水混凝土由于采用开级配混合料，抗疲劳强度较低，初期造价比普通混凝土要高，虽然经过长期的发展，价格也在降低，但也比普通混凝土贵 20～50 元 /m²。透水混凝土耐久性较差。

（3）材料易磨损，使用寿命短

透水砖质地细腻，不耐磨损，使用一定时间后，会出现表层褪色磨损（图 5-5、图 5-6）。

图 5-5　透水砖泛碱堵塞

图 5-6　透水砖褪色损坏

透水砖面层骨料间砂浆较为薄弱，且通过"二类"小孔或大孔与外界环境相连，容易遭受侵蚀。长期的室外雨淋、动荷载施压，使透水砖中骨料间的连接更加脆弱，导致透水砖抗压强度大幅下降、寿命缩短。

（4）材料排水效果差

场地内铺装采用硬质材料与透水材料拼接组合，未考虑两者综合的竖向排水，会出现硬质铺装场地雨水滞留的问题。

场地内大面积的透水铺装会造成雨水汇集，无法在短时间内排空雨水，且邻建筑一侧的透水铺装承接建筑落水，多种因素合力造成排水效果不佳。

（5）未定期维护清洗面层

透水材料需要定期维护清洗面层，去除缝隙之间沉积的杂质，保证透水效率。

5.3.2 蓄水池材料（蓄、净、用、排）

5.3.2.1 设计阶段存在的问题

（1）材料不可再生

钢筋混凝土、不锈钢、玻璃钢等刚性材料属于不可再生的材料，不属于环境友好材料，不符合绿色环保理念。

（2）体量大，受场地本底条件制约，缺乏灵活性

刚性材料建设出来的蓄水池体量大，水池抗震性能弱，一旦破损极难修复，且抗沉降性能较差，使用之后会造成表面堵塞。

（3）一次性使用，建设修补成本高

蓄水池材料都是一次性使用，造价高。由于沙子、石子、钢筋、模板等的价格日益飙升，以及对劳动力的要求高，施工和人力成本大幅增加（图5-7）。

图5-7 蓄水池建造修补

5.3.2.2 施工阶段存在的问题

（1）工艺复杂，工序多

蓄水池施工工序复杂，需要做基础处理、抗渗处理、抗压钢筋龙骨及支架安装、内外防水等。蓄水池材料体积较大，所以其安装要受到形状的影响，且运输麻烦。

（2）施工工期长，受天气条件影响

蓄水池的施工周期不少于20天，建设周期长，人工和机械成本高。土方开挖量和转运量大，且需要极高的人工成本去修整池底、坡面以及铺设防渗布。

（3）施工质量不达标

材料质量不达标，且未严格按照现行的施工及验收规范进行操作（图5-8）。受操作人员技能水平及制作环境条件的影响，产品质量稳定性差。

图 5-8 蓄水池质量不达标，破损无法使用

5.3.2.3 维护阶段存在的问题

（1）材料强度低，自重大，抗拉性不高

刚性材料较脆，设施建成后自重大，缺乏韧性，易开裂渗漏。大多数蓄水材料在荷载承重方面会出现问题，当荷载达到峰值后立即破坏，表现出明显的脆性，易开裂、易碎，耐损伤能力较差。

（2）易造成沉降，抗裂性差

沉降容易导致裂缝，极难修补。

（3）人工清洗沉积物

水池底部的沉淀物，采用人工方式冲洗，用排污泵排出。

（4）废弃后产生大量建筑垃圾

蓄水池使用寿命到期后会形成很多修建废物且返工成本高，对环境造成影响，难以清运（图 5-9）。

图 5-9 蓄水池废弃后产生垃圾

5.3.3　下沉式绿地材料（渗、滞、蓄、净、排）

5.3.3.1　设计阶段存在的问题

（1）未与景观微地形结合，未做竖向设计

景观设计时，未考虑与场地微地形结合，导致下沉式绿地被简单化处理，脱离场地整体景观系统，竖向上未做设计，绿地形式单一。

（2）植物层次种类单一，季相变化不丰富，不耐淹

景观设计中，对耐淹植物品种了解不全面，进行植物搭配时选用的植物品种单一，颜色层次上没有较大变化，景观效果不佳（图5-10），或避开下沉式绿地设计，不对此处做过多设计。

图5-10　下沉式绿地未与微地形结合，未做植物搭配

（3）未做科普类标识系统

未做科普类标识系统，不能更好地推广海绵设施，不能让居民了解并认识海绵设施。

（4）互动性、观赏性、实用性、科普性较差

未满足设计标准及建造标准的下沉式绿地，对于居民的互动性、观赏性、实用性、科普性均未实现。

5.3.3.2　施工阶段存在的问题

（1）从成本及景观效果方面考虑，未做下凹结构

甲方及设计方对海绵设施并不重视，出于对成本的把控，下沉式绿地仅用作绿地处理，未做下凹结构，未进行植物遮挡等。

（2）未按施工工序施工，成品粗糙

施工团队对于建设下沉式绿地并无过多经验，导致选材粗糙、施工过程不达标，容易出现质量及效果问题。

（3）基层土壤过度夯实，水无法下渗

施工过程中对土壤过度夯实、区域土质特性差异会影响土壤的渗透速率（图5-11）。

图5-11 下沉式绿地积水，雨水无法下渗

5.3.3.3 维护阶段存在的问题

(1) 排水不畅

①土壤渗透效率低。

②进出口堵塞。

③下沉式绿地深度及雨水口高度未按照设计施工。

④高程有误，晴天仍有积水。

（2）结构问题

①水力停留时间短。

②调蓄深度不足。

（3）未做定期维护，景观效果差

①受杂质与污染物影响，易存留垃圾。未定期清理造成垃圾堆积，滋生蚊虫。

②植物不耐淹，易枯死，未定期修剪。

植物未选择耐阴耐涝的品种，连绵雨季植物根系容易淹死，导致景观效果不佳（图5-12）。

③设施完工效果及溢流口等设施的选型与整体设计意图不符，景观效果差。

图 5-12　下沉式绿地景观效果差

5.4　改进方向

5.4.1　新型透水路面材料的改进方向

（1）解决孔隙堵塞，透水性能更好

引进新型工艺技术，解决透水路面常见的孔隙堵塞问题，延长透水砖使用寿命，缩短售后维护周期。

（2）结构轻薄，耐久抗压

优化透水材料结构层厚度，在透水材料配置过程中加入 PE 纤维、改性刚性聚丙烯纤维及沙漠沙等环保型材料，在提升透水砖强度、韧性、耐久性的同时，使透水材料变得更轻质、精细。

（3）生态环保

采用建筑废弃物、自然材料制作透水材料，不会对自然环境造成影响。

（4）景观效果美观，性价比高

在造价合理、维护便利的前提下，应较普通透水砖来说能够提高路面的透水保水性，使雨水能够及时渗入地下土壤，削减暴雨洪峰，减少水土流失，涵养当地水源，改善区域的生态环境。既可以避免城市内涝，又能补充地下水资源，更好地保护环境。

5.4.2　新型蓄水池材料的改进方向

（1）防渗效果持久

新型合成材料运用复合土工布、膨润土防水毯、塑料排水盲沟等，提升防渗设计的持久性。

（2）耐久性提升

通过增加科技型材料，保证蓄水池的功能性寿命。

（3）轻型 PP 模块蓄水池

转型 PP 模块蓄水池是由若干个聚丙烯塑料模块组合而成的地下水池，是一种可以用来储存水，但不占空间的新型产品。它具有超强的承压能力，95% 的镂空空间可以实现更有效率的蓄水。轻型 PP 模块蓄水池具有长时间储水、水体干净、抗压性能较高、使用寿命长等优势，埋地深度浅。模块采用新型再生环保PP（聚丙烯）材料、100%可循环利用材料制造，经久耐用，安全无污染，一般具有40～60年的使用寿命。一辆卡车最多可运输2700个模块，这些模块组装之后体积为610 m^3，较普通蓄水池材料运输可以降低大约85%的二氧化碳排放量。

5.4.3　新型下沉式绿地材料的改进方向

（1）结构更轻薄，满足荷载要求，施工难度低

优化下沉式绿地结构层厚度，主要结构有白色矾石/有机物覆盖表层、轻质种植土、多孔纤维棉、聚酯无纺布、排蓄水板、细石混凝土、改性沥青耐根穿刺防水卷材、沥青防水涂料、泡沫混凝土、自防水混凝土。结构层较常规下沉式绿地更轻薄，能更好地满足地下室顶板荷载要求。

（2）低碳新材料

有机覆盖物是一种由废弃资源回收利用的低碳材料，它是将园林有机废弃物（绿地管理中产生的树枝、树叶、其他农作物、林业作物剩余物等）通过收集、破碎、筛选、杀菌、腐熟、染色等工艺加工而成的园林覆盖产品，铺设于树木等植物周围的土壤表面，具有保持水土、增加土壤肥力、抑制杂草、吸附扬尘、缓解 $PM_{2.5}$、节约水资源等功能，同时有研究表明，有机覆盖物还具有削减雨水径流、吸收水分、减少土壤侵蚀的作用，因此也常常作为海绵设施的覆盖材料使用。

考虑荷载时，可以考虑将质量吸水倍率和质量吸水速率指标作为有机地表覆盖物选取的依据。例如锯末、花生壳、橡树叶、复叶槭粉碎物、棕榈丝、松塔壳、杉木树皮、柳树皮和打磨松树皮（3～6 mm）等都具有超过自身质量的水分吸收能力，可以更加有效地滞留水分，减少地表径流。

（3）轻薄化透水结构层

采用建筑废弃物、自然材料等环保型新材料制作透水结构层。研发耐根穿刺材料，防止乔灌木对结构层的影响。

（4）性价比高，景观效果美观

在造价合理、维护便利的前提下，应较普通下沉式绿地来说能够提高透水保水性，使景观效果美观的同时，使雨水能够及时渗入地下土壤，削减暴雨洪峰，减少水土流失，涵养当地水源，改善区域的生态环境。既可以避免城市内涝，又能补充地下水资源，更好地保护环境。

5.5　新型设施材料

5.5.1　新型透水路面材料

构建海绵城市的第一步就是"渗"，可以避免地表径流，减少从水泥地面、路面汇集到管网里的雨水，同时涵养地下水，补充地下水的不足，还能通过土壤净化水质，改善城市微气候。而渗透雨水的方法多样，主要是改变各种路面、地面铺装材料，采用透水铺装材料。因此，改进路面材料、推广透水性路面材料是海绵城市建设的主要抓手。

本节基于现有透水材料的不足之处，从提升材料性能，解决孔隙堵塞、提高透水率，绿色环保3个方面进行论述，探讨如何在规避现有透水材料缺点的同时推广并开发新型材料。

（1）提升强度韧性及耐久度——增加PE纤维

PE纤维（polyethylene fiber）又名超高分子量聚乙烯纤维，属于高分子材料特种纤维（图5-13）。

图 5-13　PE 纤维

　　将 PE 纤维掺入透水混凝土，可以使骨料间的胶结材料与纤维形成交叉的立体纤维网，提高材料强度。材料中纤维的"桥联"作用，提高了透水混凝土材料的韧性。

　　在透水混凝土砌块配制基础上，加入 PE 纤维、外加剂、沙漠沙和矿物掺和料等原料，配制出的透水材料可以弥补传统透水混凝土在强度、韧性和耐久性上的不足，提高透水混凝土砌块的性能，扩大其应用的范围。

　　（2）提高渗透性、绿色环保——增加沙漠沙、活性污泥＋聚氨酯、环氧树脂黏结剂

　　将沙漠沙［图 5-14（a）］作为原材料，采用聚氨酯、环氧树脂等高分子黏结剂，加入减水剂、混凝土表面增强剂和有机添加剂等，并将污水处理厂的废活性污泥加入砂基透水砖骨料中，配制出的砂基混凝土透水砖可以满足渗透和强度要求，具有优秀的力学性能和透水性能，环保耐用。

　　沙漠沙是风力搬运并沉积的产物，直径小（一般在 0.25 mm 以下），黏土含量很高。在沙漠中历经千百年的风吹摩擦，具有坚硬的质点，把它黏结挤压成砖后就好比砂轮一样。将水洗、烘干、精选后的沙漠沙作为原材料，非常耐磨，经国家检测材料测试中心检验，耐磨性能指标（磨坑长度）为 28.5 mm，优于国家标准。

　　活性污泥［图 5-14（b）］除可直接用于干化污泥制砖外，也可用于污泥焚烧灰制砖。用干化污泥直接制砖时，应对污泥的成分进行适当调整，使其成分与制砖黏土的化学成分相当。当污泥与黏土按质量比 1：10 配料时，污泥砖可达到普通红砖的强度。经过试验研究，可以制备出透水性能、抗压强度满足规范要求，抗折强度、耐磨性和耐久性优秀的透水砖。

　　环氧树脂［图 5-15（a）］具有良好的附着力及和易性。虽然微孔混合物内部的入渗通道狭窄且呈锯齿状，但骨料之间的孔隙和入渗通道较多，渗透系数较大。研究发现，掺量为 35% 的环氧沥青的微孔混合料在人行步道中完全可以满足使用要求。

　　透水聚氨酯混合料由聚氨酯［图 5-15（b）］和单级矿物骨料组成，孔隙率为 15%～30%。为了美观，通常采用光滑骨料，但其棱角和防滑性较差。因此，聚氨酯黏结剂的应用提高了材料的抗压强度、湿稳定性、防滑性和渗透性能。透水聚氨酯混合料在国内 G50 高速公路冷水服务区进行了应用，取得了良好的工程效果。同时其造价合理，值得进一步研究推广。

图 5-14 沙漠沙、活性污泥

图 5-15 环氧树脂、聚氨酯

（3）分解杂质，解决孔隙堵塞问题——增加"伸和超优高浓度菌群"微生物

采用引进的日本有独家专利的"伸和超优高浓度菌群"微生物，可氧化分解各种有机化合物和部分无机物，把有机污染物分解成无污染的水和气体，因而具有极强的防污自洁、净化空气与水的功能，有效地解决了透水地砖的孔隙容易堵塞和对城市土壤造成污染的问题。添加微生物的透水地砖具有较强的透水、吸水、保水、节水、净水的功能，与普通铺装相比，兼有良好的渗水保湿及透气功能。

5.5.2 新型蓄水池材料

雨水蓄水池作为一种低影响开发设施，可以有效地削减洪峰流量，降低城市内涝风险。雨水蓄水池最广泛的应用是作为一种径流控制措施，这种控制能力主要体现在水力和水质两个方面：一方面是利用雨水蓄水池的调蓄功能，削减洪峰流量，降低下游管渠的断面尺寸，以达到降低整个排水系统造价和城市内涝风险的目的；另一方面体现在雨水蓄水池对非点源污染的控制作用上，雨水蓄水池通过进行改造，具有净化水质的功能，雨水径流中所挟带的污染物在蓄水池中经过物理、化学以及微生物的作用后得到处理，水质得到净化，为后续的雨水利用提供有利条件。因此，蓄水池集"蓄水、净水、用水"于一体，研究雨水蓄水池的材料优化有助于城市循环用水，对海绵城市建设发展起着不可或缺的作用。

本节基于现有蓄水池的不足之处，从提升材料性能、优化结构工艺方面进行论述，探讨如何在规避其缺点的同时推广并开发新型材料。

093

（1）防渗设计——增加复合土工膜 + 膨润土防水毯 + 塑料排水盲沟

在供水工程深入发展的背景下，新型合成材料广泛地存在于供水建筑物建设中。结合当下蓄水池防渗设计实际情况，分析蓄水池防渗设计基础，参考复合土工膜 [图 5-16（a）]、膨润土防水毯 [图 5-16（b）]、塑料排水盲沟等新型合成材料在蓄水池中的运用，进而以此为方向研究新型合成材料在蓄水池防渗设计中的价值和效用，提升蓄水池防渗设计的高效性。

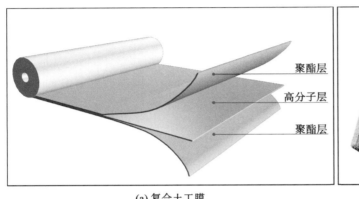

(a) 复合土工膜　　　　　　　　　　　　　(b) 膨润土防水毯

图 5-16　复合土工膜、膨润土防水毯

复合土工膜是用土工织物与土工膜复合而成的不透水材料，它主要用于防渗，复合土工膜分为一布一膜和两布一膜，宽为 4～6 m，密度为 200～1500 g/m²，抗拉、抗撕裂、抗顶破等物理力学性能指标高。由于其选用高分子材料且生产工艺中添加了防老化剂，故可在非常规温度环境中使用。

膨润土防水毯是一种专门用于人工湖泊水景、垃圾填埋场、地下车库、楼顶花园、水池、油库及化学品堆场等防渗漏的土工合成材料，它是由高膨胀性的钠基膨润土填充在特制的复合土工布和无纺布之间，用针刺法制成的膨润土防渗垫。膨润土防水毯可形成许多小的纤维空间，使膨润土颗粒不能向一个方向流动，遇水时在垫内形成均匀高密度的胶状防水层，有效地防止水的渗漏。其主要机理是以塑料薄膜的不透水性隔断土坝漏水通道，以其较大的抗拉强度和延伸率承受水压和适应坝体变形；而无纺布亦是一种高分子短纤维化学材料，通过针刺或热粘成形，具有较高的抗拉强度和延伸性，它与塑料薄膜结合后，不仅增大了塑料薄膜的抗拉强度和抗穿刺能力，而且由于无纺布表面粗糙，增大了接触面的摩擦系数，有利于复合土工膜及保护层的稳定。同时，它们对细菌和化学作用有较好的耐侵蚀性，不怕酸、碱、盐类的侵蚀，在避光条件下的使用寿命长。

（2）新型可再生材料结构——聚丙烯塑料

雨水蓄水模块采用新型再生环保 PP（聚丙烯）材料（图 5-17）、100%可循环利用材料制造，经久耐用，安全无污染，一般具有 40～60 年的使用寿命。雨水蓄水模块使用聚丙烯材料制作不同规格尺寸的格子状平板，通过组装模块尺寸的箱体，使箱体成为连续的雨水"矩阵"池，由于其网格是透明的结构，材料的结构占用空间不足 5%，即模块的蓄水空间达到 95%，雨水可以在其中自行转换流动。

采用聚丙烯塑料制造的雨水蓄水模块具有超强的承压能力，95% 的镂空空间可以实现更有效率的蓄水。聚丙烯塑料具有水浸泡无析出物，无异味，耐强酸、强碱，使用寿命长等特点；无臭、无味、无毒，是常用树脂中最轻的一种；力学性能（包括拉伸强度、压缩强度和硬度）优异，刚性和耐弯曲疲劳性能突出，耐热性良好，化学稳定性好，除强氧化剂外，与大多数化学药品不发生作用；耐水性特别好。

图 5-17　新型再生环保 PP（聚丙烯）材料

5.5.3　新型下沉式绿地材料

为了有效解决城市道路水生态环境恶化问题，并实现城市交通道路绿地生态功能最大化目标，结合海绵城市的理念以及 LID 技术的发展，城市绿地主要采用下沉式绿地，其丰富的生物多样性、稳定的生态环境对于"滞留、排净"城市交通道路雨水有着不可估量的作用，稳定及功能完备的下沉式绿地对海绵城市建设目标的有效实现有重要影响。

本节基于现有下沉式绿地的不足之处，从提升材料性能、优化结构工艺方面进行论述，探讨如何在规避其缺点的同时推广并开发新型材料。

（1）改良面层透水材料——增加多种有机覆盖物

有机覆盖物有松树皮［图 5-18（a）］、树枝、橡树叶［图 5-18（b）］、棕榈丝［图 5-19（a）］、果壳、麦秆等，这些材料在降雨初期具有不同程度的雨水吸收速率，从而实现有效滞留雨水、降低地表径流，延缓洪峰形成的时间，当吸水速率下降时，雨水则下渗至土壤中，补充土壤水分。

锯末［图 5-19（b）］、蚯蚓粪［图 5-20（a）］、花生壳［图 5-20（b）］、柳树皮、橡树叶、复叶槭粉碎物、棕榈丝、松塔壳和杉木树皮等材料的体积吸水倍率较高，可以应对较强的降雨。

(a) 松树皮　　　　　　　　　　　　　(b) 橡树叶

图 5-18　松树皮、橡树叶

(a) 棕榈丝

(b) 锯末

图 5-19 棕榈丝、锯末

(a) 蚯蚓粪

(b) 花生壳

图 5-20 蚯蚓粪、花生壳

（2）改良土壤基质材料——增加蛭石、多孔陶粒、膨胀页岩、火山石

针对城市雨水径流中的氮、磷和有机污染物，选取蛭石 [图 5-21（a）]、多孔陶粒 [图 5-21（b）]、膨胀页岩 [图 5-22（a）]、火山石 [图 5-22（b）] 和煤渣等常见材料作为单一基质，分别试验哪种基质土壤渗透速度快、持水量高、污染物去除效果好。基质是土壤渗滤功能的决定性因素，不仅能为微生物提供附着表面，同时还能吸附污染物。因此改良基质，寻求吸附力强、渗透性能好、价格低廉、可应用性高的填料是构建下沉式绿地渗滤系统的关键。选取基质材料时应依据材料性质、价格、易获得程度等选取原则。

蛭石是一种天然、无机、无毒的矿物质，在高温作用下会膨胀。由于蛭石有离子交换的能力，它对土壤的营养化有极大的促进作用。

(a) 蛭石

(b) 多孔陶粒

图 5-21 蛭石、多孔陶粒

(a) 膨胀页岩   (b) 火山石

图 5-22　膨胀页岩、火山石

多孔陶粒采用无机惰性材料经烧胀或烧结而成，长期浸泡不会向水体释放任何物质，无二次污染，内部具有大量孔隙，当水从陶粒层穿过时，可以吸收和拦截水中大量的杂质，因此，多孔陶粒可以作为一种优质过滤材料用于过滤工艺中；同时其又具有质轻、比表面积大的特点，适合作为微生物的载体用于污水的处理以及深度处理。

膨胀页岩采用黏土质页岩、板岩等为原料，经破碎、筛分，或粉磨成球，烧胀而成。膨胀页岩具有孔隙率高、比表面积大、化学性能稳定、机械强度高、过滤水质好、不含有害物质、渗透能力强、滤速高、产水偏高等特点，可作为水厂滤池和污水处理过滤的滤料。

由于矿物质含量的稳定性，火山石具有释放矿物质元素和吸收水中杂质的双重特性，可以将酸性或者碱性的水调整至接近中性。

5.6　小结

本章按照海绵城市建设六字方针"渗、滞、蓄、净、用、排"，将其总结分类归于现在海绵城市建设常用的具有渗透作用的透水铺装，具有蓄、净、用等功能的蓄水池以及拥有滞、排功能的下沉式绿地这三种海绵设施，分别研究其材料在发展历程中出现的问题和解决方向，总结有待解决和改进的问题，在新型材料研究方面提供建议，探讨其最佳运行参数和最佳运行环境，为海绵城市建设提供支持。

第 6 章

海绵城市设计评估内容及方法

6.1　海绵城市建设指标评估内容及方法

根据《武汉市海绵城市规划技术导则》，海绵城市规划设计目标应包括年径流总量控制目标、面源污染控制目标、峰值流量控制目标、内涝防治目标和雨水资源化利用目标。

6.1.1　年径流总量控制率

年径流总量控制率是通过自然与人工强化的入渗、滞蓄等方式，控制的降雨径流量与年降雨总量的比值。

年径流总量控制率指标取决于项目所在地的市政雨水排水系统或雨水排水水系和项目的特性，可在《武汉市建设工程规划方案（海绵城市部分）编制技术规定（试行）》中查取项目的年径流总量控制率基准值，其次，在《武汉市建设工程规划方案（海绵城市部分）编制技术规定（试行）》中查取项目的年径流总量控制率调整值，从而计算出项目的年径流总量控制率指标的取值。

根据近三年的实际项目情况进行分析总结，比较年径流总量控制率的目标值和完成值，发现基本所有项目的完成值都超过了目标值 1 ～ 10 个百分点，只有个别项目的完成值超过了目标值 10 个百分点，甚至更高，属于比较少见的情况，见表 6-1。

表 6-1　近三年项目数量在不同范围差值的占比详表

差值范围 /（%）	$\Delta S > 10$	$2 < \Delta S \leqslant 10$	$0 \leqslant \Delta S < 2$
近三年项目数量占比	10%	40%	50%

注：ΔS 为完成值和目标值的差值（占目标值的百分比），项目数量总量为 100。

另外，大部分项目为节约成本和工程量，在其规划阶段，项目的完成值基本超过目标值 0 ～ 2 个百分点，处于刚好达标的情况，满足了基本的指标需求。若完成值正好与目标值相同或接近，在实际施工完成的情况下，项目的建成效果其实可能无法达到目标值的效果，实际上是属于未完成目标值的情况，所以实际的海绵城市建设效果也不是最好的。

通过分析发现，项目在除去其满足的基本蓄水容积的情况下，还存在富余的蓄水容积。当富余的蓄水容积越高，则项目地块的年径流总量控制率完成值会高于其目标值。因此，当富余的蓄水容积较多，则年径流总量控制率的完成值就越高，场地中能够蓄水的海绵设施则越多或越大，海绵设施产生的效益也就越大，其地块的海绵城市建设效果则越好。

但是，并不是年径流总量控制率的完成值越高越好。在超过目标值 10 个百分点时，考虑到实际建设成本和景观效果等多方面因素，年径流总量控制率完成值最高的海绵设施，其效果也并不是最好的，所以建议采取适度、适中的原则去发挥海绵设施的效能。

因此，当地块年径流总量控制率完成值超过目标值 2 ～ 10 个百分点时赋予的分值最高，超过 10 个百分点时赋予的分值中等，　超过 0 ～ 2 个百分点时则赋予的分值最低。

6.1.2　面源污染削减率

面源污染是指溶解的和固体的污染物从非特定地点，通过降雨或者融雪的径流冲刷作用汇入江河、湖泊、水库、港渠等受纳水体并引起有机污染、水体富营养化或其他形式的污染。面源污染削减率是以每个海绵设施的汇水分区为单元，按照各类海绵设施对面源污染的削减比例，采用加权平均法进行计算的。

项目的面源污染削减率指标可按《武汉市建设工程规划方案（海绵城市部分）编制技术规定（试行）》取值，

或按项目与受纳水体的关系来确定。

同样根据近三年的实际项目情况进行分析总结，比较面源污染削减率的目标值和完成值，发现基本所有项目的完成值都超过了目标值 1 ～ 10 个百分点，只有个别项目的完成值超过了目标值 10 个百分点，甚至更高，这属于比较少见的情况。整体情况和年径流总量控制率类似。

大部分项目为节约成本和工程量，减少海绵设施的设置或是减少断接等技术措施的运用，最终其完成值一般高于目标值 0 ～ 2 个百分点，满足基本的指标需求。一味地为了减少成本等去尽可能减少海绵设施或断接技术的运用，其建设效果与多设置海绵设施和技术等措施的建设效果是大不相同的。

通过分析该类项目发现，面源污染削减率完成值超过目标值越多越好，原因如下：一是项目地块大小方面，排除不同海绵设施的污染物去除率不同带来的影响，海绵设施在面源污染去除方面普遍有着较好的效果，若项目地块采取海绵设施的面积较大或项目本身的绿地面积较大的话，其面源污染削减率会较容易达标甚至会超过目标值；二是采取断接、设置环保雨水口等技术措施方面，采取此类措施会影响面源污染削减率，使面源污染削减率完成值更高。此类技术措施加强了海绵设施的性能，将更多的雨水通过海绵设施进行净化，海绵城市建设效果更好。

因此，当地块面源污染削减率完成值超过目标值 10 个百分点时赋予的分值最高，超过 2 ～ 10 个百分点时赋予的分值中等，超过 0 ～ 2 个百分点时赋予的分值最低。

6.1.3 峰值径流系数

峰值径流系数是在计算径流峰值流量时所采用的径流系数。控制峰值径流系数指标，实际上就是控制峰值降雨量时的场地径流总量。峰值径流系数指标可按排水系统现状能力、规划建设强度、用地类别和雨水排放受纳水体的不同，经综合分析后确定。

峰值径流系数根据不同用地类别进行取值，详见表 6-2。

表 6-2　不同用地类别的峰值径流系数控制标准

用地类别	用地类别代码	峰值径流系数
居住用地	R	≤ 0.6
公共管理与公共服务用地	A	≤ 0.6
商业服务业用地	B	≤ 0.65
工业用地	M	≤ 0.65
物流仓储用地	W	≤ 0.65
交通及公用设施用地	S、U	≤ 0.65
绿地	G	≤ 0.2
其他用地		≤ 0.2

根据近三年的实际项目情况进行分析总结，比较峰值径流系数完成值的情况，发现基本所有项目的完成值都是低于目标值 1% ～ 10%，只有个别项目的完成值是低于目标值的 10% 以上，这属于比较少见的情况，则将 10% 作为评分的区分值。

峰值径流系数的简易算法建议采用加权平均法。每个地块的峰值径流系数核算，应首先计算该地块不同下垫面面积，按各类下垫面峰值径流系数进行加权平均，得到的径流系数即为该地块的峰值径流系数。

根据峰值径流系数的算法和各下垫面的峰值流量径流系数分析，绿色屋面、透水砖、绿地等下垫面种类的峰值径流系数比其他下垫面种类的峰值径流系数要小，即项目地块中较大面积地使用这类材质作为下垫面，则场地峰值径流系数越小。峰值径流系数越小，说明地块内下渗和蓄滞水量越大，排入市政管网的流量就越小。

因此，当项目地块峰值径流系数完成值低于目标值 0.1 以上时赋予的分值最高，低于目标值 0.05～0.1 时赋予的分值中等，低于目标值 0.05 时赋予的分值最低。

6.1.4　可渗透硬化地面占比

可渗透硬化地面占比是指可渗透硬化地面面积占总硬化地面面积之比（%）。

可渗透硬化地面占比 = 可渗透硬化地面面积 / 硬化地面总面积。

《武汉市建设工程规划方案（海绵城市部分）编制技术规定（试行）》要求可渗透硬化地面占比指标不低于40%。这属于所有项目应做到的强制性指标，并且统一为 40% 的目标值。

另外，值得注意的是《绿色建筑评价标准》（GB/T 50378—2019）（2024 年版）将可渗透硬化地面占比指标作为评分项指标，即可渗透硬化地面占比达到 50% 时可得 3 分。在确定这项设计指标时应兼顾海绵城市设计要求和绿色建筑设计要求，确保可渗透硬化地面占比不低于 40%，争取达到 50%。

因此，当项目地块的可渗透硬化地面占比完成值为目标值的 40%～50% 时，则得基本分数，但如果在满足基本指标的要求上又达到了绿色建筑的评分标准，则可得满分。

6.1.5　雨水管网设计暴雨重现期

雨水管网设计暴雨重现期参照《室外排水设计标准》（GB 50014—2021）4.1.3 取值。武汉市建筑与小区项目雨水管渠设计重现期见表 6-3，一般取值 3 年。

表 6-3 雨水管渠设计重现期（年）

城镇类型	城区类型			
	中心城区	非中心城区	中心城区的重要地区	中心城区地下通道和下沉式广场等
超大城市和特大城市	3～5	2～3	5～10	30～50
大城市	2～5	2～3	5～10	20～30
中等城市和小城市	2～3	2～3	3～5	10～20

注：1. 表中所列设计重现期适用于采用年最大值法确定的暴雨强度公式。2. 雨水管渠按重力流、满管流计算。3. 超大城市指城区常住人口在 1000 万人以上的城市；特大城市指城区常住人口在 500 万人以上 1000 万人以下的城市；大城市指城区常住人口在 100 万人以上 500 万人以下的城市；中等城市指城区常住人口在 50 万人以上 100 万人以下的城市；小城市指城区常住人口在 50 万人以下的城市（以上包括本数，以下不包括本数）。

根据《武汉市海绵城市建设设计指南》中提到的关于武汉市暴雨强度的计算可得出：若项目根据自身位置所选取重现期越大，计算出来的设计降雨强度就越大，雨水流量就越大，需要的管网的设计标准就越高，该地区的排水效果更好。

6.1.6　新建项目下沉式绿地（含水体）率

下沉式绿地（含水体）率是指下沉式绿地（含水体）的面积与绿地总面积（含水体）面积之比。

根据《武汉市海绵城市建设设计指南》，下沉式绿地（含水体）率宜达到 25% 以上。

《绿色建筑评价标准》（GB/T 50378—2019）（2024 年版）将下沉式绿地（含水体）率作为评分项指标，下沉式绿地（含水体）率达到 30% 时满足《绿色建筑评价标准》（GB/T 50378—2019）（2024 年版）评分项指标的加分项；绿地率大于 40%，错峰缓流，削减径流总量效果增加，但同时土方量增大，造价增高，景观效果减弱。

由于下沉式绿地（含水体）率指标将会影响年径流总量控制率，在确定这项指标时，应综合考虑满足年径流总量控制率要求和绿色建筑设计要求。

因此，不可纯粹根据下沉式绿地的面积占比去确定一个项目地块的海绵效果，海绵效果应为多方面因素共同认真考量的结果。但若项目地块下沉式绿地面积占比大于等于 40% 且有较好的景观效果，则得满分；若项目地块有较多绿地，但未选择较多下沉式绿地时，占比达到 0 ～ 25%，则得 0.5 分；若项目地块因自身用地性质导致可做下沉式绿地的位置较少或未做下沉式绿地，得较少分数（0.3 分）。

6.1.7　新建项目景观水体利用雨水的补水量占水体蒸发量的比例

景观水体利用雨水的补水量占水体蒸发量的比例 = 景观水体利用雨水的补水量 / 景观水体蒸发量。

雨水资源化利用水平主要评估景观水体利用雨水的补水量占水体蒸发量的比例，其中水体蒸发量可按照采用多年平均逐月蒸发量确定（表 6-4）。

表 6-4　武汉市多年平均逐月蒸发量一览表

月份	1	2	3	4	5	6	年均降雨量 /mm
降雨量 /mm	43.0	63.2	102.0	142.0	171.2	223.7	1304.3
蒸发量 /mm	36.7	38.0	52.8	67.2	87.9	96.2	
月份	7	8	9	10	11	12	年均蒸发量 /mm
降雨量 /mm	187.1	122.5	75.5	80.0	60.5	33.4	949.8
蒸发量 /mm	129.6	141.1	110.3	83.0	61.0	46.0	

从降雨量和蒸发量的对比情况来看，武汉市年均降雨量为年均蒸发量的 1.37 倍。从各个月份的降雨量与蒸发量的信息来看，1—7 月的降雨量大于蒸发量，8—12 月的降雨量略小于蒸发量。降雨量与蒸发量的比值最小的月份是 9 月，降雨量为蒸发量的 68.4%。

鉴于武汉市的封闭水体在冬季不会干涸，将武汉市的水体通过自然降雨的补水量与水体自然蒸发量的比值定为 60%，其中场地含有普通景观水体的未设置蓄水池回用的属于刚好达标的情况，以 60% 为基本点，可得 0.3 分；另外，通过利用蓄水池收集雨水作为水体补水之用的，可做到景观水体利用雨水的补水量占水体蒸发量的比例大于 60%，则可得满分 0.5 分。

6.1.8　新建项目中高度不超过 30 m 的平屋面软化屋面率

软化屋面是指绿色屋面或者铺石子的屋面。

软化屋面率 = 软化屋面面积 / 屋面总面积。

根据《武汉市海绵城市建设设计指南》，高度不超过 30 m 的平屋面的软化屋面率宜达到 100%。

因此，当项目配有高度不超过 30 m 的屋面且全部设置软化屋面时，可得满分，未满足时，不得分。

海绵城市建设指标评分见表 6-5。

表 6-5　海绵城市建设指标评分表

阶段	一级指标	二级指标	评分标准	得分		备注
设计阶段	海绵城市建设指标（10）	年径流总量控制率（2）	$\Delta S > 10\%$	1		
			$2\% < \Delta S \leq 10\%$	2		
			$0 \leq \Delta S < 2\%$	0.5		
		面源污染削减率（2）	$\Delta S > 10\%$	2		
			$2\% < \Delta S \leq 10\%$	1		
			$0 \leq \Delta S < 2\%$	0.5		
		峰值径流系数（1）	$\Delta S < -10\%$	1		
			$-10\% \leq \Delta S < -5\%$	0.5		
			$\Delta S < -3\%$	0.3		
		可渗透硬化地面占比（2）	$\Delta S \geq 50\%$	2		
			$40\% \leq \Delta S < 50\%$	1		
		雨水管网设计暴雨重现期（1）	中心城区 2～3 年	2	0.5	
				3	1	
			非中心城区 3～5 年	3	0.5	
				4	0.8	
				5	1	
			中心城区的重要城区 5～10 年	5	0.5	
				6～9	0.8	
				10	1	
		新建项目下沉式绿地（含水体）率（1）	$\Delta S \geq 40\%$	1		景观效果较好
			$0 < \Delta S < 25\%$	0.5		
			$\Delta S = 0$	0.3		
		新建项目景观水体利用雨水的补水量占水体蒸发量的比例（0.5）	$\Delta S \geq 60\%$	0.5		利用蓄水设施回用补水
			$\Delta S < 60\%$	0		
		新建项目中高度不超过 30 m 的平屋面软化屋面率（0.5）	$\Delta S = 100\%$	0.5		
			不达标	0		

6.2　海绵设施评估内容及方法

6.2.1　屋面及铺装

6.2.1.1　绿色屋面

（1）设施成本及主要特征

绿色屋面是指在屋顶上覆盖一层绿色植被的景观模式，在海绵城市建设中具有调控径流、缓解径流污染和降低噪声等功能。

绿色屋面分为简式绿色屋面、复式绿色屋面、半复式绿色屋面；简式绿色屋面比复式绿色屋面轻、维护成本低，但是，在保留和延迟雨水、温度控制、农业空间效应方面，复式绿色屋面比简式绿色屋面好。

根据市场调研分析，绿色屋面成本造价为 $300 \sim 3000$ 元 $/m^2$，在确保绿色屋面结构完整的情况下，因成分组成的不同将其划分为高、中、低三个档次（见表 6-6）。低档绿色屋面采用地被植物铺设，提高绿化率，美化生活环境；中高档绿色屋面在此基础之上丰富植物类型，中档绿色屋面侧重于利用花坛、花盆等分散式种植，高档绿色屋面更侧重于自然式种植。绿色屋面注重排水设计，低档绿色屋面采用聚乙烯、聚丙烯排水层，中高档绿色屋面采用鹅卵石排水层。为丰富屋面空间、提高使用率，高档绿色屋面增加置石等景观小品，另外，引入水体增加趣味性。三个档次的绿色屋面可以根据实际使用情况酌情加分。

表 6-6 绿色屋面分档表

绿色屋面	高	中	低
成分组成	采用鹅卵石排水层； 自然式种植地被植物和灌木，种植土厚度增加；增加置石、假山、构筑物等景观小品； 引入水体景观	采用鹅卵石排水层； 利用花盆、花桶、花池、花坛等分散式种植地被植物和灌木	采用聚乙烯、聚丙烯排水层； 地毯式种植地被植物
造价	$1500 \sim 3000$ 元 $/m^2$	$1000 \sim 1500$ 元 $/m^2$	$300 \sim 700$ 元 $/m^2$

（2）平面布局

建议低于 30 m 且为平屋面的建筑优先考虑做绿色屋面，屋面坡度大于 20% 时，不宜做屋顶绿化。

若对绿色屋面进行断接，优先选择周边设有调蓄海绵设施的屋面，以便于断接。当断接绿色屋面与承接的调蓄海绵设施被道路隔开时，须在道路上预留排水沟布置空间。

优先选择小区外围建筑做绿色屋面，以提高景观视觉效果。

（3）软化屋面率

《武汉市建设工程规划方案（海绵城市部分）编制技术规定（试行）》中规定高度不超过 30 m 的平屋面软化屋面率宜达到 100%。

（4）竖向设计

①排水坡度。

为解决屋面积水问题，加速雨水排放，降低屋面渗漏率，屋面找坡层应向排水沟找坡，且排水坡度以 3% $\sim$ 20% 为宜。

当屋面坡度大于 20% 时，其保温隔热层、防水层、排水层、种植土层等应采取防滑措施。坡度大于 50% 的屋面一般不宜设计种植屋面。

②基层厚度。

种植土厚度不宜小于 100 mm，排水层厚度为 100 $\sim$ 150 mm。

（5）绿色屋面的结构

绿色屋面形式多样，其结构通常包括植被层、基质层、蓄水层、过滤层、排水层、根阻层、防水层和结构层（图 6-1）。

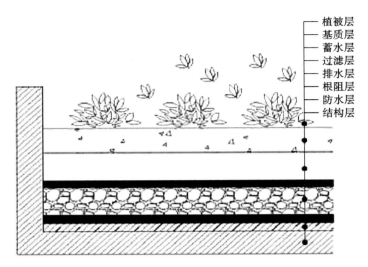

图 6-1　绿色屋面结构示意图

植被层选用耐干旱、耐高温、适应性较强的乔木、灌木、爬藤植物、草本类等植物，集中体现屋顶绿化的景观、游憩、生态等功能。基质层采用田园土、改良土壤或无土栽培基质为植物提供生长空间、养分、水分等。过滤层采用稻草等有机材料、粗麻布等编织材料或聚丙烯等无纺布，来防止种植基质中的细颗粒漏到排水层阻塞排水层及排水口。排水层采用砂砾等松散材料或板材，在降雨或浇灌时将土壤中不能保持的多余水分排到排水装置中，防止屋面积水。根阻层采用水泥砂浆、聚乙烯等卷材或合金金属材料，防止植物根部穿透防水层造成屋面防水系统功能失效。防水层采用刚性防水层、沥青柔性防水层或复合防水层，防止水进入建筑，直接影响建筑物的正常使用和安全。

（6）排水设计

种植屋面应根据种植形式和汇水面积，确定排水方式及水落口数量和水落管直径，并宜设置雨水收集系统。

①屋面雨水收集方式。

表面收集：采用雨水收集措施，种植土与隔离层高差不宜过大，以 30 mm 最佳，既能保证土壤充分吸水饱和，又能使屋面荷载不至于过大。

排水层收集：面积较大的种植区内种植土中多余的水分渗入排水层，排水层汇集雨水向排水沟找坡；面积较小的种植屋面或条形种植带，可向四周找坡，只要找坡层坡度较大（＞ 1%），排水顺畅，可不设计排水层，直接在隔离带的下方设一系列高 60 mm、宽 120 mm 的排水口，排水口周围铺设过滤层，就可以排出基质层中多余的水分，此种方法可节约 50 ～ 80 元 /m² 的造价。

②屋面排水形式。

无组织排水：屋顶雨水直接从檐口落下到室外地面的一种排水方式。这种做法具有构造简单、造价低廉的优点，但屋顶雨水自由落下会溅湿墙面，外墙墙脚常被雨水侵蚀，影响到外墙的坚固耐久和交通。主要适用于少雨地区或一般低层建筑及檐高小于 10 m 的屋面，不宜用于临街建筑和高度较高的建筑。

有组织排水：通过采用雨水收集系统，如天沟、雨水口、雨水管等，有组织地将屋顶雨水排至地面或地下管沟的一种排水方式。优点是可以防止雨水自由溅落打湿墙身，可以用于寒冷地区的屋面排水。缺点是增加了建筑成本，构造复杂，极易渗漏，不易检修。适用于多层建筑、年降水量较大的地库或较为重要的建筑，以及雨水排向人行道的临街建筑。

③雨水立管处理措施（雨水去向及断接）。

周边有下沉式绿地、雨水花园等海绵设施时：宜将雨水立管断接延长导入其中，配套消能设施，优先采用此形式处理；若屋面与周边调蓄海绵设施间距离过大，需采用植草沟等引流措施；若屋面与周边海绵设施间被道路或铺装隔开，需采取排水沟等引流措施；需核算海绵设施蓄水容积是否能消纳断接屋面面积所承接的雨水。

周边无绿色海绵设施，雨水立管下方有空间，区域无回用需求但景观绿化要求较高时，宜建设高位花坛，高位花坛下部设置出水口，就近接入雨水管。

周边无绿色海绵设施，符合下列条件之一时，屋面雨水应优先采用收集回用系统，接入蓄水池：

a.降雨量分布较均匀的地区；

b.用水量与降雨量季节变化较吻合的建筑区或厂区；

c.降雨量充沛地区；

d.屋面面积相对较大的建筑。

屋面雨水立管接入下沉绿地进行下渗，或接入雨水调蓄设施时，出水口处需设置消能设施，如消能弯管、消能管、水簸箕、消能池、消能井。建筑雨水断接点至少离开建筑墙体600 mm。

④雨水去向。

屋顶雨水可集中回收，遇到暴雨时可以结合渗透池、植草沟、雨水花园等将多余的雨水通过渗透系统回灌地下，补充地下水。雨水经净化处理后，可用于景观补水、屋顶绿化浇灌、冲洗厕所、洗车，还可作为发生火灾时的应急用水，实现节约和循环利用水资源的目的。经处理后的雨水在满足排放标准后可以排入市政管网。

绿色屋面指标评分见表6-7。

表6-7　绿色屋面指标评分表

阶段	一级指标	二级指标	三级指标	四级指标	五级指标		评分要点	分数	备注
设计+施工	海绵设施	屋面及铺装	绿色屋面（10）	平面布局（1）	区域选择（1）	低于30 m的平屋面	便于植物的种植与养护，后期雨水回用便利	1	
						高于30 m的平屋面	建筑屋面过高，不利于植物种植与养护，后期雨水回用不便，且有安全隐患	0	
						坡度大于20%的屋面	屋面坡度太陡，不利于植物的种植，有安全隐患	0	
						小区外围建筑屋面	小区外围建筑人流量相对较大，绿色屋顶可以提升景观视觉效果	1	
				软化屋面率（2）	5%＜软化屋面率＜30%			0.5	软化屋面率＝100%，满足《武汉市建设工程规划方案（海绵城市部分）编制技术规定（试行）》中高度不超过30 m的平屋面软化屋面率宜达到100%的规定，加分
					30%≤软化屋面率＜50%			1	
					50%≤软化屋面率＜70%			1.5	
					70%≤软化屋面率≤100%			2	

续表

阶段	一级指标	二级指标	三级指标	四级指标	五级指标		评分要点	分数	备注
设计+施工	海绵设施	屋面及铺装	绿色屋面（10）	竖向设计（2）	排水坡度（1）	0%≤屋面排水坡度＜3%		0	
						3%≤屋面排水坡度＜20%		1	
						20%≤屋面排水坡度＜50%	防水层、排水层、基质层等采用防滑措施	0.5	
					基层厚度（1）	种植土厚度≥100 mm		0.5	
						排水层厚度为100～150 mm		0.5	
				绿色屋面的结构（1）	绿色屋面的结构层完整		其结构通常包括植被层、基质层、蓄水层、过滤层、排水层、根阻层、防水层和结构层	1	
				排水设计（4）	屋面雨水收集方式（1）	表面收集	采用雨水收集措施	1	
						排水层收集	设计排水层；若不设计排水层，可直接在隔离带的下方设一系列高60 mm、宽120 mm的排水口，排水口周围铺设过滤层	1	
					屋面排水形式（1）	无组织排水	主要适用于少雨地区或一般低层建筑及檐高小于10 m的屋面，不宜用于临街建筑和高度较高的建筑	1	
						有组织排水	适用于多层建筑、年降水量较大的地区或较为重要的建筑，以及雨水排向人行道的临街建筑	1	
					雨水立管处理措施（1）	引流措施、增加消能设施、收集回用	屋面断接可在屋面雨水立管出水口处设置消能弯管、消能管、水簸箕、消能池、消能井等消能设施	1	
					雨水去向（1）	补充地下水	结合周边的雨水花园等海绵设施补充地下水	0.5	
						回用	回用于景观补水、绿化浇洒、道路冲洗、生活杂用等	1	
						排入市政管网	达到排放标准后排入市政管网	0	

6.2.1.2　透水铺装

（1）设施成本及主要特征

透水铺装是指可渗透、滞留和渗排雨水并满足一定要求的铺装地面。

透水铺装按材料不同分为透水沥青路面、透水水泥混凝土路面和透水砖路面。透水沥青路面和透水水泥混凝土路面可分为表层排水型、基层排水型以及全透型路面，透水沥青路面和透水水泥混凝土路面宜用于各等级道路、停车场或步行街；透水砖路面根据需要和土基要求可设为非全透或全透型路面，宜用于人行道、广场、停车场或步行街。透水铺装材料还包括其他材料，如硅砂、聚氨酯、再生骨料等复合类材料。

透水铺装分档见表 6-8。

表 6-8　透水铺装分档表

分档	材料	整体铺设结构稳定性	透水性	样式	质感	单位	价格
透水铺装——砖							
低	混凝土透水砖	低	高	彩色	粗糙	块 /200 mm×100 mm×55 mm	60 元 /m²
	PC 仿石材透水砖	中	低	仿石材花岗岩	细腻	m²（一块 300 mm×300 mm×55 mm）	65 元 /m²
	陶瓷透水砖	低	中	一般为陶红色	细腻	块 /200 mm×100 mm×55 mm	100 元 /m²
中	砂基透水砖	中	高	彩色	较为细腻	块 /200 mm×100 mm×55 mm	165 元 /m²
透水铺装——现场施工							
低	EPDM 橡胶颗粒	中	低	彩色	橡胶颗粒	m²	60 元 /m²（5 cm 厚）
	露骨料透水铺装	低	中	露骨料	石材骨料	m²	170 元 /m²（5 cm 厚）
中	透水胶粘石	中	中	水洗石	小颗粒水洗石	m²	230 元 /m²（5 cm 厚）
高	彩色透水混凝土	高	高	彩色	混凝土颗粒	m²	75～100 元 /m²（5 cm 厚）
	彩色沥青	高	高	彩色	沥青颗粒	m²	360～380 元 /m²（5 cm 厚）

（2）平面布局及形式

透水铺装平面布局应充分考虑各个功能区荷载要求，分析是否适宜采用透水铺装设计。若有地下车库，透水铺装平面布局应与地下室设计相结合，透水铺装场地铺装材料规格切割应与地下车库边界一致，避免发生沉降，造成透水铺装的裂缝及损失。

区域选择如下。

一般选择区域：透水铺装主要应用于居住区的道路及活动停留场地。再进行细分，道路细分为园路、人行道、非机动车道，活动停留场地细分为中心广场、儿童活动场地、小区人行主出入口、停车场、运动场、公共商业步行道等区域。

慎用区域：考虑到透水铺装强度有限，通常避开消防环道、地下车库出入口；尽量避免设置在入户、商业主出入口等人流量较大处，人防楼梯处，餐饮店、加油站等径流污染严重区域。在透水铺装率不达标的情况下，可采取技术手段在以上区域适当增设透水铺装，如在消防环道上铺设 EPDM 塑胶跑道、小区人行主出入口设置部分透水铺装、入户处设置透水铺装。

布局指标评分见表 6-9。

表 6-9　布局指标评分表

区域选择		适宜性
小区人行主出入口	○	主出入口人流量较大，容易造成透水铺装破损，在指标足够的情况下，此处不考虑采用透水铺装
入户处	○	入户处铺装面积较小，一般不特地设置雨水排出口，透水砖松动容易积水，影响住户体验。在无特殊要求的情况下，不优先考虑透水铺装
园路	√	透水铺装可选形式多样，优先考虑
人行道	√	荷载及强度要求小，对路面磨损小，优先考虑
非机动车道	○	当非机动车道与机动车道并排设置时，由于机动车道径流污染较重，容易堵塞透水铺装，非机动车道不优先考虑透水铺装
机动车道	○	机动车道不优先考虑透水铺装，若指标不达标且无其他区域可调整，考虑在机动车道上增设部分透水铺装，可采用塑胶跑道形式
中心广场	√	观赏性要求高，优先考虑透水铺装可避免积水，提高观赏性
儿童活动场地	√	避免积水，便于儿童游乐，优先考虑
停车场	√	荷载适中，优先考虑
运动场	√	避免积水，对防滑性要求高，可采用 EPDM，优先考虑
公共商业步行道	√	优先考虑
人防楼梯	×	通往地下室，不便下渗，不考虑
餐饮店、加油站等径流污染严重区域	×	径流污染严重，容易堵塞透水铺装，不考虑
天井	×	

注：√—优先考虑；○—酌情考虑；×—不考虑。

（3）竖向设计

在遵循原有场地竖向的基础上，在有地下室的情况下参考地下室顶板的坡向，优先坡向邻近绿地、海绵设施，但要确保绿地、海绵设施可消纳透水铺装所产生的径流，若不能消纳，需采取雨水收集措施辅助雨水排入其他海绵设施或外排。横坡坡度一般为 1% ～ 2%，透水铺装坡度大于 2% 时，应沿长度方向设置隔断层，隔断层顶设置在透水面层下 2 ～ 3 cm。

①散点式。

散点式一般面积较小，不特地设置雨水收集设施，注意坡向邻近绿地、海绵设施，或设有雨水排除口的硬质铺装。

小区人行主出入口：在周边无绿地、海绵设施的情况下，透水铺装坡向邻近城市道路雨水排除设施。

入户处：透水铺装坡向外侧道路或绿地，避免雨水倒灌入室内。

园路：采用汀步或步石时，由于面积较小且周边多为绿地或砾石，积水可能性小，雨水可自由散流入周边绿地。

停车场：非机动车停车场一般面积较小，若周边无绿地，透水铺装坡向设有雨水排除设施的邻近机动车道；若周边有绿地，透水铺装坡向周边绿地。

②线条式。

根据透水铺装宽度及周边调蓄海绵设施分布情况，设置坡向及横坡为单向或双向。若道路较窄或透水铺装横向一侧有海绵设施，一般设置单坡；若透水铺装较宽、横向两侧均有海绵设施，设置双坡，使透水铺装面层产生的径流汇集到调蓄海绵设施。若周边无海绵设施或海绵设施无法消纳透水铺装径流雨水，道路坡向雨水收集措施。机动车与非机动车道路混行道路应按非机动车纵坡设置。

园路：园路周边多为绿地，坡向周边绿地。

人行道：一般地区纵坡坡度为 0.3%～8%，积雪或冰冻地区不大于 4%，纵坡坡度大于 8% 时行走费力，宜采用踏级。交叉口纵坡坡度不大于 2%，并保证主要交通平顺。

非机动车道：一般地区纵坡坡度为 0.3%～3%，积雪或冰冻地区不大于 2%，困难时可达 3%，但坡长应限制在 50 m 以内，坡度达 2% 时，坡长限制在 100 m。

机动车道坡度：机动车道透水铺装主要以塑胶跑道形式呈现，坡度与机动车道设计一致，一般地区纵坡坡度为 0.3%～8%，积雪或冰冻地区不大于 5%，困难时可达 9%，山区城市局部路段坡度可达 12%。但坡度超过 5%，必须限制其坡长；纵坡坡度不大于 5% 时，坡长不大于 600 m；纵坡坡度不大于 8% 时，坡长不大于 200 m；纵坡坡度不大于 9%，坡长不大于 150 m。

公共商业步行道：一般绿地面积较小，透水铺装坡向邻近商业机动车道雨水排除设施。

③平面式。

平面式透水铺装面积较大，可根据其形状、大小、地形，设计成单面坡、双面坡或多面坡。在场地地形的基础上结合铺装样式合理划定排水分区，确定每个排水分区横向高点与低点，每个排水分区内雨水排除设施的尺寸及数量根据汇水面积内的雨水量进行计算，雨水排除设施的泄流能力应大于单位时间内汇水面积内的降雨量。

若为透水砖铺装，采用线性排水沟排水时，排水沟宜沿铺装伸缩缝与铺装平行设置，采用雨水口排水时，雨水口分布于排水分区内不利的排水点；若为透水地垫，采用线性排水沟排水时，线性排水沟沿透水地垫边界线布置，透水地垫坡向线性排水沟，采用雨水口时，雨水口置于汇水面地势最低处且雨水口顶面低于地面 1～2 cm。

小区人行主出入口：须注意透水铺装排水方向应坡向邻近城市道路雨水排出口，若铺装面积过大或汇流路径过长，需自行设置雨水口。

中心广场：坡度以 0.3%～3% 为宜，0.5%～1.5% 最佳，地形困难时可设置成阶梯式广场。

儿童活动场地：对不同功能分区的场地地形应分别对待，在放置游戏、体育器材的场地内，其地形要求平坦，并考虑排水需求设置合理的坡度（0.3%～2.5%），坡向周边绿地或邻近道路雨水排除设施；在不需要游戏设施的场地，充分利用原有地形，在不影响儿童安全性的前提下可通过设置微地形营造活动空间，还能起到调节场地小气候、调节排水等作用。

运动场：运动场纵坡坡度为 0.2%～0.5%。

停车场：一般采用植草砖，坡向根据停车场雨水排向绿地还是邻近道路设置。停车场坡度一般为 0.2%～0.5%。

公共商业步行道：平面式面积比较大，坡向平面内设置的（线性）排水沟。

（4）透水铺装类型

透水铺装按照其透水特性和材料结构可分为面层类型和基层类型，面层透水铺装主要有透水砖铺装、透水混凝土、透水沥青、透水砾石或透水砂砾铺装、干砌石、EPDM 地垫等（表 6-10）；基层透水铺装包括干砌石、砖石或碎石、植草类和非植草类的透水铺装，根据其功能特点以及使用区域进行评分（表6-11）。

表6-10　透水铺装面层类型评分表

区域	透水铺装面层类型						备注
	透水砖铺装	透水混凝土	透水沥青	透水砾石或透水砂砾铺装	干砌石	EPDM地垫	
小区人行主出入口	√	√	√	—	—	—	人流量较大，对观赏性要求较高
入户处	√	√	√	—	—	—	面积较小，主要用于通行
园路	√	√	—	√	√	√	形式多变，对景观效果要求较高
人行道	√	—	—	—	√	—	形式根据材料类型选择
非机动车道	—	√	√	—	—	—	相对于人行道，荷载及耐久性要求较高
机动车道	—	√	√	—	—	—	荷载及强度要求较高
中心广场	√	√	—	√	√	—	面积大，景观可发挥空间大
儿童活动场地	—	—	—	√	—	√	考虑玩耍安全性，宜采用软质铺装
停车场	√	√	√	—	√	—	对荷载有一定要求
运动场	—	—	—	—	—	√	考虑运动安全性，铺装应防滑、耐磨
公共商业步行道	√	—	—	—	—	—	周边多为商铺，保证路面畅通

表6-11　透水铺装基层类型评分表

区域	透水铺装基层类型						
	LP-4（级配碎石路面及广场）	LP-5（干砌石砖石或碎石路面及广场）	LP-6（非铺砌的土路面）	LP-7（非植草类透水铺装透水层厚度≥300 mm）	LP-8（非植草类透水铺装透水层厚度<300 mm）	LP-9（植草类透水铺装透水层厚度≥300 mm）	LP-10（植草类透水铺装透水层厚度<300 mm）
小区人行主出入口	√	√	—	√	√	X	X
入户处	√	√	—	X	X	X	X
园路	√	√	—	√	√	√	X
人行道	√	—	—	√	√	X	X
非机动车道	—	√	√	√	○	X	X
机动车道	X	X	—	○	√	X	X
中心广场	√	√	—	√	○	X	X
儿童活动场地	√	√	—	√	○	X	X
停车场	√	√	√	√	√	√	X
运动场	—	—	—	√	√	X	X
公共商业步行道	√	—	—	√	○	X	X

注：√—优先考虑；○—酌情考虑；X—不考虑。

（5）透水模式

根据功能区荷载要求、当地降雨、地基承载力等条件，初步确定透水铺装类型。透水沥青和透水混凝土按结构层渗透能力分为表层透水式、基层半透式、基层全透式；透水砖分为半透式路面、全透式路面。在有地下室的情况下，结合地下室顶板覆土厚度确定结构层透水厚度。透水砖结构层一般由面层、找平层、基层、封层、路基组成（图6-2）。

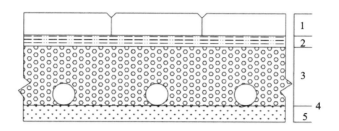

1—面层；2—找平层；3—基层；4—封层（根据需要设置）；5—路基

图6-2 透水砖路面结构示意图

①透水铺装类型选用。

小区人行主出入口：透水砖铺装、透水砾石或透水砂砾铺装。

入户处：透水砖铺装。

人行道：透水砖铺装。

非机动车行道：透水沥青、透水混凝土。

机动车道：透水沥青、透水混凝土。

园路：非植草类透水砖铺装、干砌石铺装、透水砾石或透水砂砾铺装。

中心广场：透水砖铺装、干砌石铺装。

儿童活动场地：EPDM 地垫、透水砾石或透水砂砾铺装。

停车场：植草类透水砖铺装、透水沥青、透水混凝土。

运动场：EPDM 地垫。

公共商业步行道：透水砖铺装。

②透水铺装渗透模式设计。

透水铺装渗透模式分为表层透水式（图6-3、图6-4）、基层半透式（图6-5、图6-6）、基层全透式（图6-7）。需要减小降雨时的路表径流量和降低道路两侧噪声的各类新建、改建道路，宜选用表层透水式；需要缓解暴雨时城市排水系统负担的各类新建、改建道路，宜选用基层半透式；路基土渗透系数大于或等于 7×10^{-5} cm/s 的公园、小区道路、停车场、广场和中轻型荷载道路，可用基层全透式。

透水砖：常用于人行道、广场和停车场等的铺装，荷载要求较低，结构形式较为单一，不同的是各层的材料不同。依据排水功能需要，透水砖路面分为全透式和非全透式，全透式适用条件和透水沥青路面相同。

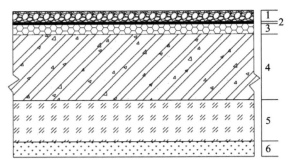

1—透水沥青面层；2—封层；3—透水基层；4—基层；5—底基层；6—路基

图6-3　表层透水式Ⅰ型透水沥青路面结构示意图

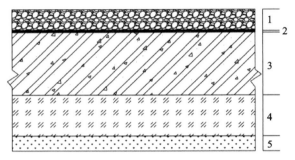

1—透水沥青面层；2—封层；3—基层；4—底基层；5—路基

图6-4　表层透水式Ⅱ型透水沥青路面结构示意图

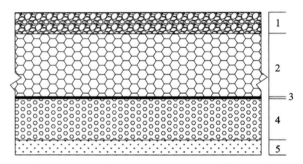

1—透水沥青面层；2—透水基层；3—封层；4—透水底基层；5—路基

图6-5　基层半透式Ⅰ型透水沥青路面结构示意图

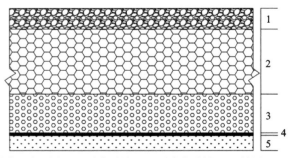

1—透水沥青面层；2—透水基层；3—透水底基层；4—封层；5—路基

图6-6　基层半透式Ⅱ型透水沥青路面结构示意图

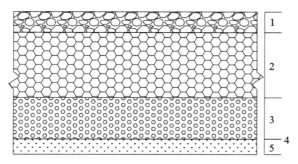

1—透水沥青面层；2—透水基层；3—透水底基层；4—反滤隔离层；5—路基

图6-7 基层全透式透水沥青路面结构示意图

透水混凝土：渗透结构同透水沥青，见表6-12。

表6-12 透水混凝土路面基层结构

类别	适用范围	结构层
基层全透式结构	人行道、非机动车道、景观硬地	级配砂砾及级配基层和底基层、级配碎石及级配砾石基层和底基层
基层半透式结构	轴载4吨以下城镇道路、停车场、广场、小区道路	土基层或石灰、粉煤灰稳定砂砾基层和底基层
基层不透式结构	轴载6吨以下城镇道路、停车场、广场、小区道路	混凝土基层、稳定土底基层或石灰、粉煤灰稳定砂砾底基层

（6）排水设计

当路基、土壤透水系数及地下水位等不满足要求及降雨强度超过渗透量时，应增加透水铺装的排水设计。排水分为表面排水和内部排水。

①表面排水。

雨水一般通过单向横坡排入周边绿地，另可通过路面雨水口直接排入雨水管网。

②内部排水。

透水铺装设排水层时，应通过设置带孔集水管、纵向集水管/沟及横向出水管等方式将水排入下沉式绿地等海绵设施或雨水支管。结构层排水设施中盲管或排水盲沟的排水能力应不小于路表水的设计渗入量的2倍，以此作为依据，确定排水沟或管的尺寸。检查井间盲管坡度为1%～2%，开孔率宜为1%～3%。无砂混凝土的孔隙率宜大于20%。纵向集水管/沟纵坡与铺装纵向相同，且坡度不小于1%。横向出水管横向坡度不宜小于5%。当路基渗透系数大于1×10^{-3} mm/s，且路基顶面距离地下水位高度大于1 m时，可取消敷设渗管和排水盲沟。

6.2.2 点线绿地

6.2.2.1 植被缓冲带

（1）设施成本及主要特征

植被缓冲带为坡度较缓的带状植被区，它的主要功能是削减径流污染，一般通过植被拦截及土壤下渗作用减缓地表径流流速、去除径流中的部分污染物，也具有增加入渗、延长汇流时间的作用。

市面上目前植被缓冲带的造价单价基本在 200～400 元 /m² 之间，根据植被缓冲带的功能作用以及植物选用将其归为高、中、低三档（表 6-13），植被缓冲带的植被种类选择应秉着乡土树种为主、适地适树的原则，坚持缓冲带生态效益最大化的同时，也可以适当地兼顾经济效益，群落中穿插经济树种，成年株和幼龄株混合栽植，适当增加物种的年龄跨度；慢生种和速生种混合栽植，速生种可快速成林，作为先锋树种，优化林下的生境条件，慢生种生长慢，一般寿命长，可提高群落的系统稳定性；深根性树种和浅根性树种混合种植，提高群落植物根系的层次性，从而增强植物根系对河岸的稳固能力和对径流中营养物质的净化能力，植被缓冲带的垂直方向上应该丰富物种的生活型，包括乔木、灌木、藤本、草本等类型，保持群落生态系统的稳定性。植物种类的多样性也会影响高、中、低分档；在功能方面，植被缓冲带是以自然保护为主，若有其他附加功能则可提档加分，价格也会有所提升。

表 6-13　植被缓冲带分档表

植被缓冲带	高	中	低
单价	350～400 元 /m²	250～350 元 /m²	200～250 元 /m²
植物选用	乡土植物＋经济树种，植物种类为 5～7 种	外来植物＋乡土植物，植物种类为 3～5 种	外来植物，植物种类为 1～3 种
功能性	自然保护功能 +4 项以上附加功能（如降解净化功能、景观美学功能、经济产业价值、休闲游憩等）	自然保护功能 +2～3 项附加功能（如降解净化功能、景观美学功能、经济产业价值、休闲游憩等）	自然保护功能

（2）区域位置

植被缓冲带一般位于低影响开发雨水系统的中游，主要适用于道路、停车场等不透水下垫面的周边。在进行植被缓冲带布局时，应尽量选择阳光充足的地方，以便在两次降雨间隔期内地面可以干透。一般放置在下坡位置，与地表径流的方向垂直；对于长坡，可以沿等高线多设置几道缓冲带以削减水流的能量。

（3）平面尺寸

城市内水岸的坡度多样，不同的水岸坡度对应缓冲带的最小宽度。坡度小于 5° 的河岸，植被带宽度宜在 10 m以上；坡度为 5°～15° 的河岸，植被带宽度宜在 20 m 以上；坡度大于 15° 的河岸，植被带宽度不宜低于 30 m。

（4）竖向设计

竖向设计是指与水平面垂直方向的设计。植被缓冲带的竖向设计与深度、覆土厚度和坡度这三个部分密切联系且不可分割。坡度是对植被缓冲带宽度设置影响最大的因素。适当的植被缓冲带坡度可以增加地表径流与植被带的接触时间，从而使植被有充足的时间来吸收、沉淀、降解径流中的营养物质与杀虫剂。一般而言，随着坡度的增加，地表径流的速度及其侵蚀能力都会增加，缓冲带每增宽一米，就会多一分生态效益，但其宽度又不可能无限制地扩大，要从建缓冲带资金的投入多少、要实现的主体作用及主管部门提出的具体要求和规范等方面来综合考虑，因此坡度设计在竖向设计中尤为重要。深度可以塑造和调整地形和自然环境，满足各组成部分在使用功能上对高程的要求，并保证各部分之间良好的联系。覆土厚度与场地的绿地率有关，这是海绵设计中比较重要的一部分，与坡度的重要性不相伯仲。

①深度。

在河岸采取穴状和带状整地，穴径 40～60 cm，深度 30～50 cm，适用条件及规格按 GB/T 15776 的规定执行。

②覆土厚度。

地下室顶板等建设项目采用下沉式绿地、雨水花园等渗透、滞蓄设施的，覆土厚度应不小于 1.5 m，地下室的顶板高程应低于周边道路的平均高度 1.5 m 或周边道路的最低点 1.0 m（地下室覆土厚度需要综合考虑顶板及其覆土的各种使用可能和地面超压值、结构自振频率、结构允许延性比、绿化对覆土的要求、室外管线对覆土的要求等；覆土厚度不能太小，结合绿化栽植土壤有效土层厚度需要，覆土厚度为 1.2 ～ 1.5 m 时，地形可以做出起伏，可以种植大型乔木，覆土厚度 ≥ 1.5 m 时，绿化种植不受限制，水景不受限制，依据景观效果建议覆土厚度为 1.5 m；覆土厚度太大、顶板荷载太大会导致地下室顶板出现裂缝，对地下室结构造成影响）。

覆土厚度在 1.0 m 以上的，按其实际面积的 80% 计算；覆土厚度在 0.6 m 以上不足 1.0 m 的，按其实际面积的 65% 计算；覆土厚度不足 0.6 m 的，按其实际面积的 30% 计算。

根据甲方提供的数据，下沉式绿地的地下室顶板覆土厚度由原有数据减去下凹深度及超高和道路高出绿地的高度。

③坡度。

植被缓冲带的坡度一般为 2% ～ 6%，坡度较大（大于 6%）时其雨水净化效果较差；坡度为 10% 通常是植被缓冲带过滤水质的重要转折点，植被缓冲带对 TN 的降解能力在不同坡度下差异较大，研究发现坡度为 2% 的植被缓冲带对污染物（TN、NH-N、NO-N 和 TP）的去除率均比坡度为 5% 的植被缓冲带高 15% 以上。

（5）结构

海绵城市配套的植被缓冲带要求基础基层结构完整。结构包括地体、砂石层、草被植物、阶梯端面石块护体、护坡网、角铁支架、过滤框、藤蔓植被和乔木植被。

6.2.2.2 植草沟

（1）设施成本及主要特征

植草沟属于海绵城市工程技术措施的一种，典型类型有干式植草沟、湿式植草沟和传输型植草沟等。与传统边沟相比，植草沟除了承担雨水传输功能，还用于减少悬浮固体颗粒和有机污染物、净化雨水。因此，植草沟的设计主要涉及水力计算和水质净化两部分。

目前植草沟的造价单价基本在 30 ～ 400 元 /m² 之间，根据植被缓冲带的填土填料选择、功能作用以及植物选用将其归为高、中、低三档（表 6-14）。填料一般使用回填土，但根据对沙子、石子、珍珠岩、蛭石、煤渣、炉渣、沸石、陶粒、草炭土等填料的研究发现，回填土的总孔隙度、通气孔隙度要低于上述几种填料，部分填料如蛭石、珍珠岩、草炭土、煤渣的饱和含水率、田间持水率要高于回填土。植被种类选择遵循因地制宜的原则，而且植被的覆盖度越大，对污染物的去除效果越好，因此植物种类的选择和覆盖面积也会影响高、中、低分档。在功能方面，植草沟主要是进行水利调蓄和净化水质，若有其他附加功能则可提档加分，价格也会有所提升。

表 6-14 植草沟分档表

植草沟	高	中	低
单价	200 ～ 400 元 /m²	50 ～ 200 元 /m²	30 ～ 50 元 /m²
填土填料选择	沙子、石子、珍珠岩、蛭石、煤渣、炉渣、沸石、陶粒、草炭土	沙子、石子、炉渣、沸石、陶粒	回填土
植被选择	植被覆盖度大，本土植物	外来植物 + 乡土植物	外来植物
功能性	水利调蓄功能，净化功能，且具有景观和生态功能	水利调蓄功能，净化功能，且具有景观或生态功能	水利调蓄功能，净化功能

（2）区域位置

根据地表径流在植草沟中的传输方式，植草沟可分为干式植草沟和湿式植草沟。干式植草沟基层土壤换填，底部铺设排水系统，强化植草沟对雨水的传输、过滤、渗透和滞留功能，保证雨水在水力停留时间内从沟渠排干；

湿式植草沟一般设计为沟渠型湿地处理系统，长期保持潮湿状态。

干式植草沟适用于小区公建、市政道路、公园绿地、城市水系等各类项目，需定期割草，保持植草沟干燥。湿式植草沟一般适用于公园绿地、高速公路的排水系统，也可用于过滤停车场、屋顶、铺装、道路的径流雨水，不宜用于居住区。

（3）平面尺寸

根据《广西低影响开发雨水控制及利用工程》图集，可知植草沟的宽度在 600～2400 mm 之间，它的具体深度需要根据汇水分区的面积来确定（图6-8）。

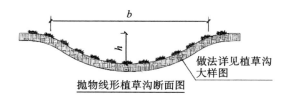

抛物线形植草沟断面图

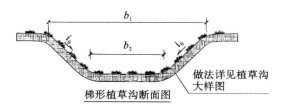

梯形植草沟断面图

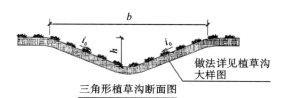

三角形植草沟断面图

植草沟参数推荐表

名称	符号	取值范围	备注
植草沟宽度	b	600～2400 mm	根据汇水面积确定
植草沟深度	h	不宜大于600 mm	h应大于最大有效水深
植草沟边坡	i_0	1/4～1/3	

注：
1.植草沟适用于建筑与小区内道路，广场、停车场等不透水地面的周边，城市道路及城市绿地等区域，也可作为生物滞留设施、湿地等低影响开发设施的预处理设施。植草沟可与雨水管渠联合应用，场地竖向允许且不影响安全的情况下也可代替雨水管渠。

2.植草沟不适用于地下水位高的、坡度大于15%的区域。

3.植草沟的选型要求应符合以下要求：
(1)抛物线形植草沟适用于用地受限较小的地段。
(2)梯形植草沟适用于用地紧张地段。
(3)三角形植草沟适用于低填方路基且占用地面积充裕的地段，路面上汇流沿路肩以漫流的形式或通过集流槽流入植草沟，再通过植草沟的出口排出界外。

4.植草沟的长度 L 应根据具体的平面布置情况取值，此参数可按照设计流量及具体生态草沟的断面形式而定，主要原则是防止沟底冲刷破坏。

5.植草沟应满足以下要求：
(1)植草沟断面形式宜采用抛物线形、三角形或梯形。
(2)植草沟的边坡坡度（垂直：水平）不宜大于1∶3，纵坡不应大于4%，纵坡较大时宜设置为阶梯型植草沟或在中途设置消能台坎。
(3)植草沟最大流速应小于0.8 m/s，曼宁系数宜为0.2～0.3。

6.植草沟不宜作为行洪通道。

7.根据工程实际情况和经验数据，选择植草沟形状、确定植草沟坡度、粗糙度及断面尺寸，通过曼宁等式计算植草沟水流深度，流量及植草沟长度，曼宁等式表示为：

$$Q = V \times A = \frac{A R^{\frac{2}{3}} i^{\frac{1}{2}}}{n}$$

$$R = \frac{A}{P}$$

式中：
Q—植草沟计算径流量（m³/s）；
V—雨水在植草沟断面的平均流速（m/s）；
A—植草沟横断面面积（m²）；
R—横断面的水力半径（m）；
i—植草沟纵向坡度（%）；
n—曼宁系数；
P—湿周（m）。

8.植草沟种植要求：宜种植密集的草皮，不宜种植乔木及灌木植物，植被高度宜控制在0.1～0.2 m。

图6-8 植草沟选型断面图

（4）竖向设计

①深度。

根据《广西低影响开发雨水控制及利用工程》图集，可知植草沟的深度是不大于 600 mm 的（表6-15），并且它的深度应大于最大的有效水深深才合理。

表6-15 植草沟参考数值表

名称	符号	取值范围	备注
植草沟宽度	b	600～2400 mm	根据汇水面积确定
植草沟深度	h	不宜大于600 mm	h 应大于最大有效水深
植草沟边坡坡度	i	1/4～1/3	

表格来源：《广西低影响开发雨水控制及利用工程》。

②覆土厚度。

植草沟的覆土厚度要求同植被缓冲带。

③坡度。

植草沟的边坡坡度（垂直：水平）不宜大于1：3，纵坡坡度不应大于4%。纵坡坡度较大时宜设置为阶梯型植草沟或在中途设置消能台坎。

（5）结构

生态植草沟从上至下依次包括植被层、砂石层、种植土层、透水土工布层、砾石层以及实土层，砾石层内设有透水管，透水管的末端连接有雨水收集井，透水管外壁覆盖有两层透水土工布（图6-9）。

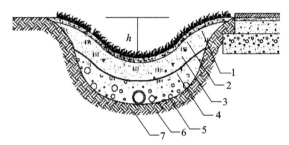

1—植被层；2—砂石层；3—种植土层；4—透水土工布层；5—砾石层；
6—实土层；7—透水管

图6-9　植草沟断面图

（6）蓄排模式

雨水径流需要利用开口路缘石、排水沟或其他装置将其引流到植草沟中。在土壤渗透性较差的地方可能需要地下排水管和溢流格栅来应对强降雨。

6.2.2.3　生态树池

（1）设施成本及主要特征

生态树池作为一种小型生物滞留设施，一般由种植土层、砂滤层、排水系统以及灌乔木组成，对于改善区域管线综合排放能力、提高管线的综合重现期十分有效。

生态树池在我国"海绵城市"建设中具有很大优势。相对于下凹绿地、植被浅沟、雨水花园等低影响开发措施，生态树池占地面积较小，应用灵活性强，可分散设置，适用于用地较紧张的场地建设，如城市道路分隔带、人行步道、停车场，以及公园、广场等。生态树池也可在原有传统树池的设计上加以改造，无须额外规划用地，在很大程度上减小了因排水管径的扩充或另外铺设雨水管线所需耗费的人力、物力和财力，同时能够实现就地消纳雨水径流、减少外排雨水量、雨水资源化利用、改善生态环境等多种目标。

生态树池的造价单价基本在100～400元/m²之间（表6-16）。在功能方面，生态树池主要是进行水利调蓄和净化水质，若有其他附加功能则可提档加分；在结构上，若使用普通土壤则为低档，土壤层使用有机质含量高的土壤对植物的生长有帮助，土壤良好的渗透性也有助于排水，因此为中档，若在此基础上增加腐殖土，促进植物生长发育则为高档，价格也会有所提升。

表 6-16　生态树池分档表

生态树池	高	中	低
单价	300～400 元 /m²	200～300 元 /m²	100～200 元 /m²
功能性	水利调蓄功能，净化功能，且具有景观和生态功能	水利调蓄功能，净化功能，且具有景观或生态功能	水利调蓄功能，净化功能
结构	在表层增加腐殖土，促进植物生长发育	渗透性好、有机质含量高的土壤	基础结构完整（种植土层、砂滤层、排水系统以及灌乔木）

（2）区域位置

建在邻近道路或建筑物的区域应采用防渗措施。城区道路路表以雨水口泄水为主要排水途径，在与生态树池排水衔接设计时，可将生态树池布置于雨水口上游，路面雨水沿横坡汇至路侧偏沟时，生态树池进水口先于道路雨水口截留偏沟中径流。当生态树池进水流量大于树池处理能力时，将从设施中的溢流管排出，或偏沟纵坡较大时流速较快，在生态树池进口处发生超越，只能由下游雨水口截留排除。假设生态树池系统的进水口截留率为100%，当降雨厚度不大于生态树池设计规模时，理论上生态树池将处理偏沟中所有流量；但当降雨厚度超过生态树池设计规模或降雨强度较大时，在生态树池进水口将产生超越流量，下游雨水口可截获该部分流量。若偏沟流量超过生态树池排水能力或偏沟中流速较大，溢流或超越流量再由雨水口排放。该布置方法在降低市政管网排水负荷的同时，也保证了道路排水安全。

（3）平面尺寸

生态树池平面尺寸见图 6-10、图 6-11。

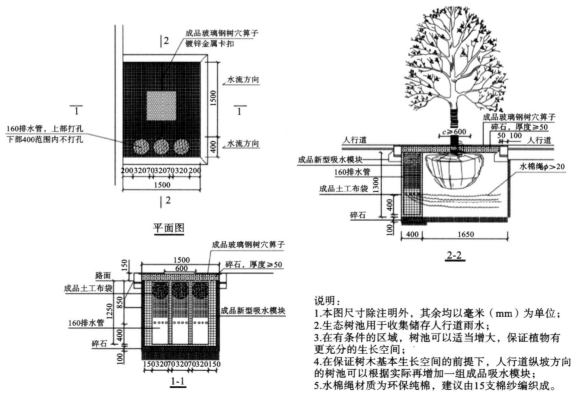

说明：
1. 本图尺寸除注明外，其余均以毫米（mm）为单位；
2. 生态树池用于收集储存人行道雨水；
3. 在有条件的区域，树池可以适当增大，保证植物有更充分的生长空间；
4. 在保证树木基本生长空间的前提下，人行道纵坡方向的树池可以根据实际再增加一组成品吸水模块；
5. 水棉绳材质为环保纯棉，建议由15支棉纱编织成。

图 6-10　生态树池样式图一

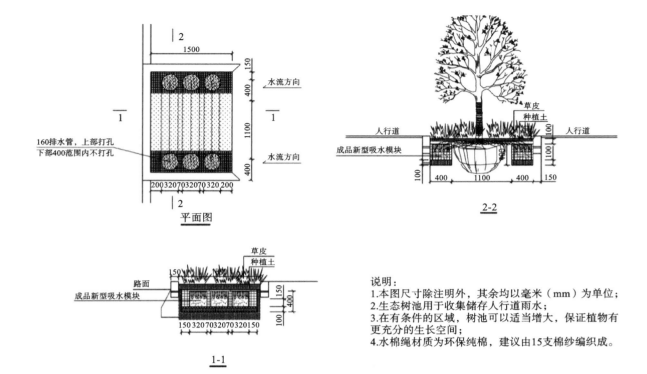

图 6-11 生态树池样式图二

生态树池可有效地收集雨水供植物所需并补偿城市内涝。然而目前大多数行道树树池的蓄水能力较差，人行道上的生态树池长、宽大多数不足 1.5 m，导致树冠落水线多位于生态树池外，降雨无法直接渗入根区土壤中。

（4）竖向设计

深度：一般而言，成年树木的根系主要在地下较浅范围内呈放射性分布，半径达树冠高度的 1.5 倍或树冠半径的 2～3 倍，深度多数不超过 2 m，主要部分集中在地下 0.6 m 以上。现状城市生态树池多数独立设置，尺寸狭窄，预留的栽植穴难以满足根系正常的生长需求。

与一般树池类似，生态树池的植物以大中型的木本植物为主，因此植土深度要求较高，至少为 1 m。

（5）结构

生态树池的结构层包含基层结构和覆盖层，而二者是相辅相成、缺一不可的，具有同等的重要性。

生态树池作为一种小型生物滞留设施，一般由植被覆盖层、种植土层、砂砾石排水层，以及预制或现浇混凝土箱组成。植被覆盖层可采用碎石、砾石或树皮，厚度宜为 50～200 mm（图 6-12）。

6.2.2.4 高位花坛

（1）设施成本及主要特征

高位花坛为基于土壤渗滤系统改进的花坛，其由人工构建，出水口相对于集水面有一定垂直距离，雨水从高位进水口进入，在势能差的作用下向下经过填充基质，

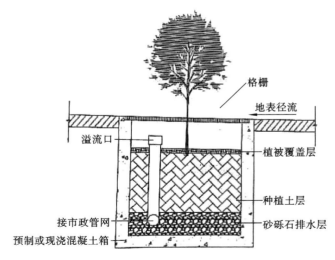

图 6-12 生态树池结构示意图

通过基质的吸附截留和微生物作用实现水质净化，最终从低位出水口流出，可净化和收集地表径流并兼具美化环境功能。通过基质的选配填充，高位花坛具有高雨水负荷量及污染物去除速率，从而达到削减与净化城市径流的目的。绿化带的高位花坛地面海拔要在路面海拔以下，便于路面径流汇流收集，其高位是进水口相对于出水口；屋顶高位花坛，主要收集处理屋顶雨水并与相应设施结合回用屋顶雨水，达到雨水就地净化、储存、利用的目的。

高位花坛的造价单价基本在 100 ～ 400 元 /m² 之间。高位花坛在使用不同材质的时候会影响景观效果的品质以及价格，因此选用文化石贴片为低档，选用花岗岩为中档，选用大理石为高档（表 6-17）。在植物选用上，应秉着以因地制宜为主的原则，植物种类多会使景观效果层次丰富，也能保证群落生态系统的稳定性，因此植物种类的多样性也会影响高、中、低分档；若现状位置不适合种植植物，也可取消种植。植物种类越多则档次越高，价格也会越高。

表 6-17　高位花坛分档表

高位花坛	高	中	低
单价	300 ～ 400 元 /m²	200 ～ 300 元 /m²	100 ～ 200 元 /m²
材质	大理石	花岗岩	文化石贴片
植物选用	乡土植物 + 经济树种，植物种类为 5 ～ 7 种	外来植物 + 乡土植物，植物种类为 3 ～ 5 种	外来植物，植物种类为 0 ～ 3 种

（2）区域位置

高位花坛一般高于地面，为半地下式，周边有混凝土矮墙围挡，也可以是一个预制的混凝土单元，适用于住宅区、工业区及商业区等建筑周边。一般应建在离建筑 3 m 以外的区域，若建在离建筑 3 m 以内的区域，应咨询相关专业技术人员，做好防渗措施，避免对地基造成影响。

（3）平面尺寸

受用地条件、养护管理的可操作性和绿化景观功能的制约，单组高位花坛平面尺寸不宜过大，长度和宽度可分别控制在 10 m 及 5 m 左右，深度可控制在 3 m 左右，也可根据用地情况做灵活调整。按上述尺寸，单组高位花坛蓄水规模约为 75 m³，为充分满足蓄水功能，高位花坛可 2 ～ 3 组串联使用（图 6-13、图 6-14）。

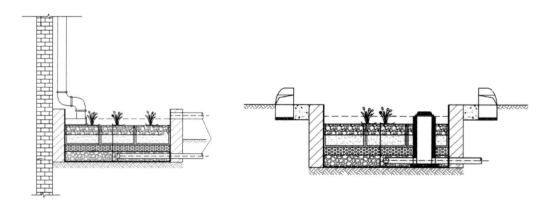

图 6-13　高位花坛示意图

（4）竖向设计

深度：综合考虑调蓄规模、溢流水位高度、种植土厚度、检修高度及结构尺寸等要求，高位花坛高度宜控制在 3 m 以上。

（5）结构

根据功能的不同，高位花坛按平面可分为底层蓄水渗滤区、中层种植土区及顶层绿化种植区（图 6-15）。

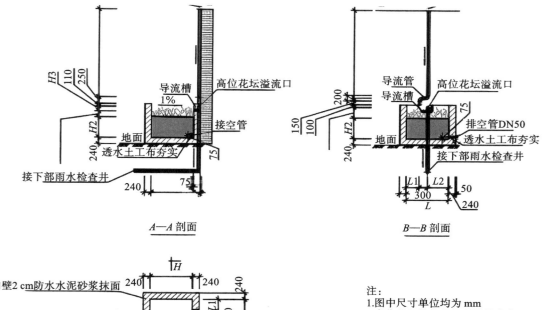

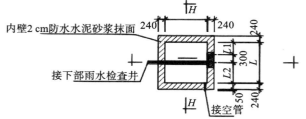

图 6-14 高位花坛结构图

注:
1.图中尺寸单位均为mm
2.高位花坛植物以景观设计为准

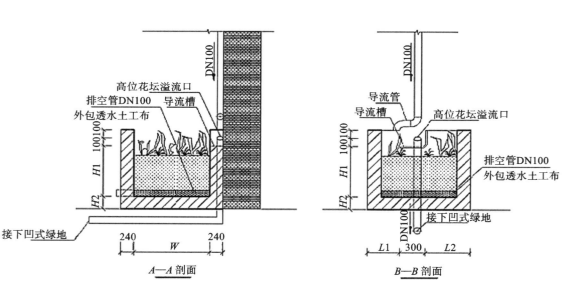

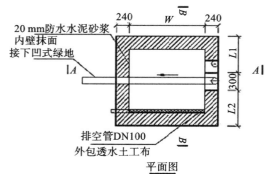

注:
1.雨水进入高位花坛渗透净化后,再排入周边地势绿地进行渗透;高位花坛植物以园林专业选配为准
2.图中尺寸单位均为mm

图 6-15 高位花坛设计图

底层蓄水渗滤区以调蓄、滞留、渗滤功能为主。池体为蓄水区，并设有导流隔墙，降雨时雨水由管道收集并初步沉泥后纳入蓄水区调蓄，调蓄区的雨水可通过池底的渗滤井管补充地下水，也可通过池体外的放空阀门井错峰排放；调蓄区充满后的溢流雨水可通过溢流孔排至景观水槽，再排入池体外的排水系统。

中层种植土区为底层蓄水渗滤区和顶层绿化种植区的过渡区域，以渗透、过滤及利用功能为主，主要堆置绿化植物生长所需的种植土。雨水在底层蓄水渗滤区蓄水完成后，经溢流孔溢流至景观水槽，再通过透水孔渗透至顶层绿化种植区，为绿化植物的生长提供水分，降雨期间，多的水分也可反向渗透至景观水槽，防止植物根系长期浸水腐烂。

顶层绿化种植区以绿化景观功能为主，通过种植绿色植物及景观花卉，辅以景观水槽作点缀，为道路创造良好的绿化环境。

6.2.2.5 生态护坡

生态护坡的造价单价基本在 500 ~ 1200 元 /m² 之间，生态护坡应该遵循生态可持续性原则，所以使用环保型植物和原生纤维物质的为高档，金属类的为中档，钢筋混凝土、石块类的为低档（表 6-18）。在功能方面，对原址进行自然保护是最基础的功能，若有其他附加功能即可提档加分。由于生态护坡的工程量和周期一般比较长，所以在工艺的难度上根据工程周期时间也进行了分档。

表 6-18　生态护坡分档表

生态护坡	高	中	低
单价	900 ~ 1200 元 /m²	700 ~ 900 元 /m²	500 ~ 700 元 /m²
功能性	自然保护功能、降解净化功能、景观美学功能	自然保护功能、降解净化功能	自然保护功能
生态性	运用环保型植物及原生纤维物质等形成	运用木、金属、混凝土预制构件，金属网笼	运用浆砌块石、卵石和现浇混凝土及钢筋混凝土等
工艺难度	工程周期 1 ~ 2 个月	工程周期 2 ~ 3 个月	工程周期大于 3 个月

多数国外学者把生态护坡定义为："用植物或者将植物与土木工程措施以及非生命的植物材料相结合，增强坡面的稳定性，减轻坡面的侵蚀。"也有定义为坡面生态工程（slope eco-engineering，SEE）或坡面生物工程（slope bio-engineering，SBE）的概念，指工程建设结合生态保护的生物建造工程，也指利用植物以达到减少侵蚀、提高稳定性和保护坡面目的的一种途径和手段。

生态护坡在国内主要理解的概念有植被固坡、植物护坡、生物护坡等，是综合现代水利工程学、工程力学、生态学、植物学等多种学科，对边坡进行加固防护，由工程措施和植物措施相结合的综合护坡技术。通过一系列生态工程，对边坡进行防护、加固，实现边坡的抗滑动、抗侵蚀和生态恢复等功能，提高河流的自净能力以及改善人居环境，是一种有效的护坡、固坡手段。

生态护坡应是"既要满足河道的工程防护要求，又要利于河道生态性功能的可持续发展"的系统工程，是人们在尊重自然的基础上对自然进行的改造，解决了工程建设和保护生态环境之间的矛盾，体现了"人与自然和环境协调发展"的理念。

（1）区域位置

根据《海绵城市：低影响开发设施的施工技术》一书，可以看出生态护坡分为非结构性河岸和结构性河岸，非结构性河岸包括自然生态河岸和生态工程河岸，它们通常适用于坡度较缓处，一般要求坡度在土壤的自然倾斜角内，且水流平缓；结构性河岸包括柔性河岸和刚性河岸，柔性河岸适用于各种坡度、水流平缓或中等的地方，刚性河岸适用于水流急、岸坡高陡（3 m 以上）且土质差的河岸（表 6-19）。

表 6-19　驳岸类型

类型	护岸性质	使用材料及做法（安全性）	景观效果	生态效果	游憩功能（适用性）	经济性	适用范围
非结构性河岸	自然生态河岸	运用泥土、植物及原生纤维物质等形成自然草坡、沙滩、卵石滩等	软质景观，层次性好，季相特征明显	对生态干扰最小，模仿自然型的河岸	适宜静态个体游憩和自然研究性游憩	工程量最小，取材本土化，经济性好	坡度较缓，一般要求坡度在土壤的自然倾斜角内，且水流平缓
	生态工程河岸						
结构性河岸	柔性河岸	格垄（木、金属、混凝土预制构件）、金属网垫、预制混凝土构件等	软硬景观相结合，质感、层次丰富	对生态系统干扰小，允许生态流的交换	适宜静态和动态、个体和群体游憩	有一定的工程量，但施工方便，周期短	适用于各种坡度，水流平缓或中等，一般护岸高度不超过 3 m
	刚性河岸	浆砌块石、卵石和现浇混凝土及钢筋混凝土等	硬质景观，效果差，绿化覆盖有助于改善形象	隔断了水、陆之间的生态流的交换，生态性差	适宜静态和动态游憩（陡直护岸会影响亲水可达性）	工程量大，人力、物力投入多且工程周期长，投资较大	水流急、岸坡高（3 m 以上）且土质差的河岸

表格来源：韩志刚，许申来，周影烈，等 . 海绵城市：低影响开发设施的施工技术 [M]. 北京：科学出版社，2018.

（2）竖向设计

生态护坡的竖向设计主要与深度、覆土厚度和坡度这三个部分密切关联。适当的坡度有助于防洪、排涝，且具有稳定性、抗冲刷，因此坡度设计在竖向设计中尤为重要。深度可以塑造和调整地形和自然环境，满足各组成部分在使用功能上对高程的要求，并保证各部分之间良好的联系。覆土厚度与场地的绿地率有关，这是海绵设计中比较重要的一部分，与坡度的重要性不分伯仲。

①深度。

根据实际工程应用结果并结合力学理论及经济性分析可以得出以下结论：浆砌片石骨架植草护坡比较适用于易发生溜坍及坡面冲刷较严重的高路堤边坡和强风化岩石路边坡。边坡坡度一般在 1∶1.0 ~ 1∶1.5 之间，过高的边坡需要分级支护，每级坡高一般不超过 10 m，具体划分方案根据现场情况确定。

②覆土厚度。

草皮和灌木在根系扎入生态混凝土前需要一定的覆土厚度保证生长所需的水分和营养，覆土厚度一般为 6 ~ 8 cm。

③坡度。

护坡坡度通常控制在 1∶1 ~ 1∶2，才能满足面层的稳定性。

（3）结构

护坡面是利用石块、草皮、石笼等天然材料或土工布等人工材料，对河岸边裸露地进行保护，其由面层、垫层和下垫面三部分组成。面层的稳定性取决于各组成单元的重量和尺寸、相互摩擦力、河岸压力、锚固结构的机械强度。施工中，垫层的厚度不小于 20 cm，其由碎石、砂石组成，或采用土工布。土工布的优点是费用低、厚度小、平面拉伸强度高，缺点是易损坏、寿命不确定、维修困难；粗粒材料的优点是经久耐用、便于维修，缺点是级配与厚度较难控制、水下施工难度高。下垫面常采用大型块石、卵石等抗冲刷的材料，厚度在 50 ~ 60 cm。

（4）蓄排模式

排水设计如下。

在土方工程施工过程中，常会遇到地下水和地表水。水的存在会使沟槽内积水，沟底泥泞，施工不便，严重时甚至导致沟槽、土壁坍塌，使施工无法继续进行。如果处理不当，可能造成很严重的事故，所以，施工时应采用各种方法来排出地下水或者降低地下水的水位。

根据地质并结合现场实际情况，主要考虑采用明沟排水，当遇到特殊情况时再做降水处理，在施工现场及基坑或沟槽的周围应筑堤截水，并利用地面坡度设置沟渠，把地面水疏导至他处，一旦流入沟内及时排出。

6.2.2.6 干洼地

干洼地的造价单价基本在50～300元/m²之间（表6-20）。在功能方面，干洼地主要是进行水利调蓄和净化水质，若有其他附加功能则可提档加分。在植物选用上，植物种类多会使景观效果层次更丰富，也能保证群落生态系统的稳定性，因此植物种类的多样性也会影响高、中、低分档，植物种类越多则档次越高，价格也会越高。

表6-20 干洼地分档表

干洼地	高	中	低
单价	200～300元/m²	100～200元/m²	50～100元/m²
植被选用	3～5种类型	1～3种类型	0～1种类型
功能性	水利调蓄功能，净化功能，且具有景观和生态功能	水利调蓄功能，净化功能，且具有景观或生态功能	水利调蓄功能，净化功能

干洼地是一种开放的有草地覆盖的传输通道，在雨水径流流向下游的过程中起到雨水过滤、减缓径流、滞留径流的作用。

（1）区域位置

位于汇聚雨水径流的下游，集水装置、溢流池或泄洪口的上游，适用于小的汇水区，如低密度开发项目，或者小面积的不透水表面（图6-16）。

图6-16 干洼地示意图

（2）平面尺寸

沟渠底部宽 0.6～2.4 m。

（3）竖向设计

①深度。

持水深度为 1.2 m。

②坡度。

坡度不大于 1∶3。

（4）结构

改良土壤、过滤织物、碎石垫层、地下多孔排水管。

点线绿地海绵设施评分表见表 6-21 至表 6-26。

表 6-21　植被缓冲带指标评分表

阶段	一级指标	二级指标	三级指标	四级指标	五级指标	评分要点	分数	备注
设计+施工	海绵设施	点线绿地	植被缓冲带（10）	区域位置（2）		道路两侧等不透水路面周边、水边，阳光充足	1	
						设在下坡位置，与地表径流方向垂直，且沿等高线设置	1	
				平面尺寸（2）	宽度（2）	当坡度小于 5° 时，宽度宜大于 10 m	2	
						当坡度为 5°～15° 时，宽度宜大于 20 m	2	
						当坡度大于 15° 时，宽度宜大于等于 30 m	2	
				竖向设计（4）	深度（1）	300～500 mm	1	
					覆土厚度（1）	地下室顶板覆土厚度＜0.6 m	0.5	
						0.6 m≤地下室顶板覆土厚度＜1.0 m	1	
						地下室顶板覆土厚度≥1 m	2	
					坡度（2）	≥10%	2	
						6%～10%	0.5	
						2%～6%	1	
				结构（2）		基础基层结构完整 （地体、砂石层、草被植物、阶梯端面石块护体、护坡网、角铁支架、过滤框、藤蔓植被、乔木植被）	2	

表 6-22　植草沟指标评分表

阶段	一级指标	二级指标	三级指标	四级指标	五级指标	评分要点		分数	备注
设计＋施工	海绵设施	点线绿地	植草沟（10）	区域位置(2)		湿式植草沟	公园绿地、高速公路，过滤停车场、屋顶、铺装、道路的径流雨水	1	纵坡坡度较大时宜设置为阶梯型植草沟或在中途设置消能台坎
							居住小区	0	
						干式植草沟	小区公建、市政道路、公园绿地、城市水系	1	
				平面尺寸(2)	宽度（2）	600 mm ≤ 宽度 ≤ 2400 mm		1	
				竖向设计(2)	深度（0.5）	200 ～ 300 mm		0.5	
						300 ～ 600 mm		0.3	
						＞ 600 mm		0	
					覆土厚度（0.5）	地下室顶板覆土厚度＜ 0.6 m		0.2	
						0.6 m ≤ 地下室顶板覆土厚度＜ 1.0 m		0.3	
						地下室顶板覆土厚度＞ 1 m		0.5	
					坡度（1）	边坡坡度	≤ 1：3	1	
							＞ 1：3	0	
						纵坡坡度	≤ 4%	1	
							＞ 4%	0	
				结构（2）		基础基层结构完整（无纺土工织物、砾石）		2	
				蓄排模式(2)	排水设计（2）	排水模式完整（消能和分流处理；设置路缘石；设置溢流结构）		2	

表 6-23　生态树池指标评分表

阶段	一级指标	二级指标	三级指标	四级指标	五级指标	评分要点	分数	备注
设计＋施工	海绵设施	点线绿地	生态树池（10）	区域位置(2)		与排水口衔接，布置于雨水口上游	1	建在邻近道路或建筑物的区域应采用防渗措施
				平面尺寸(2)		宽度＜ 1.5 m	0	
						宽度 ≥ 1.5 m	2	
				竖向设计(2)	深度（2）	1 ～ 2 m	2	
						0.6 ～ 1 m	1	
						小于 0.6 m	0	
				结构（4）	基层结构(2)	基础基层结构完整（植被覆盖层、种植土层、砂砾石排水层）	2	
					覆盖层（2）	碎石、砾石或树皮（50 ～ 200 mm）	2	

表 6-24　高位花坛指标评分表

阶段	一级指标	二级指标	三级指标	四级指标	五级指标		评分要点	分数	备注
设计＋施工	海绵设施	点线绿地	高位花坛（10）	区域位置（2）			离建筑 3 m 以外、道路两侧绿化带、屋顶上	2	
							离建筑 3 m 以内	1	
				平面尺寸（4）		长度（2）	5～10 m	2	
							小于 5 m 或大于 10 m	1	
						宽度（2）	3～5 m	2	
							小于 3 m 或大于 5 m	1	
				竖向设计（2）	深度(2)		≥ 3 m	2	
							＜ 3 m	0	
				结构(2)			基础基层结构完整（底层蓄水渗滤区、中层种植土区及顶层绿化种植区）	2	

表 6-25　生态护坡指标评分表

阶段	一级指标	二级指标	三级指标	四级指标	五级指标		评分要点	分数	备注
设计＋施工	海绵设施	点线绿地	生态护坡（10）	区域位置（2）		自然生态河岸	坡度较缓，一般要求坡度在土壤的自然倾斜角内，且水流平缓	2	
						生态工程河岸			
						柔性河岸	适用于各种坡度、水流平缓或中等	2	
						刚性河岸	水流急、岸坡高陡（3 m 以上）且土质差的河岸	2	
				竖向设计（4）	深度（1）		0＜深度≤ 3 m	1	
							3 m＜深度≤ 10 m	0.5	
							深度＞ 10 m	0	
					覆土厚度（1）		6～8 cm	1	
					坡度（2）		＜ 1：1	1	
							1：1～1：2	2	
				结构（2）			基础基层结构完整（面层、垫层、下垫面）	1	
					厚度（1）		垫层≥ 20 cm	0.5	
							下垫面为 50～60 cm	0.5	
				蓄排模式（2）	排水设计（2）		明沟排水和降水相结合	2	

表 6-26　干洼地指标评分表

阶段	一级指标	二级指标	三级指标	四级指标	五级指标	评分要点	分数	备注
设计＋施工	海绵设施	点线绿地	干洼地（10）	区域位置（2）		水流控制设施的下游，集水区组成部分的上游，或基线，或出口处	2	
				平面尺寸（2）	沟渠底部宽	0.6～2.4 m	2	
				竖向设计（4）	深度（2）	≤ 300 mm	2	
					坡度（2）	≤ 1∶3	2	
						＞ 1∶3	1	
				结构（2）		基础基层结构完整（改良土壤、过滤织物、碎石垫层、地下多孔排水管）	2	

6.2.3　面状绿地

6.2.3.1　下沉式绿地

（1）设施成本及主要特征

下沉式绿地有广义和狭义之分，广义的下沉式绿地泛指低于周边地面标高，具有一定的调蓄容积，可积蓄、下渗自身和周边雨水径流的绿地，包括生物滞留设施、渗透塘、湿塘、雨水湿地、调节塘等；狭义的下沉式绿地指低于周边铺砌地面或者道路 200 mm 以内的绿地。以下提到的下沉式绿地为狭义的下沉式绿地，雨水花园代表广义的下沉式绿地。

传统的做法是雨水降落到地面之后被灰色设施（排水管道、雨水沟等）所收集和引导，许多雨水径流直接被引导进入河流或者排水系统，短时间内过多的水流量和它们所携带的污染物随之影响和污染着水质环境，造成许多水环境问题；建造下沉式绿地可以渗透、滞蓄和净化雨水径流，减少城市的洪涝灾害，增加土壤含水量和补充地下水，减少城市河湖的水质污染和淤积量，增加绿地的土壤肥力等，帮助我们修复环境中的自然水循环。

市面上目前下沉式绿地的单价基本在 200～1200 元 /m² 之间，根据下沉式绿地的功能作用以及植物配置将其归为高、中、低三档（表 6-27）。由于下沉式绿地的下凹深度会影响景观品质效果，通常我们会选用植物进行遮挡，因此选用的植物类型越多，层次就会越丰富，景观效果就越好；下沉式绿地的设计样式能结合地形变化和空间位置，具有变化性也可以加分，布置要素融入景观元素（座椅、廊架、亭台等），周围提供休憩设施会比单一的下沉式绿地更能提升环境效果，下沉式绿地的布置形态会影响景观种植分布，通常会采用曲线的形态，若能根据地形采用曲直结合的形态效果会更好，而单一的直线太过生硬，会影响植物的种植效果；下沉式绿地最基础的功能就是蓄排水，若有其他附加功能则可提档加分，当绿地面积较大时，下沉式绿地内部可多元化，丰富内部功能，如设置木栈道、汀步；可设置旱溪，两侧采用缓坡，卵石铺底；可设置入渗池、入渗井等增加入渗能力；距离住户较近时，考虑安全性和使用频率，如透水铺装的防滑性；与道路纵坡同向，当道路纵坡坡度 ≥ 1% 时，宜设置挡水堰 / 台坎等截水措施；不能消纳道路雨水径流时，需设置蓄水池 / 蓄水模块，减缓流速并增加雨水渗透量，考虑透水铺装材质和绿色屋顶的观赏性及安全性。

表 6-27　下沉式绿地分档表

下沉式绿地	高	中	低
单价	700～1200 元 /m²	450～700 元 /m²	200～450 元 /m²
植物选用	植物种类为 5～7 种，形成一定围合空间，具有空间层次感，周围视野开阔	植物种类为 3～5 种，形成一定围合空间，具有空间层次感	植物种类为 1～3 种，与周边环境协调

下沉式绿地	高	中	低
设计样式	融入景观元素，曲直结合	融入景观元素，单一曲线	单一直线
功能性	蓄排水＋丰富内部功能／防护／抗污／安全性／增加入渗能力或截水能力（含 3 项及以上）	蓄排水＋丰富内部功能／防护／抗污／安全性／增加入渗能力或截水能力（含 1～2 项）	蓄排水

（2）区域位置

下沉式绿地区位的选择应结合每个汇水分区内下沉式绿地分布的位置、距离构筑物基础的水平距离这两点来考虑，下沉式绿地在每个汇水分区的分布是基于距构筑物基础水平距离的，若没有达到一定距离，则会失去一定的作用效果，而达到一定距离，却没有合理地分布，也会使场地内的雨水径流无法适时适当地流入下沉式绿地，从而影响整个场地的汇水。下沉式绿地分布的位置和距离构筑物基础的水平距离相辅相成，重要性等同。距离建筑的距离和距离园路的距离同理。

结合场地标高，以及地下室顶板覆土厚度，优先选择整个场地地势较低、地势平坦、土壤渗透性良好的绿地区域，根据划分的汇水分区，选择竖向有利于雨水排放的位置，确保降雨时雨水能够顺应水流，自然流向下沉式绿地。注意，下沉式绿地不宜建造在坡度较大的斜坡上，避免地质塌方和地表浑浊。

结合场地绿地类型，确定下沉式绿地的选择位置和平面尺寸。公共绿地在居住区中位置适中，靠近小区主路，适宜各个年龄段的居民使用。组团绿地离居民居住环境较近，在视觉上和使用上成为居民环境意向中的"邻里"中心，大小、位置比较灵活多变，组团绿地周围是建筑和园路。根据汇水分区面积，下沉式绿地可能分布在同个组团绿地内，也可能分布在不同组团绿地之间。中心绿地相对面积较大，有较充裕的空间模拟自然生态环境，一般视野开阔，有足够的空间容纳足够多的景观元素构成丰富的景观外貌，设定中心绿地周围是道路和公共活动空间。在中心绿地中，下沉式绿地承接周边透水铺装和普通绿地的雨水径流，下沉式绿地中可设置旱溪、木栈道、汀步等，宅旁绿地多指在行列式建筑前后两排住宅之间的绿地，其大小和宽度取决于楼间距，一般包括宅前、宅后以及建筑物本身的绿化，它只供本栋居民使用，是居民经常使用的一种绿地形式，尤其是学龄前儿童和老人；设定宅旁绿地周围是建筑和园路；道路绿地是居住区道路两侧、红线以内的绿地，具有遮荫、防护、丰富道路景观的功能，根据道路的分级、地形、交通情况等进行布置；设定道路绿地周围是主路；各类公共建筑和公共设施四周的绿地称为公共设施绿地。

①汇水分区内下沉式绿地分布。

狭义的下沉式绿地应用范围较广，首先要在场地中尽可能分散设置，使下沉式绿地在每个汇水分区中均匀分布，保证每个汇水分区所需的实际蓄水容积不小于设计蓄水容积，下沉式绿地过于集中会导致部分汇水分区所需的实际蓄水容积达不到设计蓄水容积。

②距构筑物基础水平距离。

公共设施绿地和宅旁绿地设置下沉式绿地时距周边建筑物基础水平距离不小于 3 m，距园路铺装距离不宜小于 1 m，不满足距离要求时，应在其边缘设置厚度不小于 1.2 mm 的防渗膜（糙面 HDPE 土工膜，断裂度≥10 kN/m，屈服强度为 15 N/m）；道路绿地设置下沉式绿地时距主路铺装距离不小于 1.5 m，不满足距离要求时，应在其边缘设置厚度不小于 1.2 mm 的防渗膜。

（3）平面尺寸

下沉式绿地的平面尺寸包括面积和宽度，宽度可以决定面积，反过来面积也会影响宽度，两者相辅相成，而面积过大会影响实际蓄水容积，因此宽度、面积同等重要。

①面积。

下沉式绿地单个面积不宜过大，较大面积的下沉式绿地会受坡面和汇水面竖向条件限制，导致实际蓄水容积达不到设计的蓄水容积，无法发挥最佳径流总量削减作用（承接周围的汇水面积可能被建筑、道路阻隔，雨水直接通过雨水口排向市政管网，实际蓄水容积变小）。组团绿地比较集中，面积较大，人流量较多，居民使用频率较高；中心绿地面积大，人流量多，服务人群为各个年龄段人群；宅旁绿地位于建筑前后两排住宅之间，多为狭长绿地，单个面积不宜过大；道路绿地沿道路设置，使用频率不高，对景观影响较小；公共设施绿地面积有限，部分使用频率较高。

②宽度。

组团绿地和中心绿地面积较大，宽度可稍大一点；宅旁绿地和道路绿地多数比较狭长，宽度受限，不宜过大。

（4）竖向设计

下沉式绿地的竖向设计需要关注下凹深度及超高、溢流口标高、覆土厚度以及地形坡度。下凹深度及超高可以塑造和调整地形和自然环境，满足各组成部分在使用功能上对高程的要求，并保证各部分之间良好的联系；覆土厚度与场地的绿地率有关，这是海绵设计中比较重要的一部分；溢流口标高保证暴雨时超过蓄渗能力的雨水通过溢流口排放。这三者的重要性等同。地形坡度会影响到两个方面：一是蓄水容积，它与下沉式绿地的底部是否平缓有关；二是边坡坡比，可以影响雨水的汇流时间。因此地形坡度在竖向设计中的重要性要大于前三者。

①下凹深度及超高。

下沉式绿地需要收集周边屋面、道路、硬质铺装等场地的雨水，因此下沉式绿地必须低于周边硬质铺装或绿地，确保雨水径流能够汇集到下沉式绿地处。

下沉式绿地应低于周围铺砌地面或道路，下凹深度宜为 100～200 mm（有效调蓄深度），并设置 50 mm 的超高；雨水花园的下凹深度（有效调蓄深度）一般为 200～300 mm（下沉式绿地与雨水花园的区别：结构层做法不同，雨水花园有多层人工填料层；下凹深度不同，雨水花园蓄水容积比较大，预留的超高较大），最高不超过 400 mm，并设置 100 mm 的超高（设置超高部分为了下雨雨量较大时超高以上雨水通过溢流设施排向小区排水管网／市政管网，超高以下雨水通过下渗蒸发排空）。

组团绿地比较集中，可以做成小型生物滞留设施（雨水花园），下凹深度适当增大，有效调蓄深度可以设置为 200 mm；可以设置多个小型海绵设施，结合场地地形坡度用植草沟连通。

中心绿地面积较大，可以做成生物滞留设施（雨水花园），下凹深度适当增大，有效调蓄深度可以设置为 200 mm；结合场地塑造微地形，利用地形高差布置海绵设施；植物种植种类选择多样，营造竖向上的空间层次感，种植时利用植物形成围合空间，适当遮蔽视线。

宅旁绿地宽度有限，且服务人群主要是老人和儿童，下凹深度不宜过大，有效调蓄深度可设置为 100 mm；下沉式绿地的坡向需与邻近园路的坡向保持同向；在下沉式绿地中种植植物时需要考虑高度对建筑的采光和通风的影响。

道路绿地沿道路设置，使用频率不高，下凹深度可适当加深，设置成生物滞留带，有效调蓄深度可设置为 150～200 mm；在道路绿地中设置下沉式绿地时宜与道路纵坡同向，当道路纵坡坡度≥1%时，根据下沉式绿地的蓄滞、排水等要求设置截水措施，邻近路基部分应做防渗处理。

公共设施绿地分布较广，部分使用频率较高，服务人群为各个年龄段人群，下凹深度不宜太大，有效调蓄深度可设置为 100～150 mm。

②溢流口标高。

下沉式绿地中设置溢流口，溢流口进水处标高高于下沉式绿地最低处 100～200 mm，低于汇水面 50 mm；雨水花园中设置溢流设施，可采用溢流管、雨水算子装置，溢流口进水处标高一般高于生物滞留设施最低处

100～200 mm，低于汇水面 100 mm。

③下凹深度与地下室顶板覆土厚度对地块绿地率的影响。

地下室顶板等建设项目采用下沉式绿地、雨水花园等渗透、滞蓄设施的，覆土厚度应不小于 1.5 m，地下室的顶板高程应低于周边道路的平均高度 1.5 m 或周边道路的最低点 1.0 m（地下室覆土厚度需要综合考虑顶板及其覆土的各种使用可能和地面超压值、结构自振频率以及结构允许延性比等、绿化对覆土的要求、室外管线对覆土的要求；覆土厚度不能太小，结合绿化栽植土壤有效土层厚度需要，覆土厚度为 1.2～1.5 m 时，地形可以做出起伏，可以种植大型乔木，覆土厚度 ≥ 1.5 m 时，绿化种植不受限制，水景不受限制，依据景观效果建议覆土厚度为 1.5 m；覆土厚度太大、顶板荷载太大会导致地下室顶板出现裂缝，对地下室结构造成影响）。

覆土厚度在 1.0 m 以上的，按其实际面积的 80% 计算；覆土厚度在 0.6 m 以上不足 1.0 m 的，按其实际面积的 65% 计算；覆土厚度不足 0.6 m 的，按其实际面积的 30% 计算。

根据甲方提供的数据，下沉式绿地的地下室顶板覆土厚度由原有数据减去下凹深度及超高和道路高出绿地的高度。

④地形坡度。

下沉式绿地的坡度一般为 1：3～1：6，边坡坡度太大，雨水径流对土壤、植被冲刷较大，易造成水土流失；坡度较小时，场地比较平缓，可以减缓雨水汇流的速度，增加雨水渗透时间。建议坡度陡缓结合，可以有效延长雨水的汇流时间。下沉式绿地底部有坡度，导致实际蓄水容积有折减，达不到设计蓄水容积，应尽量将坡度控制在 5° 以内，不超过 15°。

（5）结构

结构主要关注点在于基层结构、基层厚度以及地表土壤渗透性。基层结构完整，这对下沉式绿地来说是最为重要的一环，而其他两项则为优化项，因此，基层结构略微重要于基层厚度和地表土壤渗透性（图 6-17）。

①基层结构。

基层结构如图 6-17 所示。

②基层厚度。

碎石灌砂层厚度一般大于 200 mm，换土层厚度一般大于 500 mm，排水层厚度一般大于 150 mm，砂土层厚度一般大于 100 mm。

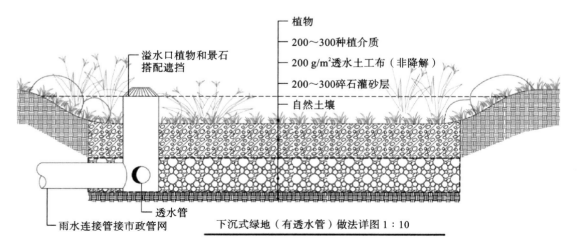

图 6-17　下沉式绿地基层结构图

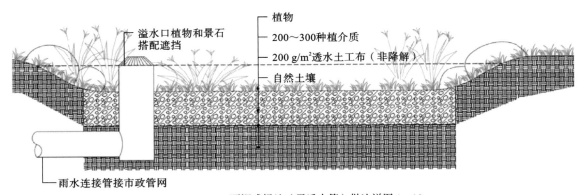

下沉式绿地（无透水管）做法详图 1：10

续图 6-17

③地表土壤渗透性。

设计时，应结合项目的地质勘查资料（含土壤渗透系数），根据不同的地质条件，采取不同的技术措施：当原土透水能力满足要求（1.0×10^{-6} m/s）时，采用原土回填以节约建设成本；当原土透水能力不满足要求时，应通过改良或者置换原土的方法以满足土壤层透水能力的要求。地表土壤为高渗透性时，设施底部可以不含穿孔收集管；地表土壤为中渗透性时，设施底部设有穿孔收集管，但收集管的位置在砾石排水层的中间（砾石粒径不小于穿孔管的开孔孔径）；地表土壤为低渗透性时，设施底部穿孔管设在砾石层底部，处置的径流全部进入穿孔管或者换填不同配比的砂土、人工填料（砾石粒径不小于穿孔管的开孔孔径）。土壤渗透性低，下雨时土壤渗水容易达到饱和状态，引起下沉式绿地内积水，排空时间延长。

（6）蓄排模式

蓄排模式主要包含了下沉式绿地的蓄水途径和排水设计，两者缺一不可，具有相等的重要性。

①蓄水途径。

蓄水途径可分为重力蓄水和引流蓄水，重力蓄水主要考虑场地竖向标高，将下沉式绿地设置于汇水面的最下游，确保汇水面积内的雨水能够全部流入下沉式绿地。

引流蓄水一般可以断接硬质屋面和硬质铺装，在屋面雨水立管底部采取断接技术，并设置消能设施，让就近的下沉式绿地消纳所产生的雨水径流；当雨水径流路径被道路阻隔时，采取路缘石开口的措施；当被构筑物拦断时，设置植草沟、管渠等雨水传输措施，将设计汇水面积内被拦截的雨水引流至下沉式绿地；离下沉式绿地较远时，可采用隐形排水沟。

②排水设计。

雨水以补渗地下水为主，出现较大降水时雨水将溢流，在绿地中设计排水沟等地面设施进行处理，绿地同时作为雨水收集和处理设施的一部分。在绿地区域同时设计渗水沟、集水管、蓄水池、泵站和回灌设施，绿地及周边雨水排入绿地，通过绿地的过滤和净化，进入渗水沟、集水管、蓄水池，多余的雨水溢流进入市政雨水管道，收集后的雨水可以用于绿地的养护和周边道路的喷洒等，这种方式适用于降水充沛以及需要控制径流量的区域。

下沉式绿地指标评分见表 6-28。

表 6-28　下沉式绿地指标评分表

阶段	一级指标	二级指标	三级指标	四级指标	五级指标	六级指标	评分标准	得分	备注
设计 + 施工	海绵设施	面状绿地	下沉式绿地（10）	区域位置（2）	汇水分区内下沉式绿地分布（1）		汇水分区面积相差较大，个别子汇水分区内未设置下沉式绿地	0	
							汇水分区面积相差较大，每个汇水分区内均设置下沉式绿地	0.5	
							汇水分区面积相差不大，且每个汇水分区内均设置下沉式绿地，个别子汇水分区不满足蓄水容积（下沉式绿地用转输设施连通）	0.8	
							汇水分区面积相差不大，且每个汇水分区内下沉式绿地分布均匀，每个子汇水分区满足蓄水容积	1	
					距构筑物基础水平距离（1）	距离建筑（Bd）（0.5）	Bd ＜ 3 m，未采取防渗措施	0	
							Bd ＜ 3 m，设施底部边缘设置厚度不小于 1.2 mm 的防渗膜	0.3	
							Bd ≥ 3 m，场地限制，不影响下沉式绿地面积	0.5	
						距离道路（Rd）（0.5）	主路 Rd ＜ 1.2 m，园路 Rd ＜ 1 m，未采取防渗措施	0	
							1.2 m ≤主路 Rd ≤ 1.5 m，1 m ≤园路 Rd ≤ 1.2 m	0.2	
							主路 Rd ＜ 1.2 m，园路 Rd ＜ 1 m，设施底部边缘设置厚度不小于 1.2 mm 的防渗膜	0.3	
							主路 Rd ＞ 1.5 m，园路 Rd ＞ 1.2 m，场地面积较大，满足条件的情况下	0.5	

续表

阶段	一级指标	二级指标	三级指标	四级指标	五级指标	六级指标		评分标准	得分	备注
设计＋施工	海绵设施	面状绿地	下沉式绿地（10）	平面尺寸（2）		面积（A）（1）如面积场地允许时，如右表；场地不允许时，酌情给分	组团绿地	A < 200 m²	0.5	
								200 m² ≤ A ≤ 300 m²	1	
								300 m² < A ≤ 600 m²	0.5	
								600 m² < A ≤ 900 m²	0.3	
								A > 900 m²	0	
							中心绿地	A < 300 m²	0.5	
								300 m² ≤ A ≤ 600 m²	1	
								600 m² < A ≤ 900 m²	0.5	
								A > 900 m²	0	
							宅旁绿地	A < 100 m²	1	
								100 m² ≤ A ≤ 300 m²	1	
								300 m² < A ≤ 450 m²	0.5	
								450 m² < A ≤ 900 m²	0.3	
								A > 900 m²	0	
							道路绿地	A < 300 m²	0.5	
								300 m² ≤ A ≤ 450 m²	1	
								450 m² < A ≤ 900 m²	0.5	
								A > 900 m²	0	
							公共设施绿地	A < 100 m²	0.5	
								100 m² ≤ A ≤ 200 m²	1	
								200 m² < A ≤ 500 m²	0.5	
								500 m² < A ≤ 900 m²	0.3	
								A > 900 m²	0	
						宽度（W）（1）场地允许时，如右表；场地不允许时，酌情给分	组团绿地、中心绿地	W < 1.5 m	0	
								1.5 m ≤ W ≤ 3 m	0.5	
								3 m < W ≤ 10 m	1	
								W > 10 m（面积大大影响实际蓄水容积）	0.5	面积大大影响实际蓄水容积
							宅旁绿地、道路绿地、公共设施绿地	W < 1.5 m	0	
								1.5 m ≤ W < 3 m	1	
								3 < W ≤ 10 m	0.5	
								W > 10 m	0.5	

续表

阶段	一级指标	二级指标	三级指标	四级指标	五级指标	六级指标	评分标准	得分	备注
设计+施工	海绵设施	面状绿地	下沉式绿地(10)	竖向设计(3)	下凹深度(De)及超高(1)	组团绿地	下沉式绿地下凹深度为100~200 mm,并设置50 mm的超高;雨水花园下凹深度为200~300 mm,并设置100 mm的超高,均满足,得分,未满足超高,得1分,不满足,得0分		
							100 mm ≤ De < 150 mm,超高50 mm	0.5	面积较大,下凹深度可适当加大
							150 mm ≤ De < 200 mm,超高50 mm	1	
						中心绿地	下凹深度200 mm,超高50 mm	1	
						宅旁绿地	100 mm ≤ De < 150 mm,超高50 mm	1	宅旁绿地较狭长,宽度受限,且服务人群主要是老人和儿童,下凹深度不宜过大
							150 mm ≤ De < 200 mm,超高50 mm	0.5	设置超高是为了超高量以上雨水通过溢流设施排向小区/市政雨水管网,超高以下雨水通过下渗蒸发排空
							下凹深度200 mm,超高50 mm	0.3	
						道路绿地	100 mm ≤ De < 150 mm,超高50 mm	0.5	道路绿地沿道路设置,使用频率较高,下凹深度可适当加大,设置成生物滞留带
							150 mm ≤ De ≤ 200 mm,超高50 mm	1	
							地下室范围之外的道路绿地:200 mm ≤ De ≤ 300 mm,超高100 mm	1	
						公共设施绿地	100 mm ≤ De ≤ 150 mm,超高50 mm	1	公共设施绿地分布较广,部分使用频率为各个年龄段人群,下凹深度不宜太大
							150 mm < De ≤ 200 mm,超高50 mm	0.5	

续表

阶段	一级指标	二级指标	三级指标	四级指标	五级指标	六级指标	评分标准	得分	备注
设计+施工	海绵设施	面状绿地	下沉式绿地（10）	竖向设计（3）	溢流口标高（0.5）		进水处标高高于下沉式绿地最低处 100～200 mm	0.5	保证暴雨时超过蓄渗能力的雨水通过溢流口排放；溢流口齐于常水位；铺设鹅卵石防止雨水径流对附近的土壤、植被造成冲刷
					下沉式绿地的地下室顶板覆土厚度（0.5）		下沉式绿地的地下室顶板覆土厚度＜0.6 m	0.2	由甲方提供的数据减去下凹深度及超高出道路高的高度。覆土厚度＞1 m，绿地率按80%计算；0.6 m≤覆土厚度≤1 m，绿地率按65%计算；覆土厚度＜0.6 m，绿地率按30%计算
							0.6 m≤下沉式绿地的地下室顶板覆土厚度≤1 m	0.3	
							下沉式绿地的地下室顶板覆土厚度＞1 m	0.5	
					地形坡度（1）	边坡坡度（0.5）	坡度为 1：3	0.4	边坡坡度太大，雨水径流对土壤、植被冲刷较大，易造成水土流失；坡度比较平缓，场地汇流的速度、增加雨水渗透的时间。建议坡度缓结合，可以有效延长雨水的汇流时间
							1：6≤坡度＜1：3	0.5	
							坡度＜1：6	0.3	
						底部是否平缓（0.5）	下沉式绿地底部平缓（水平和微坡小于5°）	0.5	下沉式绿地底部有坡度，导致实际蓄水容积有折减，达不到设计蓄水容积
							底部缓坡（5°～15°）	0.3	
							底部陡坡（＞15°）	0	
				结构（2）	基层结构（1）		基础基层结构完整（碎石灌砂层、换土层、排水层、砂土层）	1	
					基层厚度（0.5）		碎石灌砂层≥200 mm	0.2	
							换土层≥500 mm	0.3	
							排水层≥150 mm	0.2	
							砂土层≥100 mm	0.2	

续表

阶段	一级指标	二级指标	三级指标	四级指标	五级指标	六级指标	评分标准	得分	备注
设计+施工	海绵设施	面状绿地	下沉式绿地（10）	结构（2）	地表土壤渗透性（0.5）	高渗透性	设施底部可以不含穿孔收集管	0.5	
						中渗透性	设施底部设有穿孔收集管，但收集管的位置在砾石排水层的中间（砾石粒径不小于穿孔管的开孔孔径）	0.5	
						低渗透性	设施底部穿孔管设在砾石层底部，处置的径流全部进入穿孔管或者换填不同比的砂土，人工填料（砾石粒径不小于穿孔管的开孔孔径）	0.5	
				蓄排模式（1）	蓄水途径（0.5）	引流蓄水（0.5）	断接硬质屋面和硬质铺装，就近的下沉式绿地消纳所产生的雨水径流	0.5	
							采用碎石带、生态植草沟等过滤净化径流雨水，引流至下沉式绿地	0.5	
							雨水集中入水口处铺设鹅卵石等消能设施	0.5	
					排水设计（0.5）	收集与再利用（0.5）	离下沉式绿地较远时，可采用隐形排水沟	0.5	
							在绿地中设计排水沟等地面设施，并设计渗水沟、集水管、蓄水池、泵站和回灌设施	0.5	

6.2.3.2　雨水湿地

（1）设施成本及主要特征

雨水湿地是将雨水进行沉淀、过滤、净化、调蓄的湿地系统，同时兼具生态景观功能，通过物理、植物及微生物共同作用达到净化雨水的目标。

雨水湿地可有效削减污染物，并具有一定的径流总量和峰值流量控制效果，但建设及维护费用较高。

根据市场调研分析，雨水湿地成本造价为 500 ～ 1600 元 /m²，在确保雨水湿地结构完整的情况下，因成分组成的不同将其划分为高、中、低三个档次（表 6-29）。为防止水流冲刷和侵蚀，需要在进水口和溢流口处设置消能设施，高档雨水湿地采用混凝土材料制作混凝土埂做消能坎，中档雨水湿地采用浆砌片石埂做消能坎，低档雨水湿地采用花岗岩碎石做消能坎。在低档雨水湿地的基础上，为提高雨水过滤和排放能力，中、高档雨水湿地采用土工合成材料做基底；为强化径流污染物的净化能力，高档雨水湿地在前置塘与深沼泽区之间设置配水石笼；另外，高档雨水湿地采用生态护坡，防止水土流失，提高环境景观效果。三个档次可以根据实际使用情况酌情加分。

表 6-29　雨水湿地分档表

雨水湿地	高	中	低
成分组成	进水口和溢流口使用混凝土埂做消能坎；前置塘与深沼泽区之间设置配水石笼；使用土工布、复合土工膜等土工合成材料；使用生态护坡	进水口和溢流口使用浆砌片石埂做消能坎；使用土工布、复合土工膜等土工合成材料	进水口和溢流口使用粒径大于 10 cm 的花岗岩碎石做消能坎
造价	1200 ～ 1600 元 / m²	800 ～ 1000 元 /m²	500 ～ 700 元 /m²

（2）区域位置

①小区绿地内的分布。

雨水湿地优先选择小区地势较低、土壤渗透性良好的绿地区域；根据绿地类型，选择竖向有利于雨水排放的位置，确保降雨时雨水能够顺应水流，自然流向雨水湿地；雨水湿地宜设置在公共设施绿地和中心绿地中。

②最低退界要求。

离地界线：3.048 m。

离私家水井：30.48 m。如果水井是在热点区域的下坡，则最低退界为 76.20 m。

离化粪池或者沥滤场：15.24 m。

所有公共设施应设在雨水湿地之外。

（3）竖向设计

①边坡坡度。

雨水湿地坡度一般不超过 3%。

②水深。

沼泽区包括浅沼泽区和深沼泽区，是雨水湿地主要的净化区，其中浅沼泽区水深范围一般为 0 ～ 0.3 m，深沼泽区水深范围一般为 0.3 ～ 0.5 m，根据水深不同种植不同类型的水生植物。

出水池主要起防止沉淀物的再悬浮和降低温度的作用，水深一般为 0.8 ～ 1.2 m，出水池容积约为总容积（不含调节容积）的 10%。

③排空时间。

雨水湿地的调节容积应在 24 h 内排空。

（4）结构

①结构组成。

雨水湿地与湿塘的构造相似，一般由进水口、前置塘、沼泽区、出水池、溢流出水口、护坡及驳岸、维护通道等构成（图 6-18）。

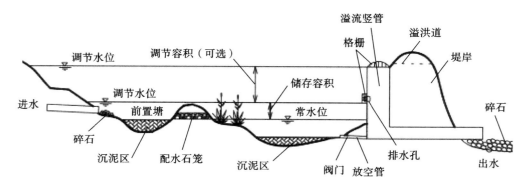

图 6-18　雨水湿地构造图

②结构要点。

进水口和溢流出水口应设置碎石、消能坎等消能设施，防止水流冲刷和侵蚀。

雨水湿地应设置前置塘对径流雨水进行预处理。

（5）蓄排模式

雨水湿地作为雨水收集和处理设施的一部分，把初期雨水截留储存处理，雨水经处理达到排放标准后排入市政雨水管，可以直接利用截留的雨水作为湿地植被生长水源，有明显的生态环保特征，还可以将收集后的雨水用于绿化浇灌、周边道路的冲洗等。

6.2.3.3　渗透塘

（1）设施成本及主要特征

渗透塘是一种用于雨水下渗补充地下水的洼地，具有一定的净化雨水和削减峰值流量的作用，建设费用较低，但对场地要求较严格，对后期维护管理要求较高。

根据市场调研分析，渗透塘成本造价为 800 ～ 1500 元 /m²，在确保渗透塘结构完整的情况下，因成分组成的不同将其划分为高、中、低三个档次（表 6-30）。为防止水流冲刷和侵蚀，需要在前置塘进水口设置消能设施，中、高档渗透塘采用花岗岩碎石做消能设施，低档渗透塘采用卵石做消能设施。在低档渗透塘的基础上，为提高雨水过滤和排放能力，中、高档渗透塘采用土工合成材料做基底；为阻挡大颗粒污染物和降低其流速，高档渗透塘在前置塘与蓄渗区之间设置毛石溢流堰；另外，高档渗透塘采用生态护坡，防止水土流失，提高环境景观效果。三个档次可以根据实际使用情况酌情加分。

表 6-30　渗透塘分档表

渗透塘	高	中	低
成分组成	前置塘进水口使用花岗岩碎石做消能设施； 前置塘与蓄渗区之间设置毛石溢流堰； 使用透水土工布、复合土工膜等土工合成材料； 使用生态护坡	前置塘进水口使用花岗岩碎石做消能设施； 使用透水土工布、复合土工膜等土工合成材料	前置塘进水口使用卵石做消能设施
造价	1300 ～ 1500 元 /m²	1000 ～ 1100 元 /m²	800 ～ 1000 元 /m²

（2）区域位置

渗透塘适用于汇水面积较大（大于 1 hm²）且具有一定空间条件的建设小区，但应用于径流污染严重、设施底部渗透面距离季节性最高地下水位或岩石层小于 1 m 及距建筑物基础小于 3 m（水平距离）的区域时应采取必要的措施，防止发生次生灾害。

（3）竖向设计

①边坡坡度。

蓄渗区边坡坡度（垂直：水平）不大于 1 : 3，渗透塘底部至溢流水位一般不小于 0.6 m。

②基层厚度。

渗透塘底部构造应采用透水良好的材料，一般为 200 ～ 300 mm 的种植土、透水土工布及 300 ～ 500 mm 的过滤介质层。

③排空时间。

渗透塘排空时间不应大于 24 h。

放空管、排空管等管材在不承压条件下应符合现行国家标准《无压埋地排污、排水用硬聚氯乙烯（PVC-U）管材》（GB/T 20221—2023）的规定，在承压条件下应符合现行国家标准《给水用硬聚氯乙烯（PVC-U）管材》（GB/T 10002.1—2023）的规定。

渗透塘应设溢流设施，并与城市雨水管渠系统和超标雨水径流排放系统衔接。

（4）结构

①结构组成。

渗透塘一般由进水口、前置塘、蓄渗区、溢流出水口、护坡及驳岸、维护通道等构成（图 6-19、图 6-20）。

②结构要点。

前置塘进水处应设置消能石、碎石等措施减缓水流冲刷。当水流较快时，消能石宜选用较大的石块，并深埋浅露。

前置塘与主塘之间的溢流处宜铺设置碎石、卵石等保护层，防止水流冲刷破坏溢流堰。碎石、卵石的粒径宜为 4.75 ～ 9.50 mm，含泥量不宜大于 1.5%，泥块含量不宜大于 0.5%。

渗透塘外围应设安全防护措施和警示牌。

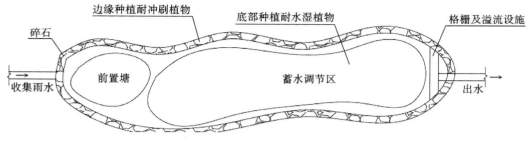

图6-19 渗透塘平面图

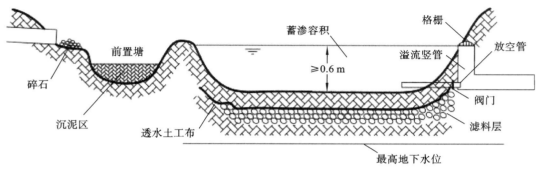

图6-20 渗透塘构造图

（5）蓄排模式

渗透塘可以去除大颗粒污染物、有效补充地下水，同时把初期雨水截留储存处理，雨水经净化处理达到排放标准后排入市政雨水管，还可以将收集后的雨水用于绿化浇灌、周边道路的冲洗等。

6.2.3.4 湿塘

（1）设施成本及主要特征

湿塘是指具有雨水调蓄和净化功能，并以雨水为主要补水水源的景观水体。

湿塘能够调蓄雨水径流、削减峰值流量、美化景观、提供居民休憩娱乐场所、提供动植物栖息地、净化雨水径流。

根据市场调研分析，湿塘成本造价为 400～1200 元 /m²，在确保湿塘结构完整的情况下，因成分组成的不同将其划分为高、中、低三个档次（表6-31）。为防止水流冲刷和侵蚀，需要在前置塘进水口设置消能设施，高档湿塘采用混凝土埝做消能设施，中档湿塘采用浆砌片石埝做消能设施，低档湿塘采用卵石做消能设施。在低档湿塘的基础上，为阻拦大分子垃圾，中、高档湿塘在进水口处设置垃圾拦截装置，方便及时清理；为强化径流污染物的净化能力，高档湿塘在前置塘与主塘之间设置配水石笼；另外，高档湿塘采用生态护坡、生态软驳岸，防止水土流失，提高环境景观效果。三个档次可以根据实际使用情况酌情加分。

表6-31 湿塘分档表

湿塘	高	中	低
成分组成	前置塘进水口使用混凝土埝做消能设施； 进水口设置垃圾拦截装置； 前置塘与主塘之间设置配水石笼； 使用生态护坡、生态软驳岸	前置塘进水口使用浆砌片石埝做消能设施； 进水口设置垃圾拦截装置	前置塘进水口使用卵石做消能设施
造价	900～1200 元 /m²	700～800 元 /m²	400～600 元 /m²

（2）区域位置

湿塘宜结合绿地、开放空间等场地条件，设计为多功能调蓄水体，即平时发挥正常的景观、休闲及娱乐功能。常年保持一定水域面积且具有拦截、临时蓄存径流雨水，并通过限制最大流量的排水口慢慢将其引入雨水排放系统或受纳水体等功能的低洼区。湿塘一般位于低影响开发雨水系统的末端，宜在场地的最低点设置，通常布置于汇水面的下游、场地雨水排入城市雨水系统的出口之前，以便充分发挥其对外排径流峰值流量的调节作用，适用于集中绿地汇水面不宜小于 4 km² 的建筑小区。

（3）竖向设计

①边坡坡度。

前置塘驳岸形式宜为生态软驳岸，池底应设置为混凝土或块石结构，便于清淤。边坡坡度一般为 1：2～1：8，实际设计时应根据沉泥区容积和项目用地红线综合确定。

主塘驳岸宜为生态软驳岸，边坡坡度不宜大于 1：6，主塘与前置塘之间水深较浅的区域宜种植水生植物（美人蕉、睡莲等），提升湿塘的生态和景观功能。

②水深。

主塘一般包括常水位以下的永久容积和储存容积，永久容积水深一般为 0.8～2.5 m，储存容积一般根据所在区域相关规划提出的"单位面积控制容积"确定。

③排空时间。

具有峰值流量削减功能的湿塘，其调节容积应在 48 h 内排空，需按要求对溢流竖管上的排水孔尺寸进行设计。

（4）结构

①结构组成。

湿塘一般由进水口、前置塘、主塘、溢流出水口、护坡及驳岸、维护通道等构成（图 6-21）。

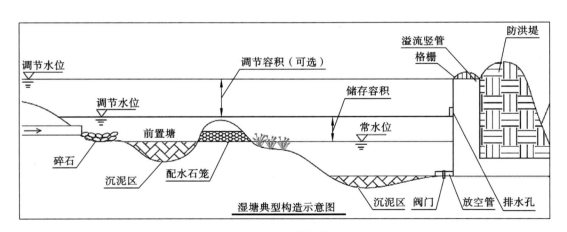

图 6-21　湿塘构造图

②结构要点。

进水口应设置在常水位以上，并设置碎石、消能坎等消能设施，防止水流冲刷和侵蚀。

城市雨水径流中往往含有部分生活垃圾，进水口入口处还需设置垃圾拦截装置（格栅）并定期清理。

湿塘应设置护栏、警示牌等安全防护与警示措施。

（5）蓄排模式

湿塘在小雨时储存一定的径流雨水以控制外排水量、补充景观用水，暴雨发生时发挥调节功能、削减峰值流量，实现土地资源的多功能综合利用。雨水经净化处理达到排放标准后排入市政雨水管，因为湿塘需要常年保证一定的水域面积，因而不宜在降雨量较少的地区使用，也不宜建在渗透性很强的场地上，除非是对土壤进行压实，甚至使用黏土层等进行一定程度的防渗处理。为了保持一定的水域面积，湿塘通常需要设置补水系统不断进行补水，还可以将收集后的雨水用于绿化浇灌、景观补水等。

6.2.3.5　滞留池

（1）设施成本及主要特征

滞留池（也称生物滞留过滤器或雨水花园）是对水质水量进行截流并暂时存储的结构型雨水控制。它利用浅水洼或景观区中的土壤和植被来去除雨水径流中的污染物。

滞留池的作用：削减面源污染，改善水环境质量；调蓄雨水径流，削减径流总量和延缓径流峰值；增加渗透面积，缓解热岛效应；提供动植物栖息地，丰富生物多样性；美化景观。

根据市场调研分析，滞留池成本造价为 150 ～ 800 元 /m²，在确保滞留池结构完整的情况下，因成分组成的不同将其划分为高、中、低三个档次（表 6-32）。滞留池设置过滤层，吸附、截留污染物和净化雨水：低档滞留池采用细砂原料，厚度在 300 ～ 500 mm；中、高档滞留池选用粗砂，中档滞留池厚度在 500 ～ 700 mm，高档滞留池厚度在 700 ～ 1000 mm，随着厚度的增加，过滤效果增强。中、高档滞留池在低档滞留池的基础上选用土工合成材料，提高雨水过滤和排放能力；高档滞留池前设置卵石缓冲带，缓解雨水径流速度，减轻滞留池本身压力。三个档次可以根据实际使用情况酌情加分。

表 6-32　滞留池分档表

滞留池	高	中	低
成分组成	过滤层深 700 ～ 1000 mm；过渡层填粗砂；使用透水土工布、复合土工膜等土工合成材料；设置卵石缓冲带	过滤层深 500 ～ 700 mm；过渡层填粗砂；使用透水土工布、复合土工膜等土工合成材料	过滤层深 300 ～ 500 mm；过渡层填细砂
造价	500 ～ 800 元 /m²	400 ～ 500 元 /m²	150 ～ 300 元 /m²

（2）区域位置

①小区绿地的分布。

滞留池一般设置在小区地势较低，雨水易汇集且土壤渗透性良好的绿地区域，也可以设置在地势平坦的地方，减少土方量，方便维护。根据绿地类型，滞留池宜设置在小区的公共设施绿地、道路绿地中，应用于道路绿地时，若道路纵坡坡度大于 1%，应设置挡水堰或台坎，以减缓流速并增加雨水渗透量。

②距建筑基础距离。

为避免雨水浸泡地基，滞留池的边线距离建筑基础至少 3 m，距离有地下室的建筑至少 9 m。

（3）竖向设计

①边坡坡度。

滞留池坡度不超过 6%。

②水深。

滞留池表面的临时水深最大为 0.3 m，以降低水流速度，提高蓄水能力。

③基层厚度。

过滤层应有足够的厚度使植物正常生长，厚度一般为 600～1000 mm，在厚度控制区，最小厚度可取 300 mm。如果植物中含有深根植物，则过滤层厚度应大于 800 mm，以免滞留池被植物的根破坏。

过渡层厚度宜为 100 mm，且过渡层填料应为细砂或粗砂。

排水层厚度最小是 200 mm。

溢流井进口处标高一般高于滞留池最低处 100～200 mm，低于汇水面 100 mm。

（4）结构

①结构组成。

滞留池组成部分包括预处理区、进水系统、过滤层、过渡层、排水层、排水系统以及植被等。预处理区以沉淀作用为主，主要去除悬浮大颗粒；进水系统降低水流速度并均匀布水；过滤层吸附、截留污染物，净化雨水；过渡层采用较大粒径的填料，防止过滤层填料进入穿孔排水管；排水层则传导过滤后的水到排水管中；排水系统包括穿孔排水管、冲洗管、溢流管，主要功能为排出渗滤雨水、冲洗滞留池（图 6-22）。

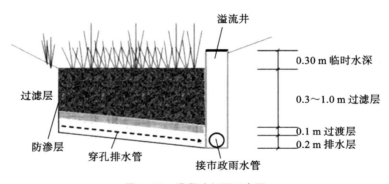

图 6-22　滞留池剖面示意图

②结构要点。

集水区内径流如果没有经过植草沟等前处理设施，将携带粒径较大的悬浮颗粒，须在滞留池前设置预处理区去除粗颗粒，避免植物窒息、填料功能受损。

过滤层主要作用包括去除污染物和为植物提供营养等。植物能够加强过滤功能，使过滤层不板结，还能够去除部分污染物。

排水层将过滤层渗滤下来的水通过穿孔排水管传导出滞留池，是滞留池不可或缺的部分。

排水管应有一节垂直布置并露出滞留池表面，作为冲洗管，便于维修保养。冲洗管无须穿孔，且应包裹密闭，防止水流和异物进入。

溢流井是滞留池重要组成部分，将雨洪通过溢流井转输到市政排水系统，确保滞留池正常运行。溢流口宜布置在进水区附近，以防止高速水流进入池体。

滞留池进水方式多为集中进水，须设计防冲刷保护措施。采用石块可降低流速并分散水流，应在集中进水口布置石块，石块大小和位置可按图 6-23 设置。

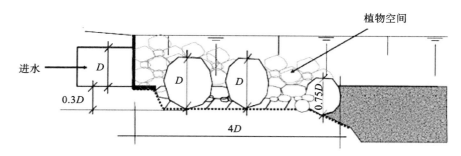

图 6-23　D—进水口宽度进水口石块布置图

（5）蓄排模式

降雨时雨水径流流过密集的植物，然后下渗到土壤过滤介质，经过拦截、沉淀、吸附、过滤和生物作用来净化和滞迟雨水。经过处理的雨水由滞留池底部的排水管收集，收集到的雨水既可以在达到排放标准后排入市政雨水管，还可以回用于景观补水、厕所用水、道路冲洗等。

6.2.3.6　调节塘

（1）设施成本及主要特征

调节塘也称干塘，以削减峰值流量功能为主，也可通过合理设计使其具有渗透功能，起到一定的补充地下水和净化雨水的作用。

调节塘可有效削减峰值流量，建设及维护费用较低，但其功能较为单一，宜利用下沉式公园及广场等与湿塘、雨水湿地合建，构建多功能调蓄水体。

根据市场调研分析，调节塘成本造价为 200 ～ 1100 元 /m²，在确保调节塘结构完整的情况下，因成分组成的不同将其划分为高、中、低三个档次（表 6-33）。为防止水流冲刷和侵蚀，需要在进水口和排水口处设置消能设施：低档调节塘采用卵石做消能设施；中、高档调节塘排水口采用花岗岩做消能设施，中档调节塘进水口使用浆砌片石堰做消能设施，高档调节塘进水口使用混凝土堰做消能设施。在低档调节塘的基础上，为提高雨水过滤和排放能力，中、高档调节塘采用土工合成材料做基底；为提高净化能力，高档调节塘塘底种植水生植物，采用生态护坡，以防止水土流失，提高环境景观效果。三个档次可以根据实际使用情况酌情加分。

表 6-33　调节塘分档表

调节塘	高	中	低
成分组成	前置塘进水口使用混凝土堰做消能设施，排水口使用花岗岩做消能设施； 使用格宾网、营养土工布等土工合成材料； 塘底种植水生植物； 采用生态护坡	前置塘进水口使用浆砌片石堰做消能设施，排水口使用花岗岩做消能设施； 使用格宾网、营养土工布等土工合成材料；	进水口和排水口使用卵石做消能设施
造价	800 ～ 1100 元 /m²	400 ～ 600 元 /m²	200 ～ 300 元 /m²

（2）区域位置

①小区绿地的分布。

调节塘宜设置在小区地势较低，雨水易汇集的绿地区域，分布于汇水面的下游，以便充分发挥其对外排径流峰值流量的调节作用，适用于小区的公共设施绿地和中心绿地。

②距建筑基础距离。

塘底设计成可渗透时，塘底部渗透面距离季节性最高地下水位或岩石层不应小于1m，距离建筑物基础不应小于3m（水平距离）。

（3）竖向设计

①边坡坡度。

前置塘和主塘驳岸形式宜为生态软驳岸，池底应设置为混凝土或块石结构，以便于清淤，前置塘边坡坡度一般为1:2～1:8，主塘边坡坡度不宜大于1:6。

②深度。

调节区深度一般为0.6～3m，塘中可以种植水生植物，以减小流速、增强雨水净化效果。

③排空时间。

调节塘出水设施一般设计成多级出水口形式，以控制调节塘水位，增加雨水水力停留时间（一般不大于24h），控制外排流量。

（4）结构

①结构组成。

调节塘一般由进水口、调节区、出口设施、护坡及堤岸构成（图6-24）。

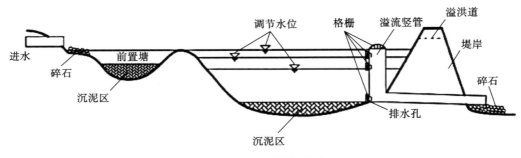

图6-24 调节塘构造图

②结构要点。

进水口应设置碎石、消能坎等消能设施，防止水流冲刷和侵蚀。

应设置前置塘对径流雨水进行预处理。

调节塘应设置护栏、警示牌等安全防护与警示措施。

（5）蓄排模式

调节塘通过渗透功能，在暴雨时调节水量，起到削减峰值流量的作用，还能控制径流雨水，净化雨水，在一定程度上补充地下水。

6.2.3.7 调节池

（1）设施成本及主要特征

调节池为调节设施的一种，主要用于削减雨水管渠峰值流量，一般常用溢流堰式或底部流槽式，可以是地上敞口式调节池或地下封闭式调节池。

调节池可有效削减峰值流量，但其功能单一，建设及维护费用较高，宜利用下沉式绿地等与湿塘、雨水湿地合建，构建多功能调蓄水体。

根据市场调研分析，调节池成本造价为 400 ～ 1100 元 /m²，在确保调节池结构完整的情况下，因成分组成的不同将其划分为高、中、低三个档次（表 6-34）。低档调节池池身采用普通烧结砖，中、高档调节池采用现浇钢筋混凝土，加固池身；为提高防渗效果，高档调节池采用防水混凝土浇筑，使用水泵加速水流，投放药物加速沉淀，提高污水处理效率。三个档次可以根据实际使用情况酌情加分。

表 6-34　调节池分档表

调节池	高	中	低
成分组成	整体采用现浇钢筋混凝土结构； 采用防水混凝土； 用泵提高调节速度； 使用药物加速沉淀	整体采用现浇钢筋混凝土结构	整体采用普通烧结砖砌筑
造价	900 ～ 1100 元 /m²	600 ～ 800 元 /m²	400 ～ 500 元 /m²

（2）区域位置

调节池不适用于小区，一般设置在需要进行污水处理的工厂内，选择地势较低处，通过排水沟收集工业废水和雨水。

（3）结构

结构组成：调节池一般由进水口、池底、池壁、池顶板、出水口构成。

钢筋混凝土结构调节池的施工除应符合本节规定外，还应满足《混凝土结构工程施工质量验收规范》（GB 50204—2015）的有关规定。

砌体结构调节池的施工除应符合本节规定外，还应符合现行国家标准《砌体结构工程施工质量验收规范》（GB 50203—2011）的相关规定。

（4）蓄排模式

经调节池处理后的水体既可以在达到排放标准后排入市政雨水管，还可以回用于景观补水、工业用水、道路冲洗、车辆冲洗等。

6.2.3.8　各类设施的区别

除下沉式绿地外，其他几类面状绿地海绵设施在海绵城市建设中较少使用，也容易混淆，因此这里对其他几类设施进行总结区分。雨水湿地、渗透塘、湿塘、滞留池、调节塘结构类似都适用于小区内部，可以营造自然景观；调节池不适用于小区内部，适用于污水处理厂；雨水湿地、渗透塘、湿塘、滞留池、调节塘、调节池都能净化雨水、降低峰值流量，经过处理后的水体都能排入市政管网；渗透塘、湿塘、调节塘既能收集回用，又能够补充地下水。

各类设施指标评分见表 6-35 至表 6-40。

表 6-35　雨水湿地指标评分表

阶段	一级指标	二级指标	三级指标	四级指标	五级指标	评分标准	分数	备注
设计＋施工	海绵设施	面状绿地	雨水湿地（10）	区域位置（4）	小区绿地内的分布（3）	设置在公共设施绿地中	1	
						设置在中心绿地中	1	
						设置在宅旁绿地中	0.5	
						设置在道路绿地中	0.5	
					最低退界要求（1）	离地界线≥ 3.048 m	0.25	
						离私家水井≥ 30.48 m	0.25	
						离化粪池≥ 15.24 m	0.25	
						所有公共设施设置在雨水湿地外	0.25	
				竖向设计（3）	边坡坡度（1）	坡度≤ 3%	1	
					水深（1.5）	浅沼泽区水深 0 ～ 0.3 m	0.5	
						深沼泽区水深 0.3 ～ 0.5 m	0.5	
						出水池水深 0.8 ～ 1.2 m	0.5	
					排空时间(0.5)	24 h 以内	0.5	
				结构（2）	结构组成（1）	基本结构完整（一般由进水口、前置塘、沼泽区、出水池、溢流出水口、护坡及驳岸、维护通道等构成）	1	
					结构要点（1）	进水口和溢流出水口设置碎石、消能坎等消能设施	1	
				蓄排模式（1）	处理排入市政管网（0.5）	雨水经处理达到排放标准后排入市政雨水管	0.5	
					收集和回用（0.5）	作为湿地植被生长水源	0.25	
						用于绿化浇灌、周边道路的冲洗	0.25	

表 6-36　渗透塘指标评分表

阶段	一级指标	二级指标	三级指标	四级指标	五级指标	评分标准	分数	备注
设计＋施工	海绵设施	面状绿地	渗透塘（10）	区域位置（1）	小区内分布（1）	位于汇水面积大于 1 hm² 的绿地内	1	
						位于汇水面积小于 1 hm² 的绿地内	0	
				竖向设计（3）	边坡坡度（1）	蓄渗区边坡坡度（垂直：水平）≤ 1：3	1	
						蓄渗区塘底至溢流水位≥ 0.6 m	1	
					基层厚度（1）	种植土厚 200 ～ 300 mm	0.5	
						过滤介质层厚 300 ～ 500 mm	0.5	
					排空时间（1）	24 h 以内	1	

阶段	一级指标	二级指标	三级指标	四级指标	五级指标	评分标准	分数	备注
设计＋施工	海绵设施	面状绿地	渗透塘（10）	结构（3）	结构组成（1）	基本结构完整（一般由进水口、前置塘、蓄渗区、溢流出水口、护坡及驳岸、维护通道等构成）	1	
					结构要点（2）	前置塘进水处设置消能石、碎石等消能设施	1	
						前置塘与主塘之间的溢流处铺设碎石、卵石等保护层	0.5	
						外围设置安全防护措施和警示牌	0.5	
				蓄排模式（3）	补充地下水（1）	去除大颗粒污染物，有效补充地下水	1	
					排入市政雨水管（1）	雨水经处理达到排放标准后排入市政雨水管	1	
					收集和回用（1）	用于绿化浇灌、周边道路的冲洗	1	

表 6-37　湿塘指标评分表

阶段	一级指标	二级指标	三级指标	四级指标	五级指标	评分标准	分数	备注
设计＋施工	海绵设施	面状绿地	湿塘（10）	区域位置（2）	小区内分布（2）	位于汇水面积大于 4 km² 的集中绿地内	1	
						位于汇水面下游	1	
				竖向设计（4）	边坡坡度（2）	前置塘边坡坡度为 1：2～1：8	1	
						主塘边坡坡度≤1：6	1	
					水深（1）	主塘永久容积水深为 0.8～2.5 m	1	
					排空时间（1）	在 48 h 以内	1	
				结构（2.5）	结构组成（1）	基本结构完整（一般由进水口、前置塘、主塘、溢流出水口、护坡及驳岸、维护通道等构成）	1	
					结构要点（1.5）	进水口设置碎石、消能坎等消能设施	0.5	
						进水口入口处设置垃圾拦截装置	0.5	
						外围设置护栏、警示牌等安全防护与警示措施	0.5	
				蓄排模式（1.5）	补充地下水（0.5）	收集净化雨水，有效补充地下水	0.5	
					排入市政雨水管（0.5）	雨水经处理达到排放标准后排入市政雨水管	0.5	
					收集和回用（0.5）	用于绿化浇灌、景观补水	0.5	

表 6-38　滞留池指标评分表

阶段	一级指标	二级指标	三级指标	四级指标	五级指标	评分标准	分数	备注
设计+施工	海绵设施	面状绿地	滞留池（10）	区域位置（2）	小区绿地的分布（1）	位于小区公共设施绿地中	1	
						位于小区中心绿地中	0	
						位于小区宅旁绿地中	0	
						位于小区道路绿地中	1	
					距建筑基础距离（1）	无地下室建筑，边线距离建筑≥3 m	1	
						有地下室建筑，边线距离建筑≥9 m	1	
				竖向设计（4）	边坡坡度（1）	坡度不超过6%	1	
					水深（1）	表面临时水深≤0.3 m	1	
					基层厚度（2）	300 mm≤过滤层厚度≤1000 mm	1	
						过渡层厚度≤100 mm	0.5	
						排水层厚度≥200 mm	0.5	
				结构（2）	结构组成（1）	基本结构完整（包括预处理区、进水系统、过滤层、过渡层、排水层、排水系统以及植被等）	1	
					结构要点（1）	在排水管上垂直露土设置冲洗管	0.5	
						进水区设置溢流井	0.5	
				蓄排模式（2）	排入市政雨水管（1）	雨水经处理达到排放标准后排入市政雨水管	1	
					收集和回用（1）	用于景观补水、厕所用水、道路冲洗	1	

表 6-39　调节塘指标评分表

阶段	一级指标	二级指标	三级指标	四级指标	五级指标	评分标准	分数	备注
设计+施工	海绵设施	面状绿地	调节塘（10）	区域位置（2）	小区绿地的分布（1）	位于小区公共设施绿地中	1	
						位于小区中心绿地中	1	
						位于小区宅旁绿地中	0	
						位于小区道路绿地中	0	
				距建筑基础距离(1)		边线距离建筑≥3 m	1	
				竖向设计（4）	边坡坡度（2）	前置塘边坡坡度为1:2～1:8	1	
						主塘边坡坡度≤1:6	1	
					深度（1）	调节区深度为0.6～3 m	1	
					排空时间（1）	24 h以内	1	

阶段	一级指标	二级指标	三级指标	四级指标	五级指标	评分标准	分数	备注
				结构（3）	结构组成（1）	基本结构完整（一般由进水口、调节区、出口设施、护坡及堤岸构成）	1	
					结构要点（2）	进水口设置碎石、消能坎等消能设施	1	
						塘外设置护栏、警示牌等安全防护与警示措施	1	
				蓄排模式（1）	补充地下水（1）	净化雨水补充地下水，削减峰值流量	1	

表 6-40　调节池指标评分表

阶段	一级指标	二级指标	三级指标	四级指标	评分标准	分数	备注
设计＋施工	海绵设施	面状绿地	调节池（10）	区域位置（2）	设置在小区内	0	
					设置在需要进行污水处理的工厂内	2	
				结构（1）	基本结构完整（一般由进水口、池底、池壁、池顶板、出水口构成）	1	
				蓄排模式（7）	排入市政管网	2	
					景观补水	1	
					工业用水	2	
					道路冲洗	1	
					车辆冲洗	1	

6.2.4　成品设施

6.2.4.1　设施成本及主要特征

常用的海绵设施中的成品设施为渗井、钢筋混凝土蓄水池、硅砂蓄水池、PE 水箱、不锈钢水箱、蓄水模块、雨水桶、生态多孔纤维棉、环保雨水口、分流器与弃流设备、排水路缘石、渗管/渠和渗排板，一般起到渗水、蓄水、净水、排水等作用。

其中渗井起到渗水的作用，能使面层上的雨水穿过不透水层排入地下；钢筋混凝土蓄水池、硅砂蓄水池、PE 水箱、不锈钢水箱、蓄水模块、雨水桶、生态多孔纤维棉起到蓄水的作用；环保雨水口、分流器与弃流设备起到净水的作用，能有效减少雨水中的污染物；排水路缘石、渗管/渠和渗排板起到排水的作用，能控制雨水径流方向，其中渗管/渠还能起到渗水的作用。

对于成品设施，考虑其独立使用的特点，不论其组合使用的海绵功能，重点考虑海绵设施的使用频次、性能及性价比，根据市场信息将其分为高、中、低三档。

（1）渗管/渠

渗管/渠能在渗水的同时传输雨水，靠管体上的开孔来进行渗水，在海绵城市建设中是常用的成品设施。渗管/渠造价为 1.8 ～ 3.0 元 /m，普通管渠造价为 2.0 ～ 3.0 元 /m。相对而言，渗管/渠造价偏低。综上所述，渗管/渠被分为中档成品设施。

（2）渗井

渗井是靠周边碎砾石等粗粒材料起到渗水作用的成品设施，在海绵城市建设中使用频次较低，且使用地域较少。渗井造价为 1000 ～ 2000 元 / 个，普通检查井造价为 500 ～ 1200 元 / 个。相对而言，渗井造价偏高，但能起到渗水、传输水的作用。综上所述，渗井被分为低档成品设施。

（3）生态多孔纤维棉

生态多孔纤维棉不仅能大量储蓄雨水，还能通过毛细作用加快雨水收集，保护建筑物不受侵蚀。但因为它是新产品，造价偏高，大致为 3000 元 /m³，目前使用频次较低，但其作用效果好，符合海绵城市理念。综上所述，生态多孔纤维棉被分为高档成品设施。

（4）硅砂蓄水池、蓄水模块、钢筋混凝土蓄水池、雨水桶、PE 水箱、不锈钢水箱

硅砂蓄水池属于拼接式水池，是海绵城市建设中常见的成品设施。硅砂蓄水池宜设置在地下，不宜设置在行车道底。硅砂蓄水池不仅能蓄水，还能通过池壁起到净化作用，蓄水率一般都在 85% 以上。但硅砂蓄水池造价较高，大致为 3200 元 /m³。综上所述，硅砂蓄水池被分为高档成品设施。

蓄水模块属于拼接式水池，是海绵城市建设中常见的成品设施。蓄水模块在损坏后不需要全部替换，只需要替换某一块模块。其形状多样，且施工迅速，蓄水率一般为 95%，符合海绵城市理念。综上所述，蓄水模块被分为高档成品设施。

钢筋混凝土蓄水池在地上、地下、地下室内都能设置，是海绵城市建设中常见的成品设施。钢筋混凝土蓄水池的蓄水率一般为 94%，但由于施工缓慢，损坏后难以修复，且不能重复利用，造价中等，为 800 ～ 1200 元 /m³。综上所述，钢筋混凝土蓄水池被分为中档成品设施。

雨水桶一般设置在地上，只适合收集较小屋面的雨水，作用范围较小，是海绵城市建设中常见的成品设施。雨水桶造价偏低，为 400 ～ 600 元 /m³。蓄水率一般都在 95% 以上。综上所述，雨水桶被分为中档成品设施。

PE 水箱宜布置在地下，在海绵城市建设中较少用到，一般用于污水系统。PE 水箱的蓄水率一般在 95% 以上。PE 水箱造价偏低，为 400 ～ 800 元 /m³。综上所述，PE 水箱被分为低档成品设施。

不锈钢水箱宜布置在地下室内，较少用于雨水收集，一般用于给水系统。不锈钢水箱的蓄水率一般为 60% 左右。不锈钢水箱造价偏低，为 400 ～ 800 元 /m³。综上所述，不锈钢水箱被分为低档成品设施。

（5）分流器与弃流设备

分流器与弃流设备都能弃流降雨初期较为脏的雨水，减轻后续雨水处理的负担，是海绵城市建设中常见的成品设施。分流器与弃流设备造价中等，弃流设备为 600 ～ 800 元 / 套，分流器按流量大小，造价在 500 ～ 3000 元 / 套不等。综上所述，分流器与弃流设备被分为高档成品设施。

（6）环保雨水口

环保雨水口是在普通雨水口的基础上，增设雨水挂篮，可以用于截污，是海绵城市建设中常见的成品设施。环保雨水口造价为 400 ～ 600 元 / 个，普通雨水口造价为 400 ～ 500 元 / 个。综上所述，环保雨水口被分为中档成品设施。

（7）渗排板

渗排板能加速排水、省时省力、节能环保，还能降低建筑物荷载，在地下室顶板、屋顶等地方都能布置。渗排板造价为 2～7 元 /m²。综上所述，渗排板被分为高档成品设施。

（8）排水路缘石

排水路缘石是城市道路边缘排水以及分离人行道和车行道的主要设施，可以使径流雨水流入绿化带中，是海绵城市建设中常用的成品设施。造价为 30～50 元 /m。综上所述，排水路缘石被分为中档成品设施。

成品设施分档见表 6-41。

表 6-41　成品设施分档表

设施功能	设施名称	档次	主要特征	成本
渗	渗管 / 渠	中	有良好的排水性、抗压性，在传输雨水的同时，还能下渗	1.8～3.0 元 /m
	渗井	低	能穿过不透水层，将上层水排入下层渗水层，但大多数地区不适用	1000～2000 元 / 个
蓄	生态多孔纤维棉	高	能有效储水，且在周围需要水的时候，自动释放水分子，在很多地方都能布置	3000 元 /m³
	硅砂蓄水池		在蓄水的同时还能过滤雨水，节省水处理设备	3200 元 /m³
	蓄水模块		节能环保、蓄水率高、施工快、形状多变	800～1200 元 /m³
	钢筋混凝土蓄水池	中	强度高，但施工缓慢，池体易腐蚀，材料不环保	800～1200 元 /m³
	雨水桶		收集的雨水能直接用于浇灌与道路清扫	400～600 元 /m³
	PE 水箱	低	损坏需要进行整体更换，体积较小，施工方便	400～800 元 /m³
	不锈钢水箱		一般用于给水系统，且不能埋于地下，占用空间	400～800 元 /m³
净	分流器与弃流设备	高	能弃流雨水，使雨水、污水分离，部分情况时能节省水处理设备，节能环保	弃流设备 600～800 元 / 套，分流器按流量大小，造价在 500～3000 元 / 套不等
	环保雨水口	中	在不影响雨水径流的情况下，能过滤体积较大的污染物.	400～600 元 / 个
排	渗排板	高	能加速排水、省时省力、节能环保，还能降低建筑物荷载，在地下室顶板、屋顶等地方都能布置	2～7 元 /m²
	渗管 / 渠	中	有良好的排水性、抗压性，在传输雨水的同时，还能下渗	1.8～3.0 元 /m
	排水路缘石	中	可分离人行道和车行道，改变雨水径流方向	30～50 元 /m

由于上述原因我们将成品设施分为高、中、低三档。其中硅砂蓄水池、蓄水模块、生态多孔纤维棉、分流器与弃流设备、渗排板为高档；钢筋混凝土蓄水池、雨水桶、环保雨水口、排水路缘石、渗管 / 渠为中档；不锈钢水箱、渗井、PE 水箱为低档。

高档的成品设施，在评分后成品设施的总分乘系数 1.2；中档的成品设施，在评分后成品设施的总分乘系数

1.0；低档的成品设施，在评分后成品设施的总分乘系数 0.8（如项目只能通过低档的成品设施来达到指标，则乘系数 1.0）。

6.2.4.2 渗井

渗井（图 6-25、图 6-26）是一种立式地下排水设施，多应用于将边沟排不出的水渗到地下层中。设置该设施有如下几种典型情况。

图 6-25 渗井成品图

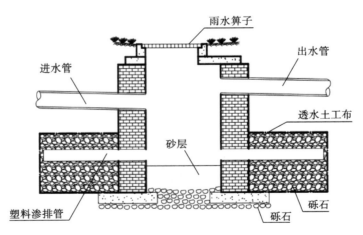

图 6-26 渗井构造图

第一，渗井适宜在地下水稀缺、降水量丰沛的区域设置，主要适用于西藏、新疆、黑龙江、天津等地区。

第二，在建设项目中，渗井适宜在建筑、道路及停车场的周边绿地区域，以及土壤渗透条件较好的情况下设置。

第三，在多层含水的地基上，如果影响路基的地下含水层较薄，且平式盲管排水不易布置时，可考虑设置立式渗井。

第四，想穿过地下不透水层，将上层的雨水引入下沉渗水层，以利用地下水扩散排除雨水时可以设置渗井。

本书主要从类型选用、平面布局、竖向设计、结构、排水设计等方面设置渗井指标体系。

（1）类型选用

种类选用：渗井可与雨水弃流井、排水管、渗透管等联合优化使用，组成渗排一体化系统，也可单独使用，如在古树旁、植草沟内、果树旁布置，充当辅佐水源。

（2）平面布局

在渗井的平面布局上分为两个部分，渗井区域的选择和渗井与各种设施之间的距离。将渗井布置在合适的区域，能使渗井发挥最大作用，布置在不合适的位置，虽然可能作用效果不好，但还是能正常使用。但若与其他设施的间距没有设置好，会影响其他设施的正常使用，甚至损坏建筑基础。因此间距的选择要比区域选择更为重要。

①区域选择。

渗井一般设置在地下水稀缺、土壤渗透条件较好、降水量丰沛的区域。在建筑与小区内设置时，一般设置在建筑、道路或停车场周边的绿地。

②间距。

埋在地下的雨水渗透设施距建筑物基础边缘不应小于 5 m，且不应对其构建物、管道基础产生影响。入渗井与生活饮用水储水池的间距不应小于 10 m。渗井之间的最小间距不得小于储水深度的 4 倍。

（3）竖向设计

根据《海绵城市建设设计标准图集》(DB 3502/T 087—2022)中的内容，渗井的竖向设计主要考虑以下几个因素，其控制内容也按照图集标准制定。渗井的竖向设计包括：井深、井壁深、地下水位至井底距离、渗井顶低于汇水面的距离、渗井顶至储水设施底部的距离、周边的土壤渗透系数、出水管内底高程。这些指标都影响设施的正常使用，缺一不可，因此同样重要。

①井深。

渗井中深井深度 > 1500 mm；浅井深度 > 1000 mm。

②井壁深。

深井：上井壁深为 1000 mm，下井壁深 > 500 mm；浅井：井壁深 > 700 mm。

③地下水位至井底距离。

地下水位至井底距离不应小于 1.5 m。若距离过小，会影响渗水效果。

④渗井顶低于汇水面的距离。

渗井顶低于汇水面的距离至少为 80 mm。

⑤渗井顶至储水设施底部的距离。

渗井顶至储水设施底部的距离应为 50 ~ 250 mm。

⑥周边的土壤渗透系数。

周边的土壤渗透系数应该大于 5×10^{-6} m/s。

⑦出水管内底高程。

渗井出水管内底高程应高于进水管内顶高程，但不应高于上游相邻井的出水管内底高程；井内渗排管口需高于砂层 100 mm。

（4）结构

渗井的结构包括基础结构和井体及排水输水层的结构，井体及排水输水层的结构设计又包含过滤层、透水土工布、土壤渗透率、砾石排水层。其中基础结构的强度是最重要的，如果强度不够，渗井将无法使用。基础结构的完整性不好，以及过滤层、透水土工布、土壤渗透率、砾石排水层某些结构不符合标准，会导致渗水效果不好。

①基础。

满足《给水排水管道工程施工及验收规范》（GB 50268—2008）的要求且结构完整，强度要满足相应地面承载力的要求。

②井体及排水输水层。

根据《建筑与小区雨水控制及利用工程技术规范》（GB 50400—2016）可知，井体结构设计一般包括过滤层、透水土工布、土壤渗透率、砾石排水层。过滤层其透水性应不小于 1×10^{-3} m/s；井体周围需包裹透水土工布，应选用无纺土工织物，单位面积质量为 $200 \sim 300$ g/m^2，土工布搭接宽度 $\geqslant 150$ mm，土工布的宽度应足够包裹砾石层。周边土壤的渗透能力要良好，一般要求其透水性不小于 5×10^{-6} m/s；砾石排水层可采用 $0.25 \sim 4$ mm 的石英砂。

（5）排水设计

渗排管：需满足《给水排水管道工程施工及验收规范》（GB 50268—2008）的要求。具体渗排管的设置要求可参考本书 6.2.4.9 渗管/渠的内容，此处不再赘述。

6.2.4.3　钢筋混凝土/硅砂蓄水池、PE/不锈钢水箱、蓄水模块

钢筋混凝土/硅砂蓄水池、PE/不锈钢水箱、蓄水模块等蓄水设施一般布置在地上、地下或地下室内，根据场地性质不同、所需蓄水容积的不同有多种选择。钢筋混凝土蓄水池是目前市面上最常用的蓄水池，水池由钢筋混凝土浇筑而成，用于贮存常温且对混凝土无侵蚀性的水。但其施工过程慢，墙壁易腐蚀，损坏后不易修复，也不能重复利用（图 6-27）。

硅砂蓄水池池体由硅砂透水砌块组合而成，施工较为方便，不仅能蓄水，池体还有过滤功能（图 6-28）。

PE 水箱是一体式水箱，一般埋于地下，容积较小，损坏则需要整体替换（图 6-29）。

不锈钢水箱是一体式水箱，一般用于给水，较少用于雨水蓄水，且不适用于地下，可设置于地下室内或者室外。

蓄水模块是目前海绵城市建设的大趋势，施工快，蓄水率高，能摆放出不同的形状，且能重复利用（图 6-30）。

图 6-27　钢筋混凝土蓄水池成品图

图 6-28　硅砂蓄水池成品图

图 6-29　PE 水箱成品图

图 6-30　蓄水模块成品图

本书主要从类型选用、平面布局、竖向设计、结构、蓄排模式等方面设置钢筋混凝土 / 硅砂蓄水池、PE/ 不锈钢水箱、蓄水模块指标体系。

（1）类型选用

①设于地上。

蓄水模块和硅砂蓄水池都属于模块拼接式水池，不宜设于地上。

②设于地下。

相比于其他蓄水设施，不锈钢水箱的承载力不足，设于地下时易变形，不宜设置在地下。设于机动车道下方时，不宜设置拼接式蓄水池，宜采用钢筋混凝土蓄水池。

③设于地下室内。

蓄水模块属于拼接式蓄水池，渗水可能性大，不宜设置在地下室内。硅砂蓄水池，池体本身自带渗水效果，也不宜设置在地下室内。

（2）平面布局

距建筑的距离：蓄水池外壁与建筑物外墙的净距不应小于 3 m。

（3）竖向设计

埋深、池体净深：蓄水设施的埋深和池体净深需要根据材料强度、外部荷载、土壤性质、冰冻深度等综合考虑，还需符合荷载、抗浮的要求。其验收需满足《给水排水构筑物工程施工及验收规范》（GB 50141—2008）中的验收标准。钢筋混凝土蓄水池池体的净深不宜超过 4 m，覆土深度一般为 0.5～1.0 m。根据厂家的不同，蓄水模块有不同强度的模块，埋设深度各有不同。硅砂蓄水池埋设深度不宜超过 8 m，覆土深度不宜超过 2 m。

（4）结构

根据《城镇雨水调蓄工程技术规范》（GB 51174—2017）、《室外排水设计标准》（GB 50014—2021）、《建筑与小区雨水控制及利用工程技术规范》（GB 50400—2016）得知，结构设计主要考虑以下几个因素，其控制内容也按照规范标准制定，包括拦污装置、溢流设备、防护设备、承载力、防水措施、排泥设施、池底坡度、检修设施、管材的选取等九个部分。其中承载力和防水措施决定了蓄水设施是否能正常使用，最为重要。溢流设备和防护设备决定了蓄水设施正常使用后的安全保障，重要性为第二。池底坡度和排泥设施的设置都是为了排泥方便，拦污装置是为后续水处理装置减轻负担。

①拦污装置。

进水口宜设置拦污装置。

②溢流设备。

雨水储存设施应设有溢流排水措施，溢流排水宜采用重力溢流排放。室内蓄水池的重力溢流管排水能力应大于 50 年雨水设计重现期的设计流量。

③防护设备。

调蓄水体近岸 2.0 m 范围内的常水位水深大于 0.7 m 时，应设置防止人员跌落的安全防护设施，并应有警示标识。

④承载力。

池体强度应满足地面及土壤承载力的要求。

⑤防水措施。

硅砂蓄水池和蓄水模块周围应包裹土工布，以防渗漏。

⑥排泥设施。

蓄水模块和硅砂砌块组合的蓄水池池内构造，应便于清除沉积泥沙；钢筋混凝土蓄水池池底应设排泥设施。当不具备设置排泥设施的条件或排泥确有困难时，应设置冲洗设施，冲洗水源宜采用池水，并应与自动控制系统联动。

⑦池底坡度。

钢筋混凝土蓄水池池底应设不小于 5% 的坡度，将废泥引入集泥坑。

⑧检修设施。

蓄水池应设检查口或人孔。

⑨管材的选取。

进水口可采用管道、渠道和箱涵等形式。进水井位置应根据合流污水或雨水管渠位置、调蓄池位置、调蓄池进水方式和周围环境等因素确定。进出水应顺畅，进水不应产生滞流、偏流和泥沙杂物沉积，出水不应产生壅流。

（5）蓄排模式

蓄排模式包含蓄水率和排水设计。蓄水率较低不会影响蓄水设施的正常使用，但排水设计不达标会影响蓄水设施的正常使用。因此蓄水率比排水设计重要。

①蓄水率。

根据市场信息可知：PE 水箱的蓄水率一般在 95% 以上；蓄水模块的蓄水率一般为 95%；钢筋混凝土蓄水池的蓄水率一般为 94%；硅砂蓄水池的蓄水率一般大于等于 85%；不锈钢水箱的蓄水率一般为 60% 左右。

②排水设计。

回用水水质符合《建筑中水回用技术规程》（DB21/T 1914—2011）的要求。一般雨水会回用至景观补水、道路冲洗、浇洒、冷却塔补水。回用率越高，越符合海绵城市的概念。

6.2.4.4 雨水桶

雨水桶区别于蓄水箱，体积较小，一般设置在较小的屋面附近，用来收集屋面雨水，通过雨水桶上自带的水龙头，将雨水回用至绿化浇灌、道路清扫等。但由于雨水桶体积较大、占用地方过多且影响美观，较少用于社区内（图6-31）。

图 6-31　雨水桶

本书主要从类型选用、平面布局、竖向设计、结构、蓄排模式等方面设置雨水桶指标体系。

（1）类型选用

规格：雨水桶容积不宜过大，以免造成浪费，一般超过所需容积的 2%～5% 即可。

（2）平面布局

区域选择：工业建筑旁往往不采用雨水桶，因为雨水桶的容积与耐久性难以满足要求，而且雨水桶对雨水的净化能力有限。窗户位置慎用雨水桶，因为雨水桶体积较大，置于窗户前易遮挡阳光且不利于通风。雨水桶放置在主要道路上会影响交通行驶及美观，一般放置在隐蔽处、方便利用的落水管下。

（3）竖向设计

垫层：垫层高度一般为 40～60 cm，增高水压，便于雨水回用。

（4）结构

应有溢流设备和弃流设备，取水口位置合适。根据《室外排水设计标准》（GB 50014—2021）可知，回用雨水为防止被人误用，取水口需明确标注不能饮用。基层结构需完整，且强度要满足相应地面承载力要求。

（5）蓄排模式

蓄排模式包含蓄水率和排水设计。蓄水率较低不会影响雨水桶的正常使用，但排水设计不达标会影响雨水桶的正常使用。因此蓄水率比排水设计重要。

①蓄水率。

雨水桶蓄水率一般都大于 95%。

②排水设计。

回用水水质符合《建筑中水回用技术规程》（DB21/T 1914—2011）的要求。一般雨水会回用至景观补水、道路冲洗、浇洒、冷却塔补水。雨水桶中的雨水一般回用至道路冲洗和绿植浇洒，回用率越高，越符合海绵城市的概念。

6.2.4.5　生态多孔纤维棉

生态多孔纤维棉本身的材质是玄武岩、白云石等自然生态类材料，产品均由管径为 5 ～ 7 μm 的毛细管组成，相当于若干细小的微管交错纵横在一起，所以产品具有了毛细力，也就是当产品接触液体时，会伴随毛细现象发生。它的储水能力特别强，能够有效吸收降水量，同时还能大量储水，避免水资源浪费，是一种很好的绿色环保的产品（图 6-32）。

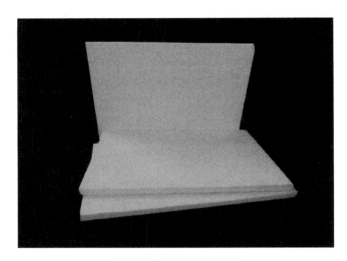

图 6-32　生态多孔纤维棉

本书主要从类型选用、结构、蓄排模式等方面设置生态多孔纤维棉指标体系。

（1）类型选用

规格：尺寸大小合理、容积符合需求。

（2）结构

抗压能力、渗透系数、孔隙度、外观、理化指标符合《生态多孔纤维棉》（T/CBMCA 006—2018）的要求。

（3）蓄排模式

蓄排模式包含蓄水率和下渗设计。蓄水率较低不会影响生态多孔纤维棉的正常使用，但下渗设计不达标会影响生态多孔纤维棉的正常使用。因此蓄水率比下渗设计重要。

①蓄水率。

蓄水率一般大于 80%。

②下渗设计。

生态多孔纤维棉在外界条件不变的情况下，水分损失在 24 h 不超过 5%，且能随着周边土壤的干涸程度释放水分。

6.2.4.6　环保雨水口

环保雨水口是在普通雨水口的基础上进行优化设计，不仅具有良好的承重性能，而且还有高效的雨水净化能力。截污式环保雨水口主要用于控制城市面源污染，被大量应用于建筑与小区、城市道路和广场，能够做到在小雨时净化初期雨水，在大雨时不影响雨水的顺畅排放（图 6-33）。

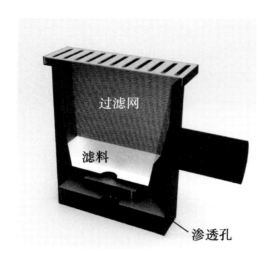

图6-33 环保雨水口

本书主要从类型选用、平面布局、竖向设计、结构、蓄排模式等方面设置环保雨水口指标体系。

（1）类型选用

种类选用：无路缘石的路面、广场、地面低洼聚水处宜采用平算式雨水口；算隙容易被杂物堵塞的地方宜采用立算式雨水口；路面较宽、有路缘石、径流量较集中且有杂物处宜采用联合式雨水口。

（2）平面布局

平面布局包含位置选用、设置数量、间距要求。位置选用跟地形相关；设置数量和间距要求跟雨量和地区相关。它们的重要程度一样。

①位置选用。

雨水口宜设置在截水点处，如道路上每隔一定距离处、沿街各单位出入路口上游及人行横道线上游处（分水点情况除外）等。

雨水口在十字路口处的设置，应根据雨水径流情况布置雨水口。

雨水口不宜设置在道路分水点上、地势高的地方、其他地下管道上等处。

②设置数量。

雨水口设置数量主要依据水量而定。雨水口和雨水连接管流量应为雨水管渠设计重现期计算流量的 1.5～3.0 倍，并应按该地区内涝防治设计重现期进行校核。

③间距要求。

间距宜为 25～50 m；当道路纵坡坡度大于 0.02 时，雨水口的间距可大于 50 m。其形式、数量和布置应根据具体情况和计算确定。坡道较短(一般在 300 m 以内)时可在最低点处集中收水,其雨水口的数量或面积应适当增加。

（3）竖向设计

环保雨水口的竖向设计包括：雨水口井面高程和雨水口连接管管径、坡度。雨水口井面高程的设计决定了雨水能否顺利流入，雨水连接管管径、坡度决定了雨水能否流出。它们的重要程度相当。

①雨水口井面高程。

平算式雨水口的井面高程应比路面稍低 3～4 cm，立算式雨水口进水处路面标高应比周围路面标高低

50 mm，当设置于下沉式绿地中时，雨水口做法参考平箅式雨水口设计，雨水口的箅面标高应根据雨水调蓄设计要求确定，且应高于周围绿地平面标高。

②雨水口连接管管径、坡度。

雨水口连接管最小管径为 200 mm，最小坡度为 0.01。

（4）结构

是否有截污、防堵、过滤设施。

（5）蓄排模式

①雨水口连接管长度。

长度不宜超过 25 m。

②雨水口连接管传输雨水的能力。

雨水口连接管传输雨水的能力应符合要求。

6.2.4.7　分流器与弃流设备

分流器是设置在道路、广场、绿化带、硬化地面等汇水面上的分流设备，在雨水超过收集系统的警戒水位时，分流出多余的雨水，以免影响后续设备的正常使用（图 6-34）。弃流设备内置水流堰挡板、控制阀、控制球和不锈钢过滤网，当雨水达到设定的弃流量时，排污口自动关闭，停止弃流，进行雨水收集，内置的不锈钢过滤网可以对收集的雨水进行过滤，过滤产生的污染物会留在排污口箱体内。降雨结束后，排污口自动打开，过滤的污染物将随剩余水流排出，装置恢复原状，等待下次降雨（图 6-35）。

本书主要从类型选用、结构、蓄排模式等方面设置分流器与弃流设备指标体系。

（1）类型选用

位置选用：虹吸式屋面雨水收集系统宜采用自动控制弃流装置，其他屋面雨水收集系统宜采用渗透弃流装置，地面雨水收集系统宜采用渗透弃流井或弃流池。

（2）结构

分流器与弃流设备的结构影响弃流雨水深度、弃流后雨水去向。其中弃流后雨水去向反映了分流器和弃流设备的作用，弃流雨水深度是为后续水处理设备减轻负担，因此弃流后雨水去向更为重要。

①弃流雨水深度。

初期径流弃流量应按照下垫面实测收集雨水的 SS、色度等污染物的浓度确定。当无资料时，屋面弃流可采用 2～3 mm 径流厚度，地面弃流可采用 3～5 mm 径流厚度。

②弃流后雨水去向。

截流的雨水可排入雨水排水管道或污水管道。当条件允许时，也可就地排入绿地。弃流的雨水排入污水管道时应确保污水不倒灌回弃流装置内。

③集弃流、过滤、沉淀、排污功能于一体。

根据商家提供的信息，分流器是集弃流、过滤、沉淀、排污功能于一体的设施。

（3）蓄排模式

过水能力：分流器和弃流设备设置在管网上时，不能影响管网的正常使用。

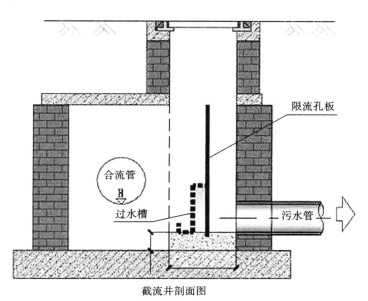

截流井剖面图

图 6-34　分流器

图 6-35　弃流设备

6.2.4.8　排水路缘石

排水路缘石是城市道路边缘排水以及分离人行道和车行道的主要设施，可以分成路平石和立缘石。路平石的高度和周围一致，可以使径流雨水流入绿化带中。立缘石相比周边地面要高出很多，它能将雨水汇入周边的雨水管网（图 6-36）。

图 6-36　排水路缘石

本书主要从类型选用、平面布置、竖向设计、结构、排水设计等方面设置排水路缘石指标体系。

（1）类型选用

种类选用：市政道路宜设置开口/开孔路缘石、透水路缘石。小区道路及广场宜设置开口/开孔路缘石、透水路缘石、三角路缘石。

（2）平面布置

位置选用：排水路缘石一般依据地势设置，可以将雨水引流到隔离带或绿地，宜设置在中间分隔带、两侧分隔带或路侧带两侧。

（3）竖向设计

开口路缘石的坡度、坡向应邻近绿地。

（4）结构

外观质量、尺寸偏差、力学性能、物理性能：应满足《混凝土路缘石》（JC/T 899—2016）中规定的要求。

（5）排水设计

排水路缘石应帮助雨水尽快地流入周围绿地或雨水管道中。

6.2.4.9　渗管/渠

PE实壁打孔渗水管，打孔间距可根据用户的要求订做生产，用途广泛。该管材有如下特点：采用PE为原料，材质憎水；内添加抗氧化剂，有较好的耐老化性；管材表面开孔率达到85%以上，具有良好的排水性；环刚度较高，具有良好的抗压性；连接方便，使用尼龙扎带或钢丝就能很好连接。一般管材管径有90 mm、110 mm、160 mm、200 mm等多种规格，可根据使用场合的位置、填埋深度等进行选择（图6-37）。

本书主要从类型选用、平面布置、竖向设计、结构、排水设计等方面设置渗管/渠指标体系。

图 6-37 渗管

（1）类型选用

种类选用：渗管／渠一般设置在建筑与小区的公共绿地中转输流量较小且土壤渗透情况良好的区域，地下盲沟排水一般会采用无砂混凝土透水管。

（2）平面布置

位置选用：渗管／渠距离建筑基础不应小于 5 m，距离生活饮用水储水池不应小于 10 m。渗管／渠不宜布置在地下水位较高、径流污染严重或易出现结构塌陷等不宜进行雨水渗透的区域。渗透管沟最小间距不宜小于 2 m，不宜布置在行车道底部。

（3）竖向设计

根据《室外排水设计标准》（GB 50014—2021）、《建筑与小区雨水控制及利用工程技术规范》（GB 50400—2016），渗管／渠的竖向设计主要考虑以下几个因素，其控制内容也按照规范标准制定。渗管／渠的竖向设计包括管径、坡度，检查井，标高。其中标高和管径、坡度会影响渗管／渠的渗水、输水能力。而检查井不仅会影响到渗管／渠的渗水、输水能力，还会影响其检修。因此跟管径、坡度、标高相比，检查井更为重要。

①管径、坡度。

管道敷设坡度宜采用 0.01 ～ 0.02，内径不应小于 150 mm。

②检查井。

雨水检查井一般设在管道交会处、转弯处、管径或坡度改变处、跌水处以及直线管段上规范距离处。

③标高。

渗透检查井的出水管的管底标高应高于进水管管顶标高。

（4）结构

根据《室外排水设计标准》（GB 50014—2021），渗管／渠的结构设计主要考虑以下几个因素，其控制内容也按照规范标准制定。渗管／渠的结构设计包括渗透层、土工布、开孔率。它们都会影响渗管／渠的渗水能力，因此一样重要。

①渗透层。

渗透层应采用砾石。

②土工布。

渗管／渠应被透水土工布包裹。

③开孔率。

穿孔塑料管的开孔率为 1.0% ～ 3.0%，无砂混凝土管的开孔率不小于 20%。

（5）排水设计

排水时间：应符合《武汉市海绵城市设计文件编制规定及技术审查要点》的要求。

6.2.4.10 渗排板

渗排板的主要作用是将水排到指定地点。现在用渗排板取代鹅卵石滤水层，既省时、省力，又节能、节省投资，还能降低建筑物的荷载。渗排板的特点是有良好的排水系统，不影响土建工程的施工周期和构筑物的正常使用，能显著提高构筑物的寿命。排水板与多孔渗水管组成一个有效的疏排水系统，圆柱形的多孔排水板与土工布也能组成一个排水系统，从而形成一个具有渗水、排水作用的系统（图 6-38）。

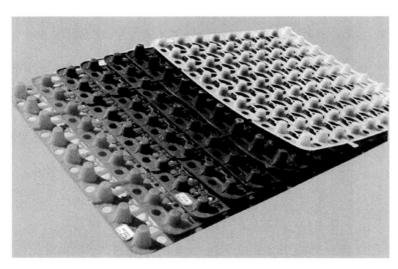

图 6-38　渗排板

本书主要从类型选用、平面布置、竖向设计、结构、排水设计等方面设置渗排板指标体系。

（1）类型选用

种类选用如下。

渗排板一般会在以下场景中设置：需要保护的构筑物和防水层；需要抵抗土壤中的各类酸碱和植物的根刺的地方设施；地下室外墙回填土时。

（2）平面布置

位置选用：渗排板的设置位置距离建筑基础不应小于 5 m，距离生活饮用水储水池不应小于 10 m。

（3）竖向设计

回填土厚度：根据商家提供的信息，渗排板回填土厚度大于等于 500 mm 后方可在上面行走车辆。

（4）结构

单位面积质量、规格、外观、物理性能：需符合《塑料防护排水板》（JC/T 2112—2012）中的要求。

（5）排水设计

渗排板的排水设计包括排水导水性，保护防护性，隔音、防潮功能。排水导水性和保护防护性是渗排板的基础性能，隔音、防潮功能是额外的附加性能，因此排水导水性和保护防护性更为重要。

①排水导水性。

设置渗排板是为了协助快速导出雨水。

②保护防护性。

根据商家提供的信息，渗排板的布置还能防止土壤中各类酸碱和植物的根刺侵蚀构建物。

③隔音、防潮功能。

根据商家提供的信息，渗排板一般都能起到隔音、防潮的作用。

各项设施指标评分见表 6-42 至表 6-50。

表 6-42　渗井指标评分表

设施名称	一级指标	二级指标	评分要点		分数	备注
渗井	类型选用（1）	渗排一体化系统或单独使用（1）	是否设置在散水坡下或重力雨水管道连接处（可与雨水弃流井、排水管、渗透管等联合优化使用，组成渗排一体化系统）	是	1	
				否	0	
			在单独使用时，是否设置在古树亭、植草沟内、果树旁	是	1	
				否	0	
	平面布局（3）	区域选择（1）	是否设置地下水稀缺、土壤渗透条件较好、降水量丰沛的区域	是	1	
				否	0	
			是否设置在建筑、道路或停车场周边的绿地	是	1	
				否	0	
		间距（2）	距离建筑基础不小于 5 m、距离生活饮用水储水池不小于 10 m（1）	是	1	
				否	0	
			渗井之间的最小间距不得小于储水深度的 4 倍（1）	符合要求	1	
				不符合要求	0	

设施名称	一级指标	二级指标	评分要点			分数	备注
渗井	竖向设计（2）	井深（0.3）	深井深度＞1500 mm；浅井深度＞1000 mm		符合要求	0.3	
					不符合要求	0	
		井壁深（0.3）	深井：上井壁深为1000 mm，下井壁深＞500 mm；浅井：井壁深＞700 mm		符合要求	0.3	
					不符合要求	0	
		地下水位至井底距离（0.3）	不应小于1.5 m		符合要求	0.3	
					不符合要求	0	
		渗井顶低于汇水面的距离（0.3）	≥80 mm		符合要求	0.3	
					不符合要求	0	
		渗井顶至储水设施底部的距离（0.2）	50～250 mm		符合要求	0.2	
					不符合要求	0	
		周边的土壤渗透系数（0.3）	＞$5×10^{-6}$ m/s		符合要求	0.3	
					不符合要求	0	
		出水管内底高程（0.3）	渗井出水管内底高程应高于进水管内顶高程，但不应高于上游相邻井的出水管内底高程；井内渗排管口需高于砂层100 mm		符合要求	0.3	
					不符合要求	0	
	结构（3）	基础（1.4）	基础强度（1）	基础强度是否满足相应地面承载力的要求	是	1	
					否	0	
			基础结构层完整（0.4）	是否满足《给水排水管道工程施工及验收规范》（GB 50268—2008）的要求	是	0.4	
					否		
		井体及排水输水层（1.6）	过滤层（0.4）	透水性K是否小于等于$1×10^{-3}$ m/s	是	0.4	
					否	0	
			透水土工布（0.4）	材料、宽度、渗透性能是否满足规范要求（应选用无纺土工织物，单位面积质量为200～300 g/m²，土工布搭接宽度≥150 mm，土工布的宽度应足够包裹砾石层）	是	0.4	
					否		
			土壤渗透率（0.4）	土壤渗透条件是否良好（K≥$5×10^{-6}$ m/s）	是	0.4	
					否	0	
			砾石排水层（0.4）	砾石排水层的粒径是否符合规范要求（25～40 mm）	是	0.4	
					否	0	
	排水设计（1）	渗排管（1）	管道接法（1）	是否满足《给水排水管道工程施工及验收规范》（GB 50268—2008）的要求	符合	1	
					不符合	0	

表 6-43　钢筋混凝土，硅砂蓄水池、PE，不锈钢水箱、蓄水模块指标评分表

设施名称	一级指标	二级指标	评分要点			分数	备注
钢筋混凝土 / 硅砂蓄水池、PE/ 不锈钢水箱、蓄水模块	类型选用（2）	种类选用（2）	设于地上	采用不锈钢水箱		2	硅砂蓄水池、蓄水模块不宜设置在行车道下
				采用 PE 水箱、钢筋混凝土蓄水池		1	
				采用蓄水模块、硅砂蓄水池		0	
			设于地下	采用蓄水模块或玻璃钢、钢筋混凝土、硅砂蓄水池		2	
				采用 PE 水箱		1	
				采用不锈钢水箱		0	
			设于地下室内	采用钢筋混凝土蓄水池或 PE/ 不锈钢水箱		2	
				采用蓄水模块、硅砂蓄水池		0	
	平面布局（2）	距建筑的距离（2）	3 m ≤距建筑的距离＜ 5 m			2	
			5 m ≤距建筑的距离＜ 10 m			1	
			10 m ≤距建筑的距离＜ 20 m			0.06	
			距建筑的距离≥ 20 m			0	
	竖向设计（2）	埋深（1）	根据材料强度、外部荷载、土壤性质、冰冻深度综合考虑，还需符合荷载、抗浮要求			0.1	
			不符合荷载、抗浮要求			0	
		池体净深（1）	符合《给水排水构筑物工程施工及验收规范》（GB 50141—2008）中的验收标准			0.1	
			不符合验收标准			0	
	结构（3）	池体构造	拦污装置（0.1）	是否设置拦污装置	是	0.1	
					否	0	
			溢流设备（0.4）	是否有溢流设备	是	0.4	
					否	0	
			防护措施（0.4）	敞开式蓄水设施是否有防护措施	是	0.4	
					否	0	
			承载力（0.5）	池体承载力是否满足使用场景要求	是	0.5	
					否	0	

设施名称	一级指标	二级指标	评分要点			分数	备注
钢筋混凝土/硅砂蓄水池、PE/不锈钢水箱、蓄水模块	结构（3）	池体构造	防水措施（0.5）	硅砂蓄水池和蓄水模块是否进行防漏处理	是	0.5	
					否	0	
			排泥设施（0.2）	是否设置排泥设施	是	0.2	
					否	0	
			池底坡度（0.2）	钢筋混凝土蓄水池池底坡度不小于5%	是	0.2	
					否	0	
			检修设施（0.3）	是否设计检查口或人孔	是	0.3	
					否	0	
			管材的选取（0.1）	是否符合《给水排水管道工程施工及验收规范》（GB 50268—2008）的要求	是	0.1	
					否	0	
		基层结构（0.3）		符合《给水排水构筑物工程施工及验收规范》（GB 50141—2008）中的验收标准		0.3	
						0	
	蓄排模式（1）	蓄水率（0.3）	蓄水率≥95%			0.3	
			80%≤蓄水率＜95%			0.2	
			50%≤蓄水率＜80%			0.1	
			蓄水率＜50%			0	
		排水设计（0.7）	回用	回用至景观补水	回用率为100%	0.4	
				回用至道路冲洗、浇洒、冷却塔补水	回用率为80%～100%	0.3	
			部分回用	部分回用至用水点	回用率为50%～80%	0.2	
					回用率为20%～50%	0.1	
			直排	直接排向市政管网	回用率为0～20%	0	
			水质	符合《建筑中水回用技术规程》（DB21/T1914—2011）中的水质标准	符合	0.3	
					不符合	0	

表 6-44 雨水桶指标评分表

设施名称	一级指标	二级指标	评分要点		分数	备注
雨水桶	类型选用（2）	规格（2）	容积是否满足要求，是否过量（2）	满足	2	
				超过需要容积的5%	1	
				不满足	0	
	平面布局（3）	区域选择（3）	放置位置是否靠近落水管（1）	就在落水管下方	1	
				离落水管距离≤5 m	0.4	
				离落水管距离大于5 m	0.1	
			是否靠近回用区域（例如种植区域）（0.8）	离回用区域距离≤15 m	0.8	
				15 m＜离回用区域距离≤30 m	0.4	
				离回用区域距离＞30 m	0.1	
			是否在窗边、主要道路等位置使用雨水桶（0.8）	是	0	
				否	0.8	
			是否在工业建筑旁采用雨水桶（0.4）	是	0	
				否	0.4	
	竖向设计（1）	垫层（1）	垫层高度是否为40～60 cm（1）	是	1	
				否	0.5	
	结构（3）	构造（2）	弃流设备（0.5） 是否设计弃流设备	是	0.5	
				否	0	
			溢流设备（0.5） 是否有溢流设备	是	0.5	
				否	0	
			取水口（1） 取水口是否标明非饮用水	是	0.5	
				否	0	
			取水口位置是否方便取水	是	0.5	
				否	0	
		基层结构（1）	基层结构（1） 基层结构是否完整	是	0.5	
				否	0	
			承载力是否满足要求	是	0.5	
				否	0	
	蓄排模式（1）		蓄水率（0.3）	蓄水率≥95%	0.3	
				95%＞蓄水率≥80%	0.2	
				80%＞蓄水率≥50%	0.1	
				50%＞蓄水率	0	

续表

设施名称	一级指标	二级指标	评分要点			分数	备注
雨水桶	蓄排模式（1）	排水设计（0.7）	回用	回用至景观补水	回用率为100%	0.4	
				回用至道路冲洗、浇洒、冷却塔补水	回用率为80%～100%	0.3	
			部分回用	部分回用至用水点	回用率为50%～80%	0.2	
					回用率为20%～50%	0.1	
			直排	直接排向市政管网	回用率为0～20%	0	
			水质	符合《建筑中水回用技术规程》（DB21/T 1914—2011）中的水质标准	符合	0.3	
					不符合	0	

表 6-45　生态多孔纤维棉指标评分表

设施名称	一级指标	二级指标	评分要点		分数	备注
生态多孔纤维棉	类型选用（2）	规格（2）	尺寸大小是否合理（1）	是	1	
				否	0	
			容积是否满足要求（1）	满足	1	
				不满足	0	
生态多孔纤维棉		抗压能力（1）	是否满足《生态多孔纤维棉》（T/CBMCA 006—2018）的要求	是	1	
	结构（5）			否	0	
		渗透系数（1）		是	1	
				否	0	
		孔隙度（1）		是	1	
				否	0	
		外观（1）		是	1	
				否	0	
		理化指标（1）		是	1	
				否	0	
	蓄排模式（3）	蓄水率（1）	蓄水率＞80%		1	
			蓄水率＞70%		0.6	
			蓄水率＞65%		0.3	
			蓄水率≤65%		0	
		下渗设计（2）	在外界条件不变的情况下，水分损失在24 h不超过5%（1）	是	1	
				否	0	
			是否随着周边土壤的干涸程度释放水分（1）	是	1	
				否	0	

表 6-46 环保雨水口指标评分表

设施名称	一级指标	二级指标	评分要点		分数	备注
环保 雨水口	类型选用 （1）	种类选用 （1）	无路缘石的路面、广场、地面低洼聚水处	选用平算式雨水口	1	
				其他	0.5	
			算隙容易被杂物堵塞的地方	选用立算式雨水口	1	
				其他	0.5	
			路面较宽、有路缘石、径流量较集中且有杂物处	选用联合式雨水口	1	
				其他	0.5	
	平面布局 （3）	位置选用 （1）	布置位置是否合理	是否布置在汇水点处、集中来水点处、截水点处、十字路口处，是否根据雨水径流方向布置雨水口	1	
				并未根据雨水径流方向布置雨水口	0.3	
				并未布置在汇水点处、集中来水点处、截水点处、十字路口处	0.2	
	平面布局 （3）	设置数量 （1）	是否依据水量来确定（雨水口和雨水连接管流量应为雨水管渠设计重现期计算流量的 1.5～3.0 倍，并应按该地区内涝防治设计重现期进行校核；串联雨水口个数不宜超过 3 个）	是	0.5	
				否	0.1	
		间距要求 （1）	间距是否符合规范要求（宜为 25～50 m，当道路纵坡坡度大于 0.02 时，雨水口间距可大于 50 m）	是	0.5	
				否	0.1	
	竖向设计 （2）	雨水口井面高程（1）	平算式雨水口的井面高程应比路面稍低 3～4 cm，立算式雨水口进水处路面标高应比周围路面标高低 50 mm，当设置于下沉式绿地中时，雨水口做法参考平算式雨水口设计，雨水口的算面标高应根据雨水调蓄设计要求确定，且应高于周围绿地平面标高	符合要求	1	
				不符合要求	0	
		雨水口连接管管径、坡度（1）	最小管径为 200 mm，最小坡度为 0.01	符合要求	1	
				不符合要求	0	
	结构（3）	截污（1）	是否安装截污挂篮等设备	是	1	
				否	0	
		防堵（1）	是否有防堵设计	是	1	
				否	0	
		过滤（1）	是否设计过滤层	是	1	
				否	0.5	

设施名称	一级指标	二级指标	评分要点		分数	备注
环保雨水口	蓄排模式（1）	雨水口连接管长度（0.5）	雨水口连接管长度是否小于等于25 m	是	0.5	
				否	0	
		雨水口连接管传输雨水的能力（0.5）	雨水连接管传输雨水的能力是否符合要求	是	0.5	
				否	0	

表 6-47　分流器与弃流设备指标评分表

设施名称	一级指标	二级指标	评分要点		分数	备注
分流器与弃流设备	类型选用（2）	位置选用（2）	设置分流井的位置是否有必要（1）	有	1	在需要的地方设置，例如蓄水池前
				无	0	
			分流井是否安装在总管上（1）	是	1	
				否	0	
分流器与弃流设备	结构（7）	弃流雨水深度（2）	弃流雨水时是否能弃流合适的深度（2）	是	2	初期雨水弃流深度：屋面2～3 mm，地面3～5 mm
				否	0	
		弃流后的雨水的去向（3）		排入污水管网	3	
				排入附近生物滞留设施	2	
				排入雨水管网	0	
		集弃流、过滤、沉淀、排污功能于一体（2）	分流器是否集弃流、过滤、沉淀、排污功能于一体（2）	是	2	
				否	0	
	蓄排模式（1）	过水能力（1）	不影响管网的正常使用（1）	是	1	
				否	0	

表 6-48　排水路缘石指标评分表

设施名称	一级指标	二级指标	评分要点		分数	备注
排水路缘石	类型选用（1）	种类选用（1）	市政道路	开口/开孔路缘石、透水路缘石	1	
				三角路缘石	0	
			小区道路及广场	开口/开孔路缘石、透水路缘石、三角路缘石	1	

设施名称	一级指标	二级指标	评分要点			分数	备注
排水路缘石	平面布置（2）	位置选用（2）	是否设置在中间分隔带、两侧分隔带或路侧带两侧		是	2	
					否	0	
	竖向设计（2）	坡度、坡向（2）	开口路缘石的坡度、坡向是否邻近绿地		是	2	
					否	0	
	结构（4）	外观质量（1）	色差与裂缝	是否符合《混凝土路缘石》（JC/T 899—2016）中规定的要求	是	1	
		尺寸偏差（1）	长、宽、高				
			平整度与垂直度				
		力学性能（1）	抗折				
			抗压		否	0	
		物理性能（1）	吸水				
			抗冻				
			抗盐				
	排水设计（1）		是否能将雨水引入周围绿地、雨水管道中（1）		是	1	
					否	0	

表 6-49　渗管／渠指标评分表

设施名称	一级指标	二级指标	评分要点		分数	备注
渗管／渠	类型选用（1）	种类选用（1）	建筑与小区的公共绿地内转输流量较小且土壤渗透情况良好的区域	采用穿孔塑料管	1	
				不采用穿孔塑料管	0	
			地下盲沟排水	采用无砂混凝土透水管／渠	1	
				不采用无砂混凝土透水管／渠	0	
	平面布置（3）	位置选用（3）	距离建筑基础 ≥ 5 m、距离生活饮用水储水池不应小于 10 m（1）	是	1	
				否	0	
			是否布置在建筑小区的公共绿地中转输流量较小的区域（0.5）	是	0.5	
				否	0	
			是否布置在地下水位较高、径流污染严重或易出现结构塌陷等不宜进行雨水渗透的区域（0.5）	是	0	
				否	0.5	
			渗透管沟最小间距不宜小于 2 m（0.5）	符合要求	0.5	
				不符合要求	0	
			是否布置在行车道底部（0.5）	是	0	
				否	0.5	

续表

设施名称	一级指标	二级指标	评分要点		分数	备注
渗管/渠	竖向设计（2）	管径、坡度（0.5）	管道敷设坡度宜采用0.01～0.02，内径不应小于150 mm（0.5）	符合	0.5	
				不符合	0.05	
		检查井(1)	是否合理布置检查井（0.5）	是	0.5	
				否	0	
			渗透检查井的出水管的管底标高应高于进水管管顶标高（0.5）	是	0.5	
				否	0	
		标高（0.5）	渗管系统底标高是否高于地下水位600 mm以上（0.5）	是	0.5	
				否	0	
	结构（3）	渗透层(1)	渗透层是否采用砾石（1）	是	1	
				否	0.5	
		土工布(1)	是否被透水土工布包裹（1）	是	0.1	
				否	0	
	结构（3）	开孔率(1)	穿孔塑料管的开孔率是否在1.0%～3.0%之间（0.5）	是	0.5	
				否	0	
			无砂混凝土管的开孔率≥20%（0.5）	是	0.5	
				否	0	
	排水设计（1）	排水时间（1）	是否符合《武汉市海绵城市设计文件编制规定及技术审查要点》的要求（1）	是	1	
				否	0	

表 6-50　渗排板指标评分表

设施名称	一级指标	二级指标	评分要点		分数	备注
渗排板	类型选用（2）	种类选用（2）	1. 在需要保护的构筑物和防水层中 2. 需抵抗土壤中的各类酸碱和植物的根刺时 3. 地下室外墙回填土时	选用渗排板	2	
				未选用渗排板	0	
	平面布置（1）	位置选用（1）	距离建筑基础≥5 m、距离生活饮用水储水池不应小于10 m	是	1	
				否	0	
	竖向设计（1）	回填土厚度（1）	回填土厚度≥500 mm后方可在上面行走车辆	符合规定	1	
				不符合规定	0	

续表

设施名称	一级指标	二级指标	评分要点			分数	备注
渗排板	结构（4）	单位面积质量（1）	单位面积质量	是否符合《塑料防护排水板》（JC 2112—2012）中规定的要求	是	1	
					否	0	
		规格（1）	厚度		是	1	
			宽度及长度				
			凹凸高度		否	0	
		外观（1）	边缘整齐、有无可见缺陷		是	1	
			抗压		否	0	
		物理性能（1）	伸长率		是	1	
			最大拉力				
			断裂伸长率		否	0	
			撕裂性能				
			压缩性能				
	排水设计（2）	排水导水性（0.8）	是否协助快速导出雨水		是	0.8	
					否	0	
		保护防护性（0.8）	是否起到了防止土壤中各类酸碱和植物的根刺侵蚀构建物的作用		是	0.8	
					否	0	
		隔音、防潮功能（0.4）	是否起到隔音、防潮的作用		是	0.4	
					否	0	

6.3　技术措施评估内容及方法

技术措施分档见表 6-51。

表 6-51　技术措施分档表

	高	中	低
汇水分区	汇水分区数量大于雨水排出口数量之和		汇水分区数量等于雨水排出口数量之和
	场地径流完全能按照设计汇入该汇水分区内的调蓄设施	场地径流基本能按照设计汇入该汇水分区内的调蓄设施	
	各汇水分区完全独立，能够满足内部蓄水容积	各汇水分区较为独立，能够满足内部蓄水容积或场地具备连通性，汇水分区可共同满足蓄水容积	汇水分区不能满足内部所需蓄水容积，场地条件也不具备连通性

	高	中	低
雨水去向	将场地内部收集到的雨水，经过净化处理设备进行过滤甚至消毒，达到与人体接触景观用水标准	场地内部采用将收集的雨水（下沉式绿地收集或成品设施收集均可），经过初期弃流，达到景观用水水质标准	场地内部采用直排与调蓄下渗相结合的方式、管道无错接、混接情况
断接技术	断接屋面区域涉及高层住宅但采取生态消能措施，如植被缓冲带等	断接屋面区域涉及高层住宅但采取消能措施	断接区域涉及高层住宅且未采取消能设施
	断接范围未涉及污染较为严重区域		断接范围涉及污染较严重区域
	断接场地径流路径无须穿过消防环线	断接场地径流路径须穿过消防环线并设置排水沟	径流路径须穿越消防环线且无任何处理设施
初期弃流	弃流量符合相关规定 弃流方式适宜该场地条件	雨水收集设施中设置了弃流装备	未进行雨水收集
虹吸排水	车库顶板或屋面采用虹吸排水模式且能够正常发挥作用	采用虹吸排水但较少达到满管流的状态	未采用虹吸排水

分档依据如下。

汇水分区：根据《武汉市海绵城市设计文件编制规定及技术审查要点》的规定，汇水分区数量不应小于雨水排出口数量之和，因此这是一个基本条件，所有项目均应满足。数量满足后，需通过竖向判断径流能否按照设计流入该汇水分区的调蓄设施，以及该汇水分区能否满足场地径流所需，此两点规范未严格规定，但根据项目经验及合理性进行了分档。

雨水去向：根据雨水是否回用及回用的净化程度分档。

断接技术：断接主要涉及是否采用消能设施及生态性原则；断接范围涉及污染较严重区域的径流虽然未在审查要点中明确指出，但在一般场地条件下是较容易避免的，因此设计者需注意及避免这点才有可能被评为中档及以上；道路高程高于绿地，因此绿地的径流穿越道路时需在下方设置排水沟，才能顺利通过，否则只是数据达标，与实际不符，只能分到低档。

初期弃流：初期弃流只存在于雨水收集的情况下，因此采用了初期弃流可以被分为中、高档，弃流量符合相关规定即可分为高档。

虹吸排水：虹吸排水技术使用项目频率较低，因此采用了该项技术即可评为中、高档，但由于设计及施工可能间接性不能满管流，从而达不到虹吸效果，只能分为中档。

6.3.1 汇水分区

汇水分区是根据地形地貌划分的雨水地面径流相对独立的汇流区域。

6.3.1.1 汇水分区数量

汇水分区数量不应小于雨水排出口数量之和。

6.3.1.2　分区特性

汇水分区需根据场地设计标高、排出口、雨水收集范围划分。

对于地势平坦的场地，道路的中线或广场脊线为场地的高点，可作为汇水分区的分界线。

6.3.1.3　消纳能力

如某汇水分区内调蓄容积无法满足内部需求，则可根据场地条件，判断其与其他汇水分区是否具有连通的可能性，如条件允许，则两个汇水分区共同满足指标即可。

6.3.2　雨水去向

严禁回用雨水进入生活饮用水给水系统。

雨水利用应采用雨水入渗系统、收集回用系统、调蓄排放系统之一或其组合，并满足如下要求：

①雨水入渗系统宜设雨水收集、入渗等设施；

②收集回用系统应设雨水收集、储存、处理和回用水管网等设施；

③调蓄排放系统应设雨水收集、储存设施和排放管道等设施。

6.3.3　断接技术

断接技术是通过切断建筑落水管的径流路径，将径流合理引导至绿地等透水区域，通过渗透、调蓄及净化溢流等方式控制径流雨水的方法。

6.3.3.1　区域选择

对于雨水径流总量控制率目标值不低于 75% 的项目，屋面雨水宜断接，使其流经调蓄设施后再排至市政雨水管网。

污染严重的工业汇水区域，一般不适宜做雨水断接，以免污染转移扩散。同理可得，住宅小区中垃圾回收站等区域因雨水污染严重，收集的水质较差，不适宜做雨水断接。

6.3.3.2　径流路径

断接硬质铺装径流到蓄水设施中，如穿过消防环线，则需增设排水沟，使径流顺利穿过，增加施工难度及成本。

6.3.3.3　断接方式

（1）建筑屋面断接

①切断方式。

按照屋面排水形式，可分为建筑外排水断接和建筑内排水断接，如图 6-39 所示。

建筑外排水断接一般比较简单，费用较少。

建筑内排水断接相对复杂，不仅需要切断雨水管，更重要的是处理与建筑的关系。通常应做穿墙引管改造，雨水管穿墙时需打洞，具有一定的难度。综上所述，屋面断接方式由建筑排水方式决定，因此采用合适的方式即可得分。

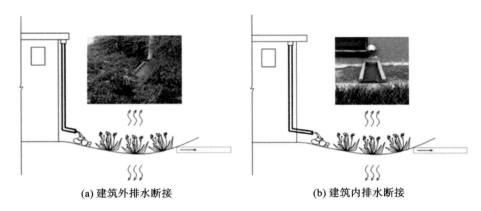

(a) 建筑外排水断接　　　　　　　　　(b) 建筑内排水断接

图 6-39　断接方式图

②种类选用。

断接雨水至下沉式绿地（广义），雨水入渗可补充地下水，还于自然的成本较低，采用雨水桶施工便捷，使用简单，便于维护；断接至蓄水池等设施则设施成本及管网成本较高，维护较为复杂。

③断接处与建筑距离。

当断接的雨水排入绿地时，断接处最好与墙体保持一定间距，有资料表明一般应大于 0.6 m。

④消能设施。

高层建筑的断接应设置布水消能措施，防止对绿地造成侵蚀。

《武汉市海绵城市规划技术导则》指出海绵城市的建设应坚持规划引领、生态优先、安全为重、因地制宜、统筹建设的原则。由于生态优先，在同等条件下，使用生态设施优于使用成品设施。

a. 成品设施：消能池、消能管、水簸箕、混凝土散水。

b. 生态设施：砾石缓冲带 + 植被缓冲带、植被缓冲带。

（2）非建筑屋面断接

①道路。

道路断接是典型的非建筑屋面断接，方法相对简单，重点是切割或拆除阻碍径流流向的物体，如路缘石等，并调整场地与绿地的竖向和衔接关系，如图 6-40 所示。应根据道路的等级及道路红线内外的绿地关系，合理进行道路断接。断接时通常要结合机非隔离带、树池等路旁景观绿地，引导雨水进入绿地或专门设计于绿地内的雨水设施，必要时封堵道路原雨水口。雨水排放路径变更后，溢流的雨水还应与传统排水系统衔接，即绿地区应设溢流井和排水管道，排放超过绿地容量的暴雨径流。

②停车场。

停车场断接除参照道路断接外，根据停车场的规模大小、空间布局及绿地分布，一般可分为集中式断接和分散式断接（图 6-41）。当停车场内部绿化率很低，且附近有集中绿地时可选择集中式断接，将场地雨水集中接入场外绿地。若停车场内分布较多的绿地，可做分散式断接，将场地雨水就近接入绿地。也可根据停车场大小等条件，在停车场内采用"切割"硬化面方法，营造部分分散消纳雨水径流的雨水花园等生物滞留设施。

③广场。

广场多为大型连续性硬化场地，一般其周围或内部有一定的绿地空间，断接的方法与停车场类似，但因不受车辆停靠和行驶的影响，比停车场断接更灵活，具体根据广场类型、功能、规模及相关管理部门的要求而定。一般根据其平面布局、竖向关系及绿化率，有外围式、内填式和切割式几种，如图 6-42 所示。

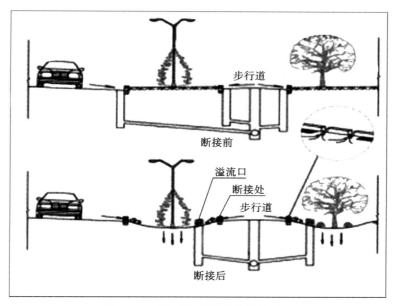

图 6-40　道路断接的竖向衔接关系图

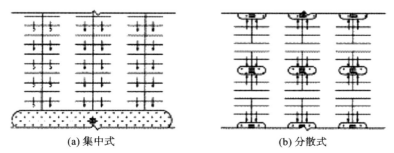

图 6-41　停车场断接与绿地分布关系图

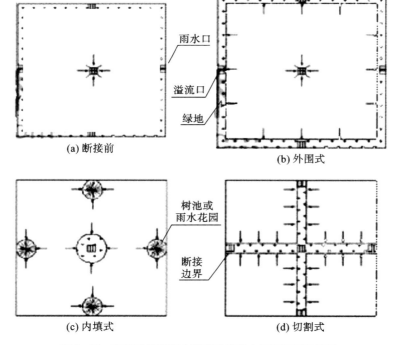

图 6-42　广场断接及雨水滞留设施集中平面布局示意图

综上所述，非建筑屋面断接形式需根据场地条件选择。

6.3.4 初期弃流

一般情况下，在降雨形成径流的初期污染物浓度最高，随着降雨历时增长，雨水径流中的污染物浓度逐渐降低，最终维持在一个较低的浓度范围。初期雨水弃流可去除径流中大部分污染物，包括细小的或溶解性的污染物。现有初期雨水弃流装置包含以下几种：弃流雨水池、切换式或小管弃流井、旋流分离器、自动翻板式初雨分离器、流量型或雨量型雨水初期弃流装置、渗透弃流井和跳跃堰式雨水分流井。

6.3.4.1 弃流量

初期弃流量应按照下垫面实测收集雨水的 CODCr、SS、色度及污染物浓度确定。当无资料时，屋面弃流可采用 2～3 mm 径流厚度，地面弃流可采用 3～5 mm 径流厚度。

6.3.4.2 弃流方式

（1）阀门控制的雨水弃流方式（属于分散式的末端处理）

应用位置：屋面雨水回收利用时的初期雨水弃流。

优点：构造简单、实用，而且能较好地实现自动控制，在构造合理的情况下，弃流的雨水更接近实际所需状况。

缺点：需要一定的人工维护，对占地面积大、人流又相对集中的项目而言，这种设备的用量会非常大。每根雨水管的末端和雨水口均设置弃流装置，无论是施工安装、设备维护，还是资金投入都是不小的问题。

（2）旋流分离器雨水弃流装置

应用位置：多适用于汇水面积和径流区域性质较稳定的地方排水。

原理：通过改变筛网的面积和目数实现不同地区、不同流量的初期雨水弃流。

优点：可以运用下一次的初期雨水来对设备进行清洁，不需要配备专门的清洁人员。

缺点：适应环境变化的能力较弱。合金材料的腐蚀、汇水区域面积的变化都可能背离已经设计好的原有面积和目数筛网的最佳雨水弃流量，而且设备投资、维护量较大。

（3）在蓄水池内（附近）设专用弃流池的弃流方式

应用位置：该方式多适用于设置数量受限、大面积、高峰人数相对集中的广场、步行街等场合。

优点：该装置设置方法简单，而且完全是土建施工，技术成熟。在设置位置和数量有限制的地方可以灵活多变，维护、管理相对简单，投资较小。

缺点：超声波液压水位的控制方式使得它的控制系统较复杂，同时，它还有另外一个显著的缺点，距离弃流池远近不同的初期雨水到达弃流池的时间不同，如果划分区域不合理，有可能出现近处中、后期雨水已经到达弃流池而远处初期雨水还没有到达的情况。

改进措施：为了减少上述情况的发生，在设计时要综合考虑服务区面积的划分、管道的布置形式、弃流池的位置、雨水口的布局以及集流时间等各项因素，尽可能使设计达到最优化。

（4）雨水跳跃井

应用位置：多适用于大面积广场以及道路等的初期雨水的排除。

优点：该方式完全是利用土建构筑物，不带有任何机电设备，依据水流自身的变化特点实现雨水分离，结构简单，几乎不需要人工维护，而且还不受外界环境因素的影响。当雨量较大时，弃流沟还可以兼作溢流管道。溢流的水排入污水厂处理，可以很好地避免截留式合流制排水方式引起的水体污染。

缺点：会出现距离跳跃井远近不同的初期雨水到达雨水截流沟时间差的问题。而且，降雨的后期，随着径流量的变小，相对干净的雨水也会被截流沟截流排除，造成水资源的浪费。

（5）小管弃流（水流切换法）方式

应用位置：该法用来弃流初期污染严重的小流量径流。

优点：可以利用雨水检查井本身设置小管弃流，施工和维修都比较方便。

缺点：整个降雨过程，小管始终处于弃流的状态，弃流量无法控制，对于有雨水收集利用的场合会影响雨水收集量。

综上所述，实际评估需根据雨水弃流量大小、后期维护频率、成本等是否符合工程所需来进行。

6.3.5　虹吸排水

虹吸式屋面雨水系统是一种按虹吸满管压力流原理设计、可有效控制管内雨水压力和流速的屋面雨水排水系统。它具有排水能力强、用材省、水平管道不需要设坡度、安装空间小等特点，特别适用于公共建筑或工业建筑的大型屋面。

6.3.5.1　区域选择

适用区域如下。

大型厂房：屋面檐高在 4 m 以上，并存在内天沟，天沟长度在 30 m 以上，厂房内部不允许有落水管。

大型公共建筑：如图书馆、体育场馆、机场候机楼、火车站站房和站台无柱雨篷、大型商场、裙楼及排水管可能影响建筑美观的场合。

慎用区域：汇水点的总水头低于 3 m 且天沟较长的建筑。因为这种建筑的水平管内无法形成足够的动力，起不到明显的虹吸作用。住宅建筑的顶层没有布置尾管的足够空间，而且水平管内的流水噪声影响用户休息，加之住宅屋面面积不大，采用虹吸屋面排水需要慎重考虑。

6.3.5.2　雨水系统

①不同高度天沟或不同汇水区域的雨水宜采用独立的虹吸式屋面雨水系统排除。塔楼与裙房等不同高度的屋面汇集的雨水，应采用独立的系统单独排出。

②当绿化屋面与非绿化屋面不共用天沟时，应分别设置独立的虹吸式屋面雨水系统。

③重力流、半有压屋面雨水系统排水不得接入虹吸式屋面雨水系统。

6.3.5.3　设计重现期

虹吸式屋面雨水系统采用的设计重现期应根据建筑物的重要程度、汇水区域性质、气象特征等因素确定。《虹吸式屋面雨水排水系统技术规程》（CECS 183—2015）中指出对一般性建筑物屋面，其设计重现期宜采用 3～5 年，对重要的公共建筑物屋面、生产工艺不允许渗漏的工业厂房屋面，其设计重现期应根据建筑的重要性和溢流造成的危害程度确定，不宜小于 10 年。

注：大型屋面的设计重现期宜取上限值。

6.3.5.4 管道布置

①悬吊管可无坡度敷设，但不得倒坡。

②管道不得敷设在遇水会引起燃烧爆炸的原料、产品和设备上。管道不得敷设在有精密仪器、设备，对生产工艺或卫生有特殊要求的生产厂房内，以及贵重商品仓库、通风小室、电气机房和电梯机房内。

③管道不得穿过沉降缝、伸缩缝、变形缝、烟道和风道；必须穿过时，应采取相应技术措施。

④管道不宜设置在对噪声有较高要求的房间内，当受条件限制必须设置时，应有隔声措施。

⑤当排水管道外表面可能结露时，应根据建筑物性质和使用要求，采取防结露措施。

⑥当系统管道采用高密度聚乙烯（HDPE）塑料材质时，管道的敷设应符合国家现行防火标准的规定。

⑦连接管应垂直或水平设置，不宜倾斜设置。

⑧连接管的垂直管段直径不宜大于雨水斗出水短管的直径。

⑨立管管径应经计算确定，可小于上游悬吊管管径。除过渡段外，立管下游管径不应大于上游管径。

⑩系统立管应垂直安装。当受条件限制需倾斜安装时，其设计参数应通过试验验证。

⑪悬吊管与立管、立管与排出管的连接宜采用2个45°弯头或45°顺水三通，不应使用弯曲半径小于4倍管径的90°弯头。当悬吊管与立管的连接需要变径时，变径接头应设在2个45°弯头或45°顺水三通的下游（沿水流方向）。

⑫悬吊管管道变径宜采用偏心变径接头，管顶平接；立管变径宜采用同心变径接头。

⑬虹吸式屋面雨水系统的最小管径不应小于DN50。

技术措施指标评分见表6-52。

表 6-52 技术措施指标评分表

阶段	一级指标	二级指标	三级指标	评分要点		分数	备注
施工	技术措施（10）	汇水分区（2）	汇水分区数量（0.5）	汇水分区数量不小于雨水排出口数量之和（审查要点）		0.5	
			分区特性（1）	与排水分区相符，路径符合场地标高、坡向，能够照设计方案汇入海绵设施		1	
			消纳能力（0.5）	如各子汇水分区内部均能消纳内部雨水		0.5	
				如存在某汇水分区无法消纳该汇水分区内部径流量，则可在考虑场地适应性的情况下与其他汇水分区打通，达到共同消纳径流的目的		0.3	
		雨水去向（3）	直排（0.5）	存在混接、错接情况		0	
				该工程雨水径流均采用直排方式		0.5	
			非直排（2.5）	调蓄/下渗	该工程采用下沉式绿地等海绵设施使雨水调蓄或下渗	1	

阶段	一级指标	二级指标	三级指标		评分要点			分数	备注
施工	技术措施（10）	雨水去向（3）	非直排（2.5）	回用	饮用水给水系统	回用雨水进入生活饮用水给水系统	0	
					观赏性景观环境用水	雨水经蓄水池等调蓄设施收集且通过初期径流弃流，符合《建筑与小区雨水控制及利用工程技术规范》（GB 50400—2016）相关规定，达到观赏性景观环境用水标准的工程	1.5	
					娱乐性景观用水/绿化喷灌/冲洗道路/冷却塔补水	雨水前期通过初期径流弃流，后期经过雨水净化工艺[可选：混凝/沉淀/过滤/消毒（与人体接触时需进行消毒）]，符合《建筑与小区雨水控制及利用工程技术规范》（GB 50400—2016）要求的工程	2.5	
		断接技术（3）	区域选择（0.5）		工程未涉及污染严重的工业汇水区域，垃圾回收站等区域未做雨水断接		0.5	
			径流路径（0.5）		雨水断接后到蓄水设施的路径中，无须穿过消防环线		0.5	
					穿过消防环线下所设的线性排水沟		0.3	
					设计方案雨水径流须穿过消防环线但没有任何措施		0	
			断接方式（2）	建筑屋面断接（1）	切断方式（0.2）	与建筑排水方式相同	0.2	
					种类选用（0.3）	断接至雨水桶	0.3	
						断接到下沉式绿地（广义）	0.3	
						断接至蓄水模块/蓄水池	0.2	
					断接处与建筑距离（0.1）	>0.6 m	0.2	
					消能设施（0.4）	成品设施（0.3）：在落水管尽头为铺装并使用消能池、消能管、水簸箕	0.3	
						成品设施（0.3）：使用混凝土散水	0.2	
						生态设施（0.4）：在落水管尽头为绿化并使用砾石缓冲带+植被缓冲带	0.4	
						生态设施（0.4）：使用植被缓冲带	0.3	
				非建筑屋面断接（1）	道路	根据场地条件、规模大小、平面布局、场地竖向、绿地位置选择合适的断接方式，符合相关管理部门规定，按适宜程度给分	1	
					停车场			
					广场			

阶段	一级指标	二级指标	三级指标	评分要点	分数	备注
施工	技术措施（10）	初期弃流（1）	弃流量（0.5）	达到屋面弃流 2～3 mm，地面弃流 3～5 mm	0.5	
			弃流方式（0.5）	根据初期雨水弃流量的大小、后期维护频率、成本及区域设计条件进行择优选择，按与场地条件适宜程度给分	0.5	
		虹吸排水（1）	区域选择（0.2）	在大面积车库顶板及绿色种植屋面中采用虹吸排水的收集系统	0.2	
				1.汇水点的总水头低于 3 m 且天沟较长的建筑，起不到虹吸作用 2.住宅建筑面积不大，空间不够，噪声影响住户体验 3.做虹吸排水均不得分	0	
			雨水系统（0.3）	塔楼与裙房等不同高度的屋面汇集的雨水采用独立的系统	0.1	
				重力流，半有压屋面雨水系统排水没有接入虹吸式雨水屋面系统	0.1	
				绿化屋面与非绿化屋面分别设置独立的虹吸式屋面雨水系统	0.1	
			设计重现期（0.1）	小于 3 年	0	
				3 年以上	0.1	
			管道布置（0.4）	符合《虹吸式屋面雨水排水系统技术规程》（CECS 183—2015）等相关管道敷设规范	0.4	

6.4 景观品质评估内容及方法

景观品质除了前期的设计品质，还包括施工品质、后期维护的品质以及在景观环境中的精神场所的品质营造。本书拟以设计师评分为主、问卷调查为辅的评分形式对景观品质进行定性评估。

景观品质主要包括海绵设施的美观性和人们对景观的体验感，美观性依照海绵设施的类型特点，分为软景和硬景。软景包括绿地类海绵设施、水体和绿化墙面，评估内容偏向于设施内或设施周边的植物配置；硬景包括透水铺装和成品设施，评估内容偏向于设施与环境的融合性。体验感包括参与性和互动性，通过问卷调查确定评分。

6.4.1 美观性

6.4.1.1 软景

（1）绿地类海绵设施

①植物覆盖率。

植物覆盖率评分标准见表 6-53。

表 6-53　植物覆盖率评分标准表

评分项目	分值				
	10	8	6	4	2
覆盖率	当植被覆盖率大于 80% 时	当植被覆盖率介于 60%～80% 时	当植被覆盖率介于 40%～60% 时	当植被覆盖率介于 20%～40% 时	当植被覆盖率小于 20% 时

表格来源：冯梦珂. 低影响开发设施的植物景观评价与优化研究——以北京地区为例 [D]. 北京：北京建筑大学，2019.

冯梦珂在制定低影响开发设施植物景观评估指标评分标准时，认为海绵设施的植被覆盖率不少于 80%，少于 80% 植被覆盖率的海绵设施逐级降低分数；沈春林研究种植屋面施工技术时提出屋顶离地面越高，自然条件越恶劣，植物的选择越严格，各类草坪、花卉、树木所占比例应在 70% 以上。综合来看，绿地类海绵设施的植被覆盖率应不小于 80%。

②植物选型。

a. 绿色屋面。

Ⅰ. 选取长势良好、修剪次数少、易养护的植物。尽量减少由于植物浇灌和维护管理所产生的费用。

Ⅱ. 选取抗风能力强、植株低矮的植物。如果植株过高或不够坚硬，则风大时植株易倒伏，会影响绿化效果。

Ⅲ. 选取根系较浅的植物。植物根系不能超过种植土层厚度，受屋顶的承载力和成本的限制，其种植土层厚度一般为 10～30 cm。

b. 生物滞留设施。

Ⅰ. 选取耐淹、耐旱，净化能力强的植物。如果生物滞留设施是以控制径流污染为目的，优先选用净化能力强的植物。

Ⅱ. 要选择具有比较发达根系的植物，最好能够穿透种植土和填料层。但是，当生物滞留设施内有土工布、穿孔管等结构的，应尽量不去选用那些深根性的植物。

c. 植草沟。

Ⅰ. 选取根系比较庞大但叶茎短小、适合密集种植的植物来提升固土保水的能力，有效防止水土流失。

Ⅱ. 所选植物要以乡土植物为主，这些植物要有能够承受周期性的雨涝以及长时间的干旱的能力，并且要有养护简单和覆盖能力比较强的特性。

综合来看，海绵设施的植物多选用生长情况良好，无病虫害、无枯黄现象，且耐淹、耐旱、易养护的植物。

③植物多样性。

a. 以面积为 20 m²、深度为 0.35 m 的雨水花园为例，搭配 1 类乔木、1～2 类灌木、4～6 类草本共 6～9 类植物；以高位花坛为例，搭配 1 类灌木、1 类地被、3 类草本共 5 类植物；以景观品质较好的花园式植草沟为例，搭配 1～2 类花灌木、3 类草本共 4～5 类植物；以屋顶花园式绿色屋面为例，搭配 4～5 类低矮灌木、2 类草本共 6～7 类植物。得出结论，景观效果较好的海绵设施，单个植物组团至少需要 4 类不同种类的植物。常见绿地类海绵设施植物搭配见表 6-54。

表 6-54　常见绿地类海绵设施植物搭配表

绿地类海绵设施	上层	中层	下层	备注（开花、色叶植物）
雨水花园	水杉	红瑞木、绣线菊	金娃娃萱草、鸢尾、丝带草、花叶燕麦草、佛甲草	1 种色叶植物，3 种开花植物
	垂柳	山桃草、蒲苇	八宝景天、翅果菊、马蔺、金鸡菊、水毛花、早熟禾	6 种开花植物
高位花坛	小叶黄杨	大叶铁线莲	八宝景天、花叶燕麦草、蓍草	3 种开花植物
花园式植草沟		日本小檗、女贞	鸢尾、千屈菜、细叶芒	1 种色叶植物，2 种开花植物
屋顶花园式绿色屋面	红枫、国槐	大叶黄杨、连翘、金银忍冬	鼠尾草、萱草	2 种色叶植物，2 种开花植物

b. 植物的色彩、体量、形态都需要进行前瞻性的设计，层次合理，做到四季延绿、三季有花，增加植物景观群落的丰富性与观赏性。

④植物配置合理。

以面积为 20 ㎡、深度为 0.35 m 的雨水花园为例，搭配 1 类乔木、1～2 类灌木、4～6 类草本共 6～9 类植物；以高位花坛为例，搭配 1 类灌木、1 类地被、3 类草本共 5 类植物；以景观品质较好的花园式植草沟为例，搭配 1～2 类花灌木、3 类地被共 4～5 类植物；以屋顶花园式绿色屋面为例，搭配 4～5 类低矮灌木、2 类草本共 6～7 类植物。得出结论：

a. 绿地类海绵设施的植物组团一般采用"乔 + 灌 + 草""灌 + 草"配置模式，景观效果最好。

b. 海绵设施一般选用 3 种以上植株较鲜艳和开花时有较好观赏效果的品种，植物色彩协调。

（2）水体

①驳岸。

驳岸是水体景观中重点处理的部位，驳岸与水体形成的连续景观线是否能与环境相协调，主要取决于驳岸的类型及用材的选择。常见驳岸类型见表 6-55。

表 6-55　常见驳岸类型表

驳岸类型	材质选用	优点	缺点
普通驳岸	砌块（砖、石或混凝土浇筑）	坚实耐用护坡稳定	生硬呆板缺乏生态效应
阶梯驳岸	踏步砌块、仿木或青石阶梯	形式多变富有现代气息更易接近水面	表面易长青苔，安全性较低缺乏生态效应
卵石驳岸	木桩锚固卵石、卵石	自然优美	稳固性较差
自然缓坡驳岸	缓坡种植乔木、灌木、草本植物	空间开朗具有生态效应	后期维护成本高

驳岸的设计要符合整个环境的设计风格，虽然在后期维护过程中需要投入过多的人力、物力，但是驳岸不能以牺牲自然环境为代价，而是要进一步促进人与自然的和谐发展，因而选用自然生态的缓坡驳岸形式，尽可能保护生态环境中的生物，那么所呈现的景观效果会更好。

②截污措施。

水体承接的断接雨水可借助碎石带、生态植草沟、截流沉淀池等过滤地表径流雨水中的大颗粒污染物和固体废弃物，防止尘土、落叶、垃圾和雨水未经处理就进入水体，造成水体污染。

（3）绿化墙面

绿化墙面是指具有一定垂直高度的立面或特定隔离设施上，以植物材料为主体营建的一种绿化形式，主要类型包括模块式、铺贴式、攀爬式、摆花式、布袋式、板槽式等。

①植物多样性。

调查研究发现，人们更偏向于至少3种植物组成的种类更为丰富的绿墙，或者具有简洁美感的单一植物绿墙。

②植物质感。

叶片光滑细腻或是修剪较为整齐的垂直绿墙更容易获得人们的喜爱。

③植物选型。

选用根系牢固、不易落叶、质量轻、养护简单的常绿藤本、草本植物。

6.4.1.2　硬景

（1）透水铺装

①铺装设计。

在铺装形式方面，透水铺装的美观性可通过规划布局来体现，在铺装的设计阶段就可结合工程所在城市的地域、政治、文化等因素，综合利用构型设计和色彩搭配，做到基础设施与自然环境的完美融合，满足人类生活、工作、娱乐的需求。

城市居住区采用透水铺装时，应根据居住区现有的空间环境，体现以人为本的建设思想，采用不同的铺装材料来区分不同功能的铺装设施：如车行道，可采用整体性透水铺装，透水混凝土和透水沥青混合料等都是不错的选择；而人行步道的铺装，可根据不同的道路样式，采用颜色各异的透水砖，形成优美的步道景色。

以大连万科V-PARK为例，用三角形和不规则形状的透水沥青组合成儿童活动区，透水沥青路面上喷涂彩色树脂涂料，用色彩鲜艳的透水沥青划分不同的使用空间，使场地更具趣味性、美观性（图6-43）。

图6-43　透水铺装的造型感

透水铺装样式、色彩与普通铺装、建筑、绿地的边界空间处理自然，整体风格统一（图6-44）。

图6-44　透水铺装特色收口

②铺装材料。

常见铺装材料特性见表6-56。

表6-56　常见铺装材料特性表

铺装材料	特性
透水混凝土	透水混凝土孔隙率达15%～25%，孔穴呈蜂窝状且分布均匀；透水速率达10～200 cm/s，高于普通排水配置下的排水速率。透水混凝土具有较大的孔隙结构，因此抗冻融能力强，不会受冻融影响产生面层断裂。透水混凝土还具有独特的吸声降噪功能，能将地下温度传到地面，从而降低整个铺装地面的温度，在吸热和储热方面接近自然植被所覆盖的地面，能缓解城市的热岛效应
透水沥青	透水沥青属半透水类型，孔隙率可达8%～22%。大孔隙结构能有效降低车辆与路面摩擦引起的噪声，降低路面温度；透水沥青透水性良好，可减少路面积水产生的反光和打滑现象，提高雨天行车的安全性
透水砖	透水砖孔隙率可达20%～25%，透水率为20 cm/s，是块状透水铺装材料，采用拼装铺装形式。其孔隙率较高，因此具有高透水性、高散热性；材料表面的微小凹凸肌理对防止路面打滑和反光、减小噪声方面有明显的效果。透水砖不易冻融变形，易清理和维护

（2）成品设施

①色彩融合。

海绵设施色彩、拼接方式等与环境融合，相得益彰（图6-45）。

图 6-45　经过美观设计的落水管

②遮挡效果。

雨水桶、消能设施等成品设施如与环境不太协调，可设置景观植物或小品遮挡。

6.4.2　体验感

6.4.2.1　参与性

结合居民问卷调查的评分形式，综合评估海绵设施在场地内的使用情况和体验效果（表 6-57）。

表 6-57　小区居民问卷调查表

Q1：请问您的性别？
　　□男　　　□女
Q2：请问您的年龄？
　　□ 25 岁以下　　　□ 25 ～ 50 岁　　　□ 50 岁以上
Q3：当您购买房屋时注重小区的景观环境吗？
　　□注重景观设计品质及环境　　　□注重实用功能，如健身器材、儿童游乐场等　　　□偶尔留意，更关注房子
　　□不太在意
Q4：您对小区目前的景观品质满意吗？
　　□非常满意　　　□满意　　　□一般　　　□不太满意
Q5：您觉得小区是否符合小雨不湿鞋、大雨不积水？
　　□完全符合　　　□基本符合　　　□不太符合
Q6：您是否留意到了小区内的海绵设施，如下沉式绿地、雨水花园？请问您觉得它们美观吗？
　　□非常美观　　　□比较美观　　　□不美观　　　□没有留意过
Q7：您认为小区内是否有积水点、黑臭水情况？
　　□有数个积水点、有黑臭水　　　□有少数几个积水点　　　□无以上情况
Q8：请问您认为小区内的透水铺装品质如何，是否经常损坏？
　　□品质很好，跟一般铺装品质一致　　　□品质一般，较容易损坏　　　□品质不好，容易损坏
Q9：请问您对小区的海绵城市建设有什么意见或建议吗？

_____

_____

_____

6.4.2.2　互动性

以深圳深湾街心公园为例，将海绵设施与水景相结合，增加与居民的互动性。场地以生态方法蓄水、净水，需要时将水加以利用，收集的雨水用于绿化浇灌和景观补水，把湿地中蓄积的雨水抽到水渠桥，成为水景观的起点。10 m 高的飞瀑下落，经层层台地的滞留、净化，形成叠瀑景观，最终重新回到湿地的水循环中，滋养浇灌湿地水景，将海绵与景观结合，增加海绵设施系统的互动性（图 6-46）。

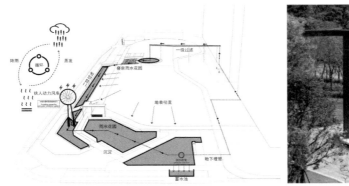

图 6-46　海绵景观与人之间的互动

6.4.3　科普性

6.4.3.1　科普宣传栏

通过这种科普宣传栏的形式让居民了解海绵设施建设的意义，包括海绵设施的分类、生活中海绵设施的应用、下雨天海绵设施如何缓解城市内涝，都能够通过文字、图片等宣传方式让居民了解得更清楚。居民海绵意识的提升有益于海绵设施的推广建设，以及后续海绵城市建设的发展。

6.4.3.2　可视化宣传设施

以武汉青山区钢城二中为例，钢城二中海绵改造以问题及校方需求为导向，进行雨污彻底分流，以"蓄、排"为思路，按照绿灰结合的方式解决学校内涝、控制面源污染，通过雨污水系统改造、景观打造、低影响开发措施等手段，提升校园排渍水平，对现状校园空间进行整合与重新布局，融合学校办学理念，打造一个兼具生态性、文教性的特色海绵校园。同时在校园中通过可视化宣传设施对海绵设施如何循环雨水进行科普宣传（图 6-47）。

图 6-47　可视化宣传设施

6.4.4 合理性

6.4.4.1 合理结合场地景观竖向

对海绵设施对应的地形设置与要求考虑不足，是目前景观设计人员普遍存在的短板。根据日常设计的反馈情况来看，相当多的景观设计人员对海绵设计需要的技术要领并不清晰，一方面，他们认为这是海绵城市设计专业负责的事，景观施工图只是套海绵城市设计专业的图，和自己关系不大；另一方面，对竖向设计、场地排水要求的技术要求不清晰，不知道要如何表达，因此出现了海绵城市设计无法和景观地形结合、景观设计施工图与海绵城市排水需要的地形不相符、施工图竖向设计与设计方案脱节等诸多问题。

合理结合场地景观竖向进行微地形设计，引流地表雨水汇入海绵设施，做到海绵设施与景观有效结合，达到海绵设施＋景观效果最优化。案例参照深圳深湾街心公园。

6.4.4.2 合理结合雨水径流路径

根据场地内竖向及雨水综合管网进行合理设计，布置海绵设施收集地表雨水汇入雨水管网，满足场地内排水需要。

6.4.5 耐久性

6.4.5.1 竣工验收合格

海绵设施材料及建设质量需要达到标准，很多建设方在采购建设中对于海绵设施的理解不到位，出于对成本的把控等诸多考虑，并未完全按照海绵设计中的标准做法进行施工，对海绵设施进行简单化处理，导致完工后海绵设施建设效果较差，无法达到预期排水效果，造成场地内涝。所以，对于建设完成后的海绵设施，需要进行竣工验收，对于不满足要求的海绵设施应进行整改。

6.4.5.2 后期维护达标

海绵设施需要定期维护确保功能性，才能延长使用周期，在一定期限内进行维护能够提升渗透率及排水效果。

景观品质指标评分见表6-58。

表6-58 景观品质指标评分表

阶段	一级指标	二级指标	三级指标		评分要点（根据以下符合程度得分，没达标酌情降低分数）	分数	备注
竣工验收	景观品质（10）	美观性（8）	软景（6）	绿地类海绵设施（4）	植物覆盖率：在绿色屋面、下沉式绿地、雨水花园等海绵设施内的覆盖率不少于80%	1	
					植物选型：①植物生长情况良好，无病虫害、无枯黄现象；②选用耐淹、耐旱、易养护植物	1	
					植物多样性：①种类丰富，单个植物组团至少需要4类不同种类的植物；②植物时序性长，景观四季效果良好	1	
					植物配置合理：①各植物组团运用"乔＋灌＋草""灌＋草"等植物配置模式；②色彩协调，选用3种以上色叶或开花植物；③无裸露土地，草皮密植，地被与乔灌木无缝衔接。（包括但不局限于耐旱、耐淹植物种植区域合理,乔灌草种植区域合理）	1	

阶段	一级指标	二级指标	三级指标		评分要点（根据以下符合程度得分，没达标酌情降低分数）	分数	备注
竣工验收	景观品质（10）	美观性（8）	软景（6）	水体（1）	驳岸：驳岸与水体形成的连续景观线与环境相协调，选用自然生态的缓坡驳岸形式，尽可能保护生态环境中的生物，植物配置合理、多样化	0.5	
					截污措施：采用截流沉淀池、生态植草沟等设施过滤污染物，减少水体污染，保持水质干净	0.5	
				绿化墙面（1）	植物多样性：种类丰富，选用至少3类不同种类的植物，或者单一种类的植物，都可得分，反之减分	0.33	
					植物选型：①选用根系牢固、质量轻、易养护植物；②选用常绿藤本、草本植物	0.33	
					植物质感：采用修剪较为整齐、叶片光滑细腻的绿化墙面	0.33	
			硬景（2）	透水铺装（1）	1.铺装设计：①透水铺装样式多样丰富，具有造型感、流畅感；②透水铺装样式、色彩与普通铺装、建筑、绿地衔接自然，整体风格统一 2.铺装材料：选取的铺装材料规格尺寸合理	1	
				成品设施（1）	1.色彩融合：海绵设施色彩、拼接方式等与环境融合，相得益彰 2.遮挡效果：雨水桶、消能设施等成品设施设置景观植物或小品遮挡	1	
		体验感（0.5）	参与性（0.25）		1.居民认同"小雨不湿鞋，大雨不积水"的海绵设计 2.居民了解地块的海绵设施并评估	0.25	
			互动性（0.25）		回用的雨水与水景融合，增强人与景观及人与人之间的互动，使海绵设施具有趣味性、互动性	0.25	
		科普性（0.5）	科普宣传栏（0.25）		有效宣传推广海绵设施，使居民了解海绵设施对于居住环境的影响	0.25	
			可视化宣传设施（0.25）		使居民了解下雨时海绵设施如何运作，缓解城市内涝	0.25	
		合理性（0.5）	合理结合场地景观竖向（0.25）		结合场地景观竖向进行微地形设计，引流地表雨水汇入海绵设施，做到海绵与景观有效结合，达到海绵设施+景观效果最优化	0.25	
			合理结合雨水径流路径（0.25）		结合场地雨水径流路径，满足场地内排水需要	0.25	
		耐久性（0.5）	竣工验收合格（0.25）		海绵设施材料及建设质量达到标准	0.25	
			后期维护达标（0.25）		定期维护确保功能性，使用周期长 $\Delta S=0\%$	0.25	

注：本一级指标以设计师评分为主，辅以居民问卷调查，综合评分。

6.5 运营维护评估内容及方法

6.5.1 监测评估

根据降雨径流的汇流过程，海绵城市试点区的在线监测按照"源头—过程—末端"的思路进行系统化布点。布点方案为背景监测布点、典型项目监测布点、管网／排口监测布点以及末端监测布点共四个部分内容。根据《基于效果评价的海绵城市监测体系构建———以厦门海绵城市试点区为例》确定在线监测体系由监测典型设施、典型地块、监测流域三个部分组成，每个部分展开监测点位的布置（图6-48）。

根据上述相关论文的研究思路，结合居住区海绵监测的实际相关内容，总结了五个部分，分别是背景监测、流量监测、水质监测、液位监测和流速监测。由于背景与项目自身条件关联性较大，所以不归类于评估体系。但对于一个完整的监测系统，背景监测是不可缺少的一部分。

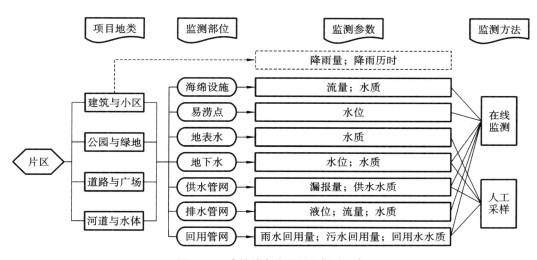

图6-48　海绵城市建设项目监测系统

重庆市海绵城市监测技术导则（试行）》指出，典型设施特指雨水花园、雨水塘、破塘湿地，或位于末端以实现整个排水分区海绵指标的容积式海绵设施；典型项目指建筑小区、城市公园、城市道路等源头减排项目，一般占地不宜小于2公顷，其中源头减排设施服务的不透水下垫面面积与典型项目不透水下垫面总面积的比值不宜小于60%。

以确定监测对象、确定监测目标、资料收集、明确监测内容、明确监测设备选型、安装与管理、监测数据的质量保证、监测工作组织保证为监测思路，具体监测方案编制步骤流程如图6-49所示。

6.5.1.1 背景监测

背景监测主要包括地块内的降雨和温度数据，提供地块的自然气候方面的本底数据。

（1）雨量监测

降雨数据是海绵城市考核评估的基础数据，水量、水质监测数据都需要结合降雨数据，才能对径流控制、面源污染控制等指标进行考评。由于降雨存在很强的时空分布不均匀性，在试点区内以均匀性为原则。

降雨监测为时间和空间上所进行的降水量和降水强度的观测，是监测区域的基础气象数据。降雨资料是年径流总量控制率、面源污染控制率等指标的重要考评依据。常用雨量监测设备为雨量计，雨量计的布置密度应考虑区域为新建还是已建，以及设施布置情况、安全和便捷性等综合确定，并应符合《地面气象观测规范》等现行相关标准的规定。

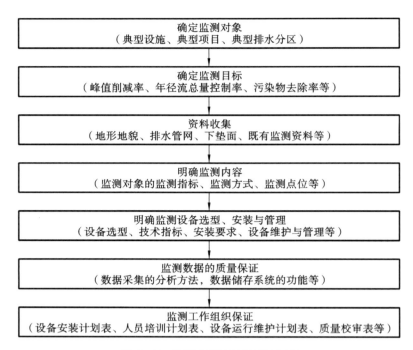

图 6-49 监测方案编制步骤流程图

（2）温湿度监测

温湿度指标的监测可作为监测区域热岛效应的重要评估依据。在海绵监测区域布置温湿度仪，通过对比海绵化改造前后温度绝对值变化和变化趋势，可对海绵化改造措施在调节城市微气候方面所起的作用进行衡量。

（3）土壤渗透性

通过对监测区域原位土和回填土分布的监测数据进行综合分析，对土壤容重、下渗系数、孔隙度、水分特征曲线进行监测分析，了解土壤渗透性。常用的土壤渗透性监测设备有土壤渗透仪和双环入渗仪，监测频率为雨季或汛期前、后各监测 1 次。

（4）内涝情况监测

根据《室外排水设计标准》（GB 50014—2021），在雨水排水设计重现期，非机动车道、人行道、建筑小区内部道路不得有积水现象。通过源头减排和低影响开发设施可对径流总量进行控制，并缓解径流峰值，缓解暴雨时期的排水管网压力。住区层面的内涝点监测方法采用摄像资料查阅与现场观测相结合的方法，对既有住区易涝点所在项目（道路、建筑小区等）的积水情况进行监测，监测内容包括积水范围、积水深度、积水时间。与海绵城市建设前监测区域的内涝情况做对比分析，考察住区海绵化改造"小雨不积水、大雨不内涝"的感官效果体现。

6.5.1.2 流量监测

（1）项目地块监测

项目地块监测包括对项目的外排口 / 出水口（小区雨水管网外排口）位置进行监测，并计算项目单场降雨量，为项目整体海绵城市建设效果评估提供依据。

（2）典型设施监测

典型设施监测应结合海绵设施的构造原理及水质、水量控制特点，合理设置海绵设施的监测点位，包括进水口、溢流口等。

针对以径流控制为主的海绵设施，需重点监测水量变化情况。具有水量控制功能的典型设施主要包括雨水花园、生态树池、生物滞留带等在内的生物滞留设施，以及渗透管 / 渠、雨水塘 / 湿地等。这类设施控制的径流包括通过自身调蓄、蒸发、下渗回补地下水的雨水径流，以及通过设施土壤、填料等过滤净化后由底部盲管收集外排的径流部分，即通过设施溢流井外排市政管网的雨水径流总量扣除盲管外所收集排放雨水径流量后的径流量。

每场降雨过程中，典型设施服务地块的排入设施的雨水流量可通过在集中入口处安装流量计监测，总外排流量及经设施底部盲管收集外排的雨水流量可通过对设施溢流口出水总管、设施底部盲管进行流量监测获取，从而计算典型设施对所服务汇水区的单场降雨控制量。设施溢流口出水总管外排即设施出水管接入服务地块雨水管处。

针对生物滞留设施、人工湿地和渗透管 / 渠等具有水量控制功能的典型设施，应在雨水进入生物滞留设施的集中入口处和溢流口设置流量计；对于设置了底部盲管的设施，还应对设施底部盲管进行流量监测。总外排流量为溢流口流量与设施底部盲管外排流量之和。通过以上流量监测数据，可计算设施对所在汇水区的单场降雨控制量。

监测频率为年内每场降雨均需监测，当以上测点点位的雨水管道内径流水深超过 3 cm 时，需实时监测径流量（自动监测时建议为 5 min/ 次，最少不低于 15 min/ 次）。

6.5.1.3　水质监测

（1）项目地块监测

在项目的外排口（小区雨水管网外排口）位置进行监测，为地面雨水污染物总量削减率计算提供数据支撑。水质监测以 SS 为主，再通过 SS 与浊度、TN、TP、COD 的线性关系确定其他水质指标。

对以净水设施为主、对水环境敏感的项目，如洋塘公园等项目，采用在线 SS 监测方式，监测项目内所有雨水排出口或雨水外排管网节点的雨水水质随时间的变化情况。

（2）典型设施监测

海绵设施通过对其所服务汇水区域雨水径流体积的削减，以及对径流污染物的沉淀、吸附、过滤作用，可对水质进行净化。这类海绵设施还应对水量集中进口和排出口进行水质监测。通过以上水质监测数据，可计算设施对所在汇水区的单场降雨径流污染控制量和污染负荷。通过长期运行监测数据，可得到设施对径流污染物的控制总量。

6.5.1.4　液位监测

（1）项目地块监测

对项目较小排口则进行液位监测，只定性判断是否出流。

（2）典型设施监测

针对雨水桶、蓄水池等具有调蓄功能的典型设施，通过对液位进行实时监测，了解蓄水池和雨水桶的水量蓄存情况，计算雨水收集量，对海绵单体设施的蓄存效能进行评估。同时，暴雨前可提前了解蓄水池中蓄水情况，并采取提前排空蓄水池的方式释放调蓄容量，改善暴雨阶段雨水对管网的排放压力。

进行监测的典型设施根据类别选择 1 ～ 2 处设施，例如一住区中涉及透水铺装、下沉式绿地这两种海绵设施，则对透水铺装选取一两处设置监测仪器进行监测。

6.5.1.5　流速监测

（1）项目地块监测

对项目地块的雨水管网接市政管网的检查井处进行监测，判断降雨时管网内水流速度的变化。

（2）典型设施监测

选取一至两处典型海绵设施，监测其服务地块及汇水分区的水流流速，在设施出水管接入服务地块雨水管处进行监测，判断降雨时管网内水流速度的变化。

6.5.2 后期维护

后期维护分档见表6-59。

表6-59 后期维护分档表

维护措施	高	中	低
碎屑移除	外包专业团队：设施范围内无垃圾与碎屑物	专业设备：设施区域内每1000 m² 存在不超过5 m³ 的垃圾与碎屑物	人工：设施区域内及周边没有视觉上的垃圾与碎屑物
植被管理	贵价植物补种	中等价位植物补种	同等价位植物补种
沉淀清除	清除沉淀物，清除油渍污染，并采用养护措施增加设备运行效率	清除沉淀物，清除油渍污染	清除沉淀物
修复与更换	替换为贵价材料，并针对结构层与面层的问题，增加保护措施	替换为中等价位的材料	替换为同等价位材料
维护频次	按照设施所需维护频次维护	每季度1次	每年2次（年初、年末）

6.5.2.1 碎屑移除

设施区域内及周边的垃圾与碎屑物每1000 m² 不超过5 m³，没有视觉上的垃圾与碎屑物。日常清理杂物，雨季来临之前增大清洁排查频率。雨季时，雨水设施附近无杂物堵塞进、出水口，不会导致积水无法排出，造成使用不便。

6.5.2.2 植被管理

（1）绿色屋面与绿地类设施

设施范围内与周边无杂草，无入侵物种。清除杂草，定期修剪植被、及时修剪补种植物，根据园林绿地养护相关规程养护植被。涉及植被生长的设施，须对植被进行相应维护，主要内容有：

a. 根据气候变化、植被生长情况进行综合评估以拟定浇灌周期；

b. 进行植被修剪，清除枯死植被以满足景观要求；

c. 若植被出现较高的死亡率，及时进行原因分析并采取相应措施，必要时进行植被更替；

d. 每年对设施内植物生长状况进行至少2次评估，及时去除入侵物种；

e. 定期清除设施内杂草，保持植被生长密度。

设施范围内的植被高度建议为50～150 mm，修剪后的植物高度以40～120 mm为宜；发现的侵略物种如蓲草，需及时清理，从根部截断，阻止其生长。

植被应均匀分布于设施表面，并尽量避免杂草的侵入，应保证至少90%的过滤区域被植被覆盖。当出现超过5%的裸露区域时，应及时进行补种。

土壤抽样检查时，无明显板结硬化。土壤渗滤能力不足时，应及时更换配水层或使用工具疏松。

（2）透水铺装与成品设施

设施范围内与周边无苔藓、杂草。应及时清理苔藓，定期清除杂草。

6.5.2.3 沉淀清除

（1）绿色屋面、绿地类设施与成品设施

进、出水口/溢流口及管道的沉淀物累积深度不得大于5 cm，且沉积物不得阻挡超过1/3进口宽度的径流。

使用卷尺或探针测量滞渗设施进水口前的预处理设备（如路牙、透水砖、过滤器等）的沉积物标高，当累积深度大于5 cm，且沉积物阻挡了超过1/3进口宽度的径流时，估计并记录沉积物数量，并进行清理。

调蓄设施内沉积物淤积不得超过50%。调蓄设施内沉积物淤积超过50%时，应及时进行清淤。

（2）透水铺装

面层无明显油渍污染；设计排空时间不大于24 h。

6.5.2.4 内涝改善

监测城市易涝点、改造小区内涝点道路积水情况，积水深度不应超过15 cm。保证透水铺装表面清洁，在适当的频率下，采取高压清洗和吸尘清洁等措施对透水铺装材料进行深层清洁，避免透水层透水孔隙堵塞，影响透水性能。

6.5.2.5 修复与更换

（1）绿色屋面

屋面无积水情况，排水层排水不畅时，应及时排查原因并修复；屋面无漏水情况，屋顶出现漏水时，应及时修复或更换防渗层。

（2）透水铺装

透水铺装局部无不均匀沉降。若出现不均匀沉降，应局部整修找平。

透水铺装局部无面层破损。面层出现破损时应及时进行修补或更换。

（3）绿地类设施

常见的13种绿地类设施包括：生态护坡、植草沟、植被缓冲带、生态树池、高位花坛、下沉式绿地、雨水湿地、渗透塘、湿塘、滞留池、调节塘、调节池、干洼地。

进水口、溢流口无水土流失情况；若有，应设置碎石缓冲及其他防冲刷措施。

进水口能够有效收集汇水面径流雨水；若不能，应增加进水口规模及进行局部下凹等。

护坡、边坡无坍塌侵蚀情况；若有，采用种植植物、岩石压实等控制措施。

调蓄空间能够正常使用，若由于坡度导致调蓄能力不足，应增设挡水堰或抬高挡水堰、溢流口高程。

调蓄空间雨水的排空时间应小于36 h，出水水质应符合设计要求。当调蓄空间雨水的排空时间超过36 h，出水水质不符合设计要求时，应及时置换树皮覆盖层、表层种植土或填料。

应定期检查泵、阀门等相关设备，保证其能正常工作。

（4）成品设施

常见的 9 种成品设施包括：渗井、排水路缘石、渗管 / 渠、渗排板、钢筋混凝土 / 硅砂蓄水池、PE/ 不锈钢水箱、蓄水模块、环保雨水口、雨水桶。

进水口、溢流口无水土流失情况；若有，应设置碎石缓冲及其他防冲刷措施。

应定期检查泵、阀门等相关设备，保证其能正常工作。

环保雨水口：顶拱结构的维修应保证结构的稳定性；连接处的裂缝宽度应满足要求。

6.5.2.6　维护频次

（1）绿色屋面

检修设施、植物养护（2 ～ 3 次 / 年），初春浇灌（浇透）1 次，雨季期间除杂草 1 次，北方气温降至 0 ℃前浇灌（浇透）1 次；视天气情况不定期浇灌植物。

（2）透水铺装

检修设施、疏通透水能力（2 次 / 年，雨季之前和期中）。

（3）绿地类设施

生态护坡、雨水湿地、调节塘在雨季之前、期中、之后检修设施、清理植物残体（3 次 / 年），雨水湿地、调节塘在雨季之前进行前置塘清淤，调节塘在雨季之后进行植物收割（1 次 / 年）。

下沉式绿地、生态树池、高位花坛、植草沟、植被缓冲带在雨季之前、期中检修（2 次 / 年），在植物生长季节修剪（1 次 / 月）。

滞留池、干洼地在雨季之前、期中检修设施、养护植物（2 次 / 年）。

渗透塘在雨季之前、之后检修设施、清淤（2 次 / 年），在雨季之后进行植物修剪（4 次 / 年）。

湿塘在雨季之前、期中、之后检修、清理植物残体（2 次 / 年），在冬季之前进行植物收割（1 次 / 年），在雨季之前进行前置塘清淤。

调节池在雨季之前进行设施检修、淤泥清理（1 次 / 年）。

（4）成品设施

在雨季之前和期中进行设施检修、淤泥清理（2 次 / 年）。

运营维护监测指标评分见表 6-60，后期维护指标评分见表 6-61。

表 6-60　运营维护监测指标评分表

阶段	一级指标	二级指标	三级指标	四级指标	五级指标	评分细则	分数	备注
运营维护	运营维护（5）	监测评估（5）	背景监测（1）	雨量监测		进行背景监测得分，反之不得分	1	
				温湿度监测				
				土壤渗透性				
				内涝情况监测				

续表

阶段	一级指标	二级指标	三级指标	四级指标	五级指标	评分细则	分数	备注
运营维护	运营维护（10）	监测评估（5）	流量监测（1）	项目地块监测	地块雨水管网接市政管网的检查井处	计算年径流总量控制率：$\Delta S \geq$ 目标值得分；$\Delta S <$ 目标值不得分	1	
				典型设施监测	服务地块雨量的集中入口处			
					溢流排口			
					设施出水管接入服务地块雨水管处			
					设施底部盲管外排处			
			水质监测（1）	项目地块监测	地块雨水管网接市政管网的检查井处	计算面源污染削减率：$\Delta S \geq$ 目标值得分；$\Delta S <$ 目标值不得分	1	
				典型设施监测	服务地块雨量的集中入口处			
					溢流排口			
					设施出水管接入服务地块雨水管处			
			液位监测（1）	项目地块监测	项目外排较小排口液位	出流得分，反之不得分	0.5	
				典型设施监测	雨水桶、蓄水池、蓄水模块等，单体设施的蓄存效能评估	雨水收集量满足得分，反之不得分	0.5	
			流速监测（1）	项目地块监测	地块雨水管网接市政管网的检查井处	流速变缓得分，反之不得分	0.5	
				典型设施监测	设施出水管接入服务地块雨水管处	流速变缓得分，反之不得分	0.5	

注：ΔS 为监测后计算出的指标值。

表 6-61　后期维护指标评分表

阶段	一级指标	二级指标	三级指标	评分要点	分数	备注
运营维护	运营维护（5）	后期维护（5）	碎屑移除（0.5）	设施区域内及周边没有垃圾与碎屑物	0.5	
			植被管理（0.5）	绿色屋面与绿地类设施： 1．设施范围内及周边无杂草，无入侵物种； 2．设施范围内的植被高度建议为 50 ～ 150 mm，修剪后的植物高度以 40 ～ 120 mm 为宜； 3．设施范围内的过滤区域至少 90% 的植被覆盖率； 4．设施范围内土壤抽样检查时，无明显板结硬化	0.5	
				透水铺装与成品设施： 设施范围内及周边无苔藓、杂草		

阶段	一级指标	二级指标	三级指标	评分要点	分数	备注
运营维护	运营维护（10）	后期维护（5）	沉淀清除（1）	绿色屋面、绿地类设施与成品设施： 1.进、出水口/溢流口及管道的沉淀物累积深度不得大于5 cm，且沉积物不得阻挡超过1/3进口宽度的径流； 2.调蓄设施内沉积物淤积不得超过50%	1	
				透水铺装： 1.面层无明显油渍污染； 2.设计排空时间不大于24 h		
			内涝改善（1）	道路积水深度不得超过15 cm	1	
			修复与更换（1）	绿色屋面： 屋面无积水、漏水情况	1	
				透水铺装： 透水铺装局部无不均匀沉降，面层无破损		
				绿地类设施： 1.进水口、溢流口无水土流失情况；若有，应设置碎石缓冲及其他防冲刷措施； 2.进水口能够有效收集汇水面径流雨水；若不能，应增加进水口规模及进行局部下凹等； 3.护坡、边坡无坍塌侵蚀情况；若有，采用种植植物、岩石压实等控制措施； 4.调蓄空间能够正常使用，若由于坡度导致调蓄能力不足，应增设挡水堰或抬高挡水堰、溢流口高程； 5.调蓄空间雨水的排空时间应小于36 h，出水水质应符合设计要求； 6.泵、阀门等相关设备应正常工作		
				成品设施： 1.进水口、溢流口无水土流失情况；若有，应设置碎石缓冲及其他防冲刷措施； 2.泵、阀门等相关设备应正常工作。 环保雨水口： 1.顶拱结构稳定； 2.连接处的裂缝宽度应满足要求		
			维护频次（1）	绿色屋面： 检修设施、植物养护（2～3次/年）	1	
				透水铺装： 检修设施、疏通透水能力（2次/年,雨季之前和期中）		

阶段	一级指标	二级指标	三级指标	评分要点	分数	备注
运营维护	运营维护（10）	后期维护（5）	维护频次（1）	绿地类设施： 1. 生态护坡、雨水湿地、调节塘在雨季之前、期中、之后检修设施、清理植物残体（3次/年）；雨水湿地、调节塘在雨季之前进行前置塘清淤，调节塘在雨季之后进行植物收割（1次/年）； 2. 下沉式绿地、生态树池、高位花坛、植草沟、植被缓冲带在雨季之前、期中检修（2次/年），植物生长季节修剪（1次/月）； 3. 滞留池、干洼地在雨季之前、期中检修设施、养护植物（2次/年）； 4. 渗透塘在雨季之前、之后检修设施、清淤（2次/年），在雨季之后进行植物修剪（4次/年）； 5. 湿塘在雨季之前、期中、之后检修、清理植物残体（2次/年），在冬季之前进行植物收割（1次/年），在雨季之前进行前置塘清淤； 6. 调节池在雨季之前进行设施检修、淤泥清理（1次/年）		
				成品设施： 在雨季之前和期中进行设施检修、淤泥清理（2次/年）		

第 7 章

海绵城市设计管控创新举措

随着国家海绵战略的深入，在"互联网+"、大数据、云计算、人工智能等高新信息技术兴起和发展的背景下，利用高新技术打造的融渠道、融业务、融平台、融数据的政务服务体系成为推动城乡建设向智能化、绿色化、服务化发展的必由之路。目前国内缺乏专业相关的计算软件，一些相关软件功能较为简单或不够完善，整个软件缺乏系统化和全面的设计，设计单位在需要用模型进行雨水计算时也都是采用的国外软件，在价格、易用性以及项目的适用性方面存在诸多问题。

海绵城市设计指标评估体系既可以对一个海绵方案进行评估，也可以根据每个不同规划条件的项目，直接设计出不同组合形式的海绵设施配置，确定海绵设施的初步方案，计算出工程量和成本。若将这一评估指标体系运用至海绵城市设计管控中，则可弥补一部分目前市面上缺乏海绵城市设计软件的不足，也将强有力地推进海绵城市智慧化建设的前进步伐。

7.1 海绵城市设计管控的意义

海绵城市设计管控有助于海绵城市建设各项法规的推广、贯彻和落实。在城市规划的框架下，指导海绵城市建设理念的落实，全面协调城市规划设计、基础设施建设运营与海绵城市建设，实现统一规划、建设、管理与协调。

海绵城市设计管控有利于积累海绵城市设计相关技术数据，对项目透水铺装、下沉式绿地等指标数据进行监测，积累数据形成经验以指导同类项目建设，也为城市规划、排水、道路交通、园林等有关部门指导和监督海绵城市建设提供服务。

海绵城市设计管控有助于海绵城市建设项目的规划、设计、审批流程规范化，以减少海绵城市项目建设整体工作时间，提高工作效率，实现建设全过程精细化管理。

海绵城市设计管控有助于完善规划数据库，为海绵城市信息化管理提供数据支撑，实现利用数据决策咨询服务、数据分析、数据特色应用服务、数据资源共享，实现数据的海量存储、高效管理与持续更新。

7.2 海绵城市设计管控利器——海宝

为系统化、全域化推进海绵城市建设，智汇城集团联合武汉海园景建设有限公司自主开发海绵全过程设计——海宝，引用物联网、大数据、云计算等新一代信息化技术，以海绵城市数据中心为核心，结合地理信息系统与数学模型构建海绵城市智慧管控平台。利用研发的新技术来进行海绵设计，解决各阶段所遇到的问题，提升海绵品质，集创新和设计于一体。

7.2.1 使用人群分析

开发软件的主要目的是辅助设计人员出图。海绵城市设计以设计人员为主体，设计人员是使用软件并完成整个设计过程的核心，要充分发挥设计人员的主观能动性，在设计时要考虑设计人员制图的便捷性。此外，基于政策和图纸的更变性特点，审批人员和设计人员可随时上传政策资源和变更图纸，并且通过软件进行沟通交流、答疑解惑。

7.2.2 海宝平台结构设计

一个软件的设计是否合理，关键在于其技术平台的架构搭建是否具备合理性，软件技术平台构筑起基础的软、硬件环境，是数据和应用的关键支撑。"海绵软件"平台结构设计应该包括基础设施层、资源信息层、服务管理层和应用层，平台的各个环节辅以标准规范体系和安全保障体系（图7-1），将标准规范、管理机制和更新机制贯穿其中。

图 7-1　海宝平台结构设计

7.2.3　海宝在海绵城市实践性上的应用

7.2.3.1　城市道路、建筑小区海绵城市设计

为确保既能实现目标又能最低成本达到海绵城市的条件，尝试对所有变量进行逐步手动优化操作。需要考虑的海绵城市的条件包括类型、位置（子流域）和海绵城市的面积分配百分比。分析分配条件下的海绵城市的每种类型和位置，确定处理减少单位面积所花费的成本，以便最终达到最小化改善实验目标的总成本的目的。

7.2.3.2　水质模拟

利用水质数学模型模拟水质变化过程是现阶段水环境综合治理的一个重要组成部分，在世界各国中均得到广泛的应用。水质模型是根据物质守恒原理，利用数学语言和方法描述污染物质在水体中的运动变化，如平流输移、分散作用输移、衰减、底泥与水体之间的相互作用、复氧等过程的数学模型。它是水环境综合治理、规划决策分析的重要工具。

随着城市化进程的加快，城市下垫面硬化面积不断增加，一方面，原有的水文环境受到破坏，导致城市地表自然渗透能力降低，地表径流增加，洪峰出现时间提前，内涝压力加大；另一方面，由于缺少绿地的自然渗透、滞蓄和净化等功能，地表径流污染物浓度偏高，城市水质变差。城市的快速发展给城市水文环境和水生态环境带来了负面影响。

7.2.4　海宝总体技术构建思想

7.2.4.1　规划设计

软件提供政策查找功能，收集并录入不同国家、地区城市的海绵城市建设政策，能够方便相关人员进行查找，若发现有缺失或错误的部分，也可将新的政策及时上传至云端。当政策有所更新时，只需将软件连至云端便能在第一时间自动更新，并提醒使用者政策已更新，避免出错。软件内部设有相关的案例展示库，便于设计人员学习参考，另外，成本的计算也包含其中，常见的海绵设施的成本价格和工程量应有具体的参考数据，方便在设计时将成本预算一并考虑其中。

根据海绵城市建设项目实际情况，首先通过软件快速确定项目目标取值，该软件为用户提供了计算年径流总量控制率、下沉式绿地率、透水铺装率、绿色屋顶率等多个强制性指标和引导性指标的参数，能够全面满足年径流控制率降雨下的海绵城市设计、重现期降雨下的管渠设计、超标重现期下的内涝设计等。只要把场地数据输入就可以得到各项控制指标，并能根据需要输出计算表格和计算书。再利用一键出图功能，依照图纸给定的范围界限自动生成闭合的多段线，自动规避交叉错误绘制"三图"；利用数据交互作用技术，采用智能建筑构筑、视图和注释符号，以保证所有图纸的一致性。

最后，依托软件平台下层的海量数据信息库，进一步将诸如人口、强度、已有的项目设计成果等不同数据维度的内容进行整合，统一纳入方案设计的参考内容，并应用于建筑与小区、城市道路、绿地与广场、城市水系等项目类型的海绵城市设计。对小区建筑、城市道路、绿地广场、城市水系等用地类型的景观设计、建筑布局、景观水体和广场设置等提出合理的规划建议及优化设计方案，再根据客户对于指标及海绵设施类型的意向，从成本控制、景观效果及雨水处理分析等多方面对海绵设施匹配选型，出具成本概算表、海绵方案、成本概算等，为客户提供最优方案。

7.2.4.2　同步更新

如改动后强制性指标未达标，可智能改动方案，使之满足数值要求；若指标超出太多，智能减少一部分透水面积，最终使指标达到临界值；在图纸发生变动时，尽可能保证数据处于最低完成值；下垫面分类布局图改动，其他图纸均同时更新；海绵设施分布总图、场地竖向及径流路径设计图自动更新图纸及数据；智能化设计无须逐一对所有视图进行修改，从而提高了工作效率和工作质量。

7.2.4.3　海绵优化

对海绵城市规划设计导则中的城市规划设计标准、指标进行合理性检测，包括对强制性指标、指导性指标和其他相关指标的自动检测。软件提供重叠检测（如建筑与建筑、LID设施之间等地块重叠问题）、失误检测（如专业实体的关联关系是否合法等问题）和位置检测（如下沉式绿地、透水铺装、绿色屋顶、调节塘等位置是否合理等问题）功能，一键评估海绵施工图的年径流控制率指标、污染物指标、透水铺装率指标、下沉式绿地率、绿色屋顶率、不透水下垫面控制比率是否满足要求。保证项目核查的准确性，并符合海绵城市建设相关规范化合理化的要求。

7.2.4.4　三维仿真

海宝支持项目信息入库管理，可以同时建立多个独立信息数据库，以形成专业数据库，方便各类方案信息数据的采集、分析与调用，建立参数化模型。其通过软件提供的多方位、多视角样式的观察模式，通过三维动态展示海绵设施的布置，以及雨水在各类海绵设施作用下的渗、滞、蓄等全过程路径，让客户更直观地了解海绵设施的工作原理，直观形象地呈现项目的建设情况，实现项目动态化、可视化展示，可有效地提高审批部门审批决策的效率。这不仅为保障项目规划设计意图的落实提供了技术支持，还能通过模型模拟降雨、监控水质、内涝预警和排水控制等管理工作的部署。

7.2.4.5　成果管控

每个设计成果都是设计师付出的辛勤劳动，从进件到设计过程中的每一个阶段再到最后出件都是需要管理和把控的。这可以规范和保证每一项设计成果的评审与决策程序，使项目各阶段的设计成果在合理的时间内得到评审认可，从而确保设计质量、保障设计进度，促进海绵城市建设的设计工作顺利开展。

7.2.5 海宝功能模块设计

7.2.5.1 参数化设计

本模块是软件的基础功能，主要包括政策、制图出图、方案选择、案例展示和成本库这五大主要应用功能。

政策功能主要是录入各类海绵设施的布置要求和国家标准，针对最新的政策解读，更新制图标准。

①若在政策搜索栏中搜索想要查看的城市政策，输入城市的首字母即可，并有关联解读。

②连接互联网即可更新政策，政策更新后会有标记提醒使用者。

③一键上传相关政策，保证每个城市的相关政策的完整性。

④在讨论组中提出疑问，相关人员进行解答和讨论。

案例模块主要是设计师根据自身经验总结海绵城市设计中的疑难点和解决方案，以及一些优秀的案例作品等，放在问题库中，起到归纳总结、提升工作质量的作用，同时解决学习资源较少、海绵设计素材不足等问题。

①在搜索栏中输入相关海绵方案绘制问题，便可得到相关的设计解决方案。

②在案例库中可以学习一些基础的海绵设计知识和优秀的设计方案。

③进入素材库可以学习植物的搭配。

制图出图功能主要保证图纸的准确性和便捷性，包括海绵方案设计和施工图设计，内部设有方案阶段和施工图模板、统一制图标准和统一的图例、线型等，从而保证图纸的一致性。

（1）海绵方案设计

①根据景观平面一键删除不重要的文字信息和填充，生成底图。

②软件中包括了大多数省市的年径流总量控制率对应的设计降雨量，可以直接在省、市中选择项目所在地，然后选择当地规划所需要的年径流总量控制率。支持通过省市的首字母快速定位，如在"省/直辖市"下拉框中直接输入"WH"就可以显示武汉。如果软件数据库中不包含项目所在地的数据，可以通过自定义控制率来自行添加。软件中还包括每个市的区域的面源污染和峰值，把场地的地理坐标信息数据输入即可得到各项控制指标，作为后面计算机自行计算指标的依据，并可以根据需要输出计算表格和计算书。

③根据客户设计需求，选择高、中、低档方案，并可在高、中、低档方案中选择相应档次的海绵设施。

④分图层绘制各类下垫面（闭合的多段线），若有数据错误可自行提示及报错（如在绘制透水铺装的范围时，可实时显示透水铺装率的指标）。

⑤定义闭合线，计算每个图层中的闭合线面积并自动填充。

⑥一键生成各类下垫面的代码、图例、统计数据并制出表格，至此下垫面分类布局图完成。

⑦计算所需蓄水容积，根据用地性质、建筑密度、绿地率优先推荐选用绿地类海绵设施或成品类海绵设施，屋顶、道路与铺装定义以后，可自行锁定相关海绵设施可绘制的范围或一键生成可绘制范围，同时确定断接面积范围。

⑧根据图层生成各类海绵设施的代码和编号，以及相应的可以反映其详细的尺寸面积、有效深度、有效蓄水容积的表格与之一一对应。

⑨生成蓄水总表，同时根据海绵设施关键点位标高、尺寸大小及数量，输出海绵设施工程量表、项目工程造价表（区间值），一键出表。

⑩结合海绵设施分类布局图自动划分出汇水分区。

⑪ 一键标注所有控制点的竖向高程，包括空间出入口、地面坡向、海绵设施的有效深度的控制点和水体常水位高程等。

⑫ 在绿地类海绵设施中自动选择合适位置放置溢流口，根据场地现有管网图增加雨水管道和检查井连接至现有雨水管网。

⑬标注地面、屋面、雨水管网的径流方向等。

⑭最后生成设计说明和建设工程海绵城市专项设计方案自评表，导入文本报告模板，自动替换相应的数据形成文本报告。

海绵方案设计操作流程如图 7-2 所示。

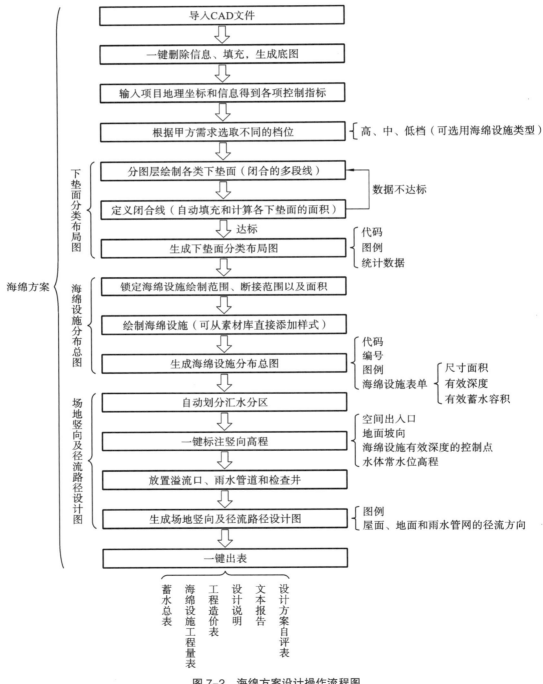

图 7-2　海绵方案设计操作流程图

（2）海绵施工图设计

①根据海绵"三图"和景观规划图，自动为其添加图框，生成方案自评表、计算表。

②结合海绵设施分布总图和场地竖向径流路径设计图划分汇水分区，并在每个子汇水分区生成标号代码，注明分区面积、汇水面积、下沉式绿地面积、设计容积和蓄水容积，相关计算部分采用国内海绵计算规范推荐的计算法。

③导入下垫面分类布局图和景观铺装设计图纸，根据范围线自动识别透水铺装材料，自动更改填充和范围线，并注明透水铺装对应的样式和面积。

④根据景观图纸提供的施工大样图生成透水铺装构造图，如出现基层与规范不符的情况可提示错误并进行更改。

⑤对断接的屋面、硬质铺装和海绵设施进行不同图例的填充，同时引出海绵设施和断接做法标注。

⑥根据海绵设施分类布局图，从图库选取海绵蓄水设施大样图图号，与索引总平面图中的标注智能对应。

⑦根据绿地类海绵设施的面积大小，智能分析绿地类海绵设施处于地下室范围线以内或以外，并生成下沉式绿地的等高线和标高，包括完成面标高、土壤标高，以及种植区和坡度坡向。

⑧根据甲方提供的综合管网图和场地竖向及径流路径设计图，注明雨水管、盲管的位置、走向等，自动计算管底标高，并生成排水管的工程量表。

⑨一键生成网格定位，确定海绵设施具体位置。

⑩从素材库中选取搭配好的植物，放置在下沉式绿地的合适位置，生成植物总平面图。

⑪自动统计植物的种类、数量和面积，并生成绿化材料表。

施工图设计操作流程如图7-3所示。

方案选择功能以海绵城市设计指标评估体系为依托提供初步的海绵方案，可根据项目需求更换、调整不同的海绵设施及产品，生成工程量价表，从而控制成本或保证景观效果，方便用户进行比较和选择。

①输入项目的用地性质、建筑密度、绿地率等相关规划用地条件，生成不同档次的海绵方案（仅包括海绵设施的选用、是否设置绿色屋面等，并非完整的"三图两表"），若客户对景观效果或对成本把控有明确的需求，即直接生成该档次的方案。

②生成不同方案的对比图，包括成品清单、海绵工程造价表等。

③根据客户需求，对相应的成品进行更替，同步更新成品清单、海绵工程造价表等。

成本库包含了各类海绵产品，分类清晰、种类齐全，涵盖了大部分海绵设施，同时也提供了产品的功能与特点，能帮助用户快速、精准地找到想要的产品，并且附有相应的价格，使造价成本透明化。

①选择海绵设施或技术措施，会得到海绵设施和技术措施的分类，如点击海绵设施，可得到屋面和铺装、绿地类海绵设施、成品类海绵设施等。

②铺装材料中包括陶瓷透水砖、PC透水砖、透水混凝土、EPDM等，每种材料都配有相应的价格和图片。

③选择不同的海绵设施也会显示相应的工程造价表。

7.2.5.2　优化设计

该模块主要试图将海绵设施设置于合理的位置，以达到其最高功效，其次优化了海绵设计中的改图问题。海绵方案设计的"三图"具有联动性，下垫面分类布局图和海绵设施分类布局图分别影响着不同的指标，更改其中任意一张图纸，可能要对另一张图纸同步进行更改，优化设计中的联结性则可解决这一问题。

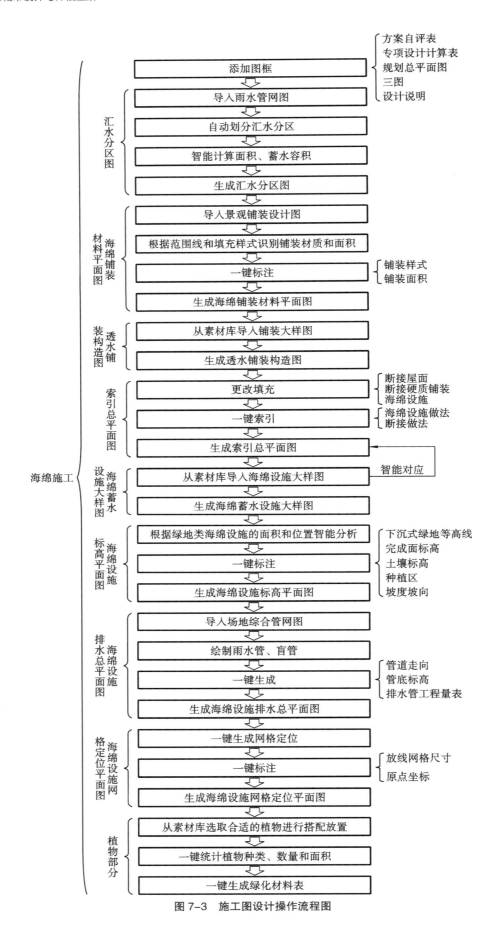

图 7-3　施工图设计操作流程图

①导入"三图两表"，根据海绵城市设计指标评估体系分析现有的海绵方案以及各项指标是否完整合理，海绵设施的分布位置是否恰当，对各项指标进行评分，以及进行成本预算。

②输入甲方对方案的需求，例如将方案优化为高档方案，以及其用地性质和规划用地条件，则首先会将下垫面分类布局图的透水铺装范围增加至 50%。其次增加部分绿色屋顶，直至将峰值流量降至最优区间范围。

③确定是否可以增加环保雨水口，若可以，则将海绵设施更改成蓄水类成品设施中的高档设施，并按最优位置框选设施值范围。

④若没有条件增设环保雨水口，则推荐将海绵设施更换为雨水花园与蓄水类成品设施结合的模式，当设置为雨水花园时，若出现绿地率不够的情况则不做推荐。

⑤图纸需修改时，导入"三图"和景观更新的 base 底图，选择修改下垫面分类布局图，智能分析需要调整的下垫面并更改。

⑥重新计算蓄水容积、透水铺装率、下沉式绿地率等指标是否满足要求，若与完成值的差距较小，会推荐改动最小的设计方案，如透水铺装率超出太多，智能减少一部分透水铺装面积；若与完成值的差距较大，如蓄水容积不够，则自动增加下沉式绿地的深度或扩大透水铺装范围，或推荐可新增的下沉式绿地位置，抑或直接更换成成品类海绵设施等。

⑦在图纸发生变动时，尽可能保证数据处于最低完成值，下垫面分类布局图改动时，其他图纸均同时更新。

⑧最后，根据新的方案，出具新的"两表"、校核表、文本报告等。

7.2.5.3　协同性设计

协同性设计板块主要解决与客户方沟通的问题，图纸发出后，客户会对图纸产生疑问或提出需要更改的地方，此时由于不能同步看图，通过单纯的文字表述和部分截图，会存在理解偏差，协同性设计可以实现多人同频、将画图与线上会议结合，可与客户互动交流，多人编辑。

①可将图纸上传，点击对话框，与客户交流沟通，支持文字、语音、视频通话等多种形式。

②若客户对图纸有任何疑问，可在图纸上进行实时编辑，实现双方实时交流，提高办公交流效率。

7.2.5.4　三维交互

三维交互模块主要展示项目方案，通过 AR 实景效果展示项目实地落成效果，让客户更直观地了解海绵设施的工作原理，形象地呈现项目的建设情况，方便客户选择海绵设施，同时可通过模型监控水质管理（图 7-4）。

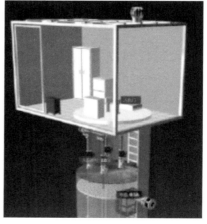

图 7-4　三维交互图

①导入项目海绵方案和地理位置，生成实景海绵模型，动态模拟雨水断接到各个海绵设施的过程及海绵设施渗、滞、净、蓄、用、排的全过程。

②收集了各个城市地区水质的基本信息，将其与标准水质进行对比，从而判断该城市水质是否达到标准。

③三维交互中的水质监测模型布设了多个监测点，分布在海绵城市各个径流，实现源头—过程—末端的全方位监测，如果水质未能达到标准，将此相应信息立即发送到监管中心，引起城市建设管理人员的重视。

7.2.5.5　项目管理

项目管理模块主要针对设计人员，实现线上签订项目进出件单，方便实时签单。项目管理人员也可通过软件实时跟进项目进度，设置项目节点，保证出图时间和质量。每个项目完成后会自动归档入库，形成项目库，不仅方便今后资料的查找，也可将优秀项目直接上传至案例库，供参考学习。

①根据工作手册的制图标准，形成项目的阶段节点，提醒设计者工作进度，客户也可了解项目进度，若客户对时间节点有要求，也可手动设置时间节点。

②当有新的项目时，或项目完成上传电子版图纸给客户后，可选择项目管理中的电子版进出件单，实现以电子签名或自动加盖电子签章的方式完成签订。

③所做项目自动按用地性质分类归档，自动编码生成文件，方便查找，若有特殊案例可手动单独存档。

7.2.6　功能页面设计

软件的界面是人们使用操作软件时的最直观展示，从内容原则强调界面的简洁，要便于操作。对于使用者而言，使用体验的好坏跟软件的交互界面是否友好有直接关联，体验较差的界面间接影响使用者对于软件继续使用的兴趣。影响页面的因素有色彩、文字、功能布局等，在设计时需要考虑设计师的需求。

①登录界面设计。因为软件是基于海绵城市设计开发的软件，所以界面设计以蓝绿色（融合了水的蓝色与自然的绿色）为主题色调，循环线段形成雨滴形状的 logo 体现了海绵城市设计回收利用雨水的特点（图 7-5）。

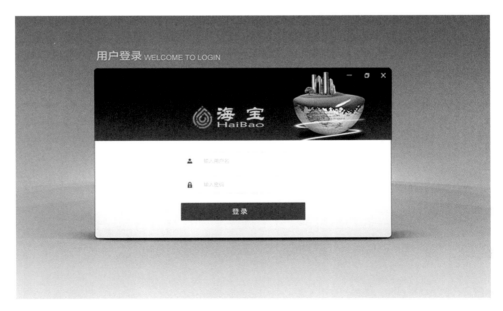

图 7-5　登录界面设计

②制图操作界面设计。制图操作界面是设计师完成图纸内容的直接窗口，对于制图功能的复杂性，应选择简单实用的页面展现（图7-6）。窗口界面选择列表型布局，列表型布局的好处在于展示的每项内容更加清晰，操作和点击也更加方便。将搜索导航窗口置于顶部，方便使用者快速定位所需的内容或者模块。帮助窗口可以帮助使用者解决软件使用中的问题，更加实际快速地帮助使用者高效地完成任务。操作界面采取分段选择控件，可以借用CAD的形式，主要的功能按钮置于顶部，左侧放置快捷插件，这样的布置能够使设计师更加快速地熟悉软件操作。页面的顶部会有一个聊天窗口，可以同时邀请好友进行多人编辑和语音等。

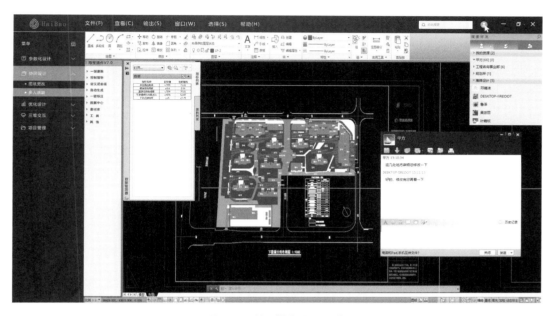

图7-6 制图操作界面设计

③监控评分界面设计。监控评分系统界面应具备友好的人机界面以及更好的可操作性，如果将所有数据和内容堆砌在界面上，整个系统会变得非常臃肿，操作起来也很烦琐，界面将用柱状图地图等可视化图形来更加直观地展现项目情况（图7-7、图7-8）。

图7-7 监控评分界面设计一

图 7-8 监控评分界面设计二

④成本库界面设计。项目库实行动态管理，库中的项目和资料可以及时补充和更新，需要时可以通过一键下载窗口进行下载使用，顶部设有搜索窗口可以快速定位所需要文件的位置（图 7-9）。

图 7-9 成品库界面设计

⑤资料界面设计。资料界面采用列表型结构设计，上方会有文件名和年份等快速查找窗口的选项，更加方便使用者快速定位资料地点。展示文件内容，需要做到直观，页面风格与首页界面一致，图片设计为直接展示内容（图 7-10、图 7-11）。

图 7-10　资料界面设计一

图 7-11　资料界面设计二

7.2.7　海宝后期开发应用方向

7.2.7.1　内涝分析

近年各大城市遇到强降雨事件时出现的内涝是由多种原因引发的，例如地形低洼且无排水设施，雨水流入排水管网之后却遇到管网设计标准远低于实际降水量及降水强度的情况，以及排水管网错接。海绵城市的提出可以解决一部分城市内涝现象，但是并不代表通过低影响措施能够完全弥补现有城市雨水管网的不足或缺陷，而是需要将地上设施与地下排水设施结合在一起，通过软件模拟计算才能解决城市内涝问题。

各地颁布的海绵城市导则中关于设施规模及降雨雨型、雨量的计算是否可以从真正意义上指导海绵城市的建设需要经过实践才能证明。考虑到建设养护成本及规模，海绵城市建设导则中明确规定其径流削减目标为解决80%～85%的降雨量，针对目标以外的暴雨事件，低影响措施自身没有能力解决降雨产生的所有地表径流。因此削减地表径流量也就成为海绵城市建设中最为重要的目标，但是盲目建设低影响开发措施必将付出代价，所以软件模拟能够在完成目标的基础上使得投入成本与削减效果呈现出最优配置。

7.2.7.2　地下管网校核、评估、改造

模型可以优化设计雨水管网系统，量化评估低影响开发雨水系统对场地水文、水质的控制效果，为城市规划设计和雨洪管理提供了有力的技术支持。结合研究区域地形、道路、水系等特点，在雨水管道埋深不会过大的情况下，可以适当加大管道纵坡坡度，优化管道排水水力条件，达到缩小管径、节省投资的目的。采用低影响开发技术，通过海绵设施设计的优化组合，可以削减径流水量和峰值流量，推迟径流峰值出现的时间，在不增加管径的前提条件下提升管网设计标准，有效缓解内涝压力。

7.3　小结

本章结合目前互联网＋、大数据、云计算、人工智能等时代发展背景，研发高新技术软件辅助海绵城市设计，并将海绵城市设计指标评估体系应用至海宝软件，为推动海绵城市设计管控贡献绵薄之力。

参 考 文 献

[1] LIU X L, FU D F, ZEVENBERGEN C, et al. Assessing Sponge Cities Performance at City Scale Using Remotely Sensed LULC Changes: Case Study Nanjing[J]. Remote Sensing, 2021, 13（4）:580.

[2] YANG Z, LI J Q, CHE W, et al. Research on key fundamentals and technical systems of Sponge City development in China[J]. IOP Conference Series: Earth and Environmental Science, 2021, 626（1）.

[3] 中华人民共和国住房和城乡建设部. 住房城乡建设部关于印发海绵城市建设技术指南——低影响开发雨水系统构建（试行）的通知 [R/OL].（2014-11-03）[2024-12-16].https://www.mohurd.gov.cn/gongkai/zc/wjk/art/2014/art_17339_219465.html.

[4] 谢映霞, 章卫军. 海绵城市典型设施建设技术指引 [M]. 北京: 中国建筑工业出版社, 2019.

[5] 胡茜茜. EPC 模式下的"川东北—川西管道工程"施工管理研究 [D]. 成都: 西南石油大学, 2014.

[6] 成远刚, 杨帆.EPC 工程总承包项目运作模式及其适用性的思考 [J]. 工程建设（重庆）, 2021, 3（4）: 2.

[7] 王鹏. 基于海绵城市理论的寒地城市居住区公共空间设计研究 [D]. 哈尔滨: 哈尔滨工业大学, 2016.

[8] HUANG W T, LIU X, ZHANG S W, et al. Performance-Guided Design of Permeable Asphalt Concrete with Modified Asphalt Binder Using Crumb Rubber and SBS Modifier for Sponge Cities[J]. Materials, 2021, 14（5）: 1266.

[9] 赵志庆, 武中阳, 丁庆福. 国外雨洪管理体系对海绵城市建设的借鉴研究 [C]// 中国城市规划学会. 规划 60 年: 成就与挑战——2016 中国城市规划年会论文集. 北京: 中国建筑工业出版社, 2016.

[10] 孙会航, 李俐频, 田禹, 等. 基于多目标优化与综合评价的海绵城市规划设计 [J]. 环境科学学报, 2020, 40（10）: 3605-3614.

[11] 于冰沁, 车生泉, 严巍, 等. 上海海绵城市绿地建设指标及低影响开发技术示范 [J]. 风景园林, 2016（03）: 21-26.

[12] 唐陈杰, 袁洪州. 海绵城市规划目标指标体系构建研究——以南沙新区海绵城市建设为例 [J]. 绿色科技, 2020（20）: 230-234.

[13] 谢雨航. 基于 PSIR 框架的海绵城市规划指标体系构建 ——以武汉中法生态城为例 [D]. 武汉: 武汉大学, 2017.

[14] 姚佳纯, 柳飞. 福建省试点城市海绵小区评价指标体系研究——基于 AHP 层次分析法 [J]. 中国房地产, 2018（12）: 44-57.

[15] 刘晓倩. 海绵城市理念下的城市住区系统构建及控制指标体系研究——以张家口市为例 [D]. 张家口: 河北建筑工程学院, 2018.

[16] 郑博一, 谢玉霞, 刘洪波, 等. 基于模糊层次分析法的海绵城市措施研究 [J]. 环境科学与管理, 2016, 41（05）: 183-186.

[17] 刘颂, 赖思琪. 国外雨洪管理绩效评估研究进展及启示 [J]. 南方建筑, 2018（03）: 46-52.

[18] 王诒建. 海绵城市控制指标体系构建探讨 [J]. 规划师, 2016, 32（05）: 10-16.

[19] 郭琳, 焦露, 吴玉鸣. 海绵城市建设绩效评价指标体系构建及对策研究——以国家级新区贵安新区为例 [J]. 西部发展评论, 2016（00）: 49-60.

[20] 李琪, 任超, 万丽. 海绵城市规划设计中的指标量化研究——以济南城区为例 [J]. 现代城市研究, 2018（02）: 24-31.

[21] 庞涵月 . 海绵城市理念下雨水花园景观设计综合评价研究 [D]. 济南：山东大学，2017.

[22] 李泽铖，田哲，罗显俊，等 . 高强度地下空间开发条件下海绵城市建设要点探讨 [J]. 市政技术，2020，38（01）：160-162+166.

[23] 国务院办公厅 . 国务院办公厅关于推进海绵城市建设的指导意见 [R/OL].（2015-10-11）[2024-12-16]. https://www.gov.cn/gongbao/content/2015/content_2953941.htm.

[24] 中华人民共和国住房和城乡建设部 . 住房城乡建设部关于印发海绵城市专项规划编制暂行规定的通知 [R/OL].（2016-03-11）[2024-12-16].https://www.gov.cn/gongbao/content/2016/content_5088783. htm.

[25] 中华人民共和国住房和城乡建设部办公厅 . 住房城乡建设部办公厅关于印发海绵城市建设绩效评价与考核 办法（试行）的通知 [R/OL].（2015-07-10）[2024-12-16].https://www.mohurd.gov.cn/gongkai/zc/wjk/ art/2015/art_17339_222947.html.

[26] 中华人民共和国水利部 . 水利部关于印发推进海绵城市建设水利工作的指导意见的通知 [R/OL].（2015-08-10）[2024-12-16].http://www.mwr.gov.cn/zw/ghjh/201702/t20170213_855352.html.

[27] 武汉市城乡建设局 . 武汉市海绵城市设计文件编制规定及技术审查要点 [EB/OL].（2019-01-30）[2024-12-16].https://www.doc88.com/p-99859503411732.html.

[28] 武汉市城乡建设局，武汉市自然资源和规划局，武汉市水务局，武汉市园林和林业局 . 武汉市海绵城市规划技术导则 [EB/OL].（2019-02-13）[2024-12-16].https://www.doc88.com/p-21847074374576.html.

[29] 武汉市城乡建设局，武汉市自然资源和规划局，武汉市水务局，武汉市园林和林业局 . 武汉海绵城市建设施工及验收规定 [EB/OL].(2019-02-13)[2024-12-16].https://wenku.baidu.com/view/2e71e5afb5360b4c2 e3f5727a5e9856a57122665.html?_wkts_=1734344003740&bdQuery=%E3%80%8A%E6%AD%A6%E6%B1%89%E 6%B5%B7%E7%BB%B5%E5%9F%8E%E5%B8%82%E5%BA%BA%E8%AE%BE%E6%96%BD%E5%B7%A5%E5%8F%8A%E9%AA%8C%E6%94%B6%E8%A7%84%E5%AE%9A%E3%80%8B.

[30] 武汉市城乡建设局，武汉市自然资源和规划局，武汉市水务局，武汉市园林和林业局 . 武汉市海绵城市建设设计指南 [EB/OL].(2019-02-13)[2024-12-16].https://www.doc88.com/p-62529791091344.html.

[31] 张尚 . 基于"海绵城市"理念下的城市生态景观廊道规划模式探究——以淄博市"一山两河"生态修复 EPC 项目为例 [D]. 杭州：浙江农业大学，2017.

[32] 刘文晓 . 基于海绵城市理念下的绿色居住区景观设计研究—以桃源金融小区为例 [D]. 成都：西南交通大学，2017.

[33] 张立霞，姜博 . 分析海绵城市理论与环保生态及景观园林的有机结合应用 [J]. 工程建设与设计，2021（01）：110-112.

[34] 吕伟娅，管益龙，张金戈 . 绿色生态城区海绵城市建设规划设计思路探讨 [J]. 中国园林，2015，31（06）：16-20.

[35] 马强 . 基于绿色发展理念的海绵城市规划策略研究——以东莞银瓶创新区为例 [C]// 中国城市规划学会 . 活力城乡 美好人居——2019 中国城市规划年会论文集 . 北京：中国建筑工业出版社，2019.

[36] 李英华，李德巍，张建军，等 . 海绵城市建设中 LID 设施的生态景观设计 [J]. 中国给水排水，2017，33(16)：65-69.

[37] 张书亮，孙玉婷，曾巧玲，等 . 城市雨水流域汇水区自动划分 [J]. 辽宁工程技术大学学报，2007（04）：630-632.

[38] 崔添禹 . POE 视角下的开放式住区公共空间景观设计策略研究 [D]. 青岛：青岛理工大学，2020.

[39] 杨芳绒，张晨曦，鲁黎明.基于 AHP 法的郑州城市公园康养景观评价 [J].西北林学院学报，2022（01）:247-252.

[40] 陈诗童，郑文铖，董建文.基于 AHP 法的特色商业步行街景观评价与改造策略研究——以福清成龙步行街为例 [J].福建建设科技，2021（03）: 3-7.

[41] 曹凯，刘青，谢菊英.基于 AHP 法的风景名胜区民宿景观评价研究——以鹰潭龙虎山为例 [J].绿色科技，2021，23（01）: 1-4.

[42] 陈斯琪.基于 AHP-FCE 法的大学校园景观评价——以贵州大学西校区为例 [J].现代园艺，2020，43（23）: 39-41.

[43] 钟涛，吴慧芳.绿色屋顶的特点及其在海绵城市中的应用 [J].市政技术，2019，37（02）: 163-164+170.

[44] 邓陈宁，李家科，李怀恩.城市雨洪管理中绿色屋顶研究与应用进展 [J],环境科学与技术，2018，41（03）: 141-150.

[45] 陈海琦.生态植草沟在城市绿地中的应用研究 [J].区域治理，2020（32）: 134.

[46] 王思思，杨珂，车伍，等.海绵城市建设中的绿色雨水基础设施 [M].北京：中国建筑工业出版社，2019.

[47] 曾毅.基于"源—汇"模型的植被缓冲带构建技术研究——以重庆市开县为例 [D].武汉：华中农业大学，2014.

[48] 张明哲.城市湖泊植被缓冲带的构建技术研究——以墨水湖为例 [D].武汉：华中农业大学，2012.

[49] 蔡斯琴.数字技术智能辅助海绵城市建设设计审批工作的应用探究——以南宁市为例 [J].企业科技与发展，2017（07）: 64-66.

[50] 魏国忠.新型基础测绘自动制图软件的设计与实现 [J].遥感信息，2019，34（03）:139-142.

[51] 梁义婕，任霞，李莉.海绵城市建设——透水铺装材料研究应用现状 [J].建筑设备与建筑材料，2021，42（02）:300-302.

[52] 韩志刚，许申来，周影烈，等.海绵城市：低影响开发设施的施工技术 [M].北京：科学出版社，2018.

[53] 阿肯色大学社区设计中心.低影响开发：城区设计手册 [M].南京：江苏凤凰科学技术出版社，2017.

[54] 关于海绵城市与低影响开发雨水收集系统各类不同技术内容 [EB/OL].（2019-06-18）[2024-12-10].https://www.sohu.com/a/321369301_827352.

[55] 刘德明.海绵城市建设概论——让城市像海绵一样呼吸 [M].北京：中国建筑工业出版社，2017.

[56] 湿塘设计指南 [EB/OL].（2017-07-28）[2024-12-10].http://www.water8848.com/news/201707/28/98005.html.

[57] 生物滞留池和植草沟设计指南 [EB/OL].（2017-08-03）[2024-12-10].https://www.sohu.com/a/161983287_641223.

[58] 水与风的嬉戏场，深圳深湾街心公园 [EB/OL].（2020-04-23）[2024-12-12].http://www.sohu.com/a/390560038_672636.

[59] 邱琴.海绵城市建设项目监测系统的分析与构建 [C]// 中国环境科学学会.2019 年全国学术年会论文集（中册）.北京：中国环境科学出版社，2019.

附录 武汉市建设项目

项目名称	用地性质	规划净用地面积/m²	容积率/(%)	建筑密度/(%)	绿地率/(%)	雨水管网设计暴雨重现期/年	年径流总量控制率/(%)	峰值径流系数	面源污染削减率/(%)	透水铺装率/(旧规≥50%)	下沉式绿地率/(%)(旧规≥25%)	绿化屋面率/(%)
HMZX0027XX（三、四期）	居住用地	126226.46	2	17	35	3~5或3	77.2	0.37	70.2	100	25	0
HMZX20180001XX园·XX壹号（商业C）	居住用地、商业用地	2823.68	2	27.39	31.16	3	76.55	0.43	63	52	47.07	0
HMZX20180002 武汉XX房地产开发有限公司XX海绵城市	居住用地	43980.53	3	24.7	30	3	75.1	0.53	50.5	50.5	25.4	0
HMZX20180004 武汉XX华宇房地产开发有限公司XX名仕城	居住用地	167355.86	3	25	32	2	85	0.49	70.9	50.3	25.27	0
HMZX20180005 武汉市XX区中医医院综合楼改扩建工程	公共管理与公共服务用地	9061.14	3.87	32.43	28.76	5	86	0.5	55	67.24	70	15
HMZX20180007 武汉XX实业有限责任公司武汉XX二期厂房工程	工业用地	8844	2.49	41.45	12.36	3	70	0.5	50	51.29	25.38	91.76
HMZX20180008 武汉XX凤凰岛地产开发公司XX度假村综合整改项目	居住用地	51091.07	0.52	28.25	50.01	3	88.5	0.49	51.2	50.32	27.48	0
HMZX20180009XX文产置业（武汉）有限公司XX文产项目	居住用地	38020	0.86	29.9	50.1	3	75.62	0.49	56.26	51.27	25.35	0
HMZX20180010 武汉XX汽车新技术孵化器有限公司汽车焊装生产线项目	工业用地	59607.84	1.7	48.39	10.03	3	70	0.57	52	41.01	28.97	0

项目名称	用地性质	规划净用地面积/m²	容积率/(%)	建筑密度/(%)	绿地率/(%)	雨水管网设计暴雨重现期/年	年径流总量控制率/(%)	峰值径流系数	面源污染削减率/(%)	透水铺装率/(%)（旧规≥50%）	下沉式绿地率/(%)（旧规≥25%）	绿化屋面率/(%)
HMZX20180011 武汉XX物流有限公司汽车传感器加工项目	工业用地	16804.5	1.15	46.66	15.9	3	70.18	0.54	63.86	75.15	100	32.82
HMZX20180012 武汉XX嘉年华置业有限公司武汉XX嘉年华商业中心（一期一）	商业用地	298505.31	0.59	24.16	20	3	66	0.5	50	43.21	26.65	0
HMZX20180013XX 武汉生态示范城投资开发有限公司中法可持续发展论坛永久会址（二区）	公共管理与公共服务设施用地	23904.6	0.57	23.1	36.19	3	80.1	0.49	71	63.15	33.72	0
HMZX20180015XX 铭苑	居住用地	47007	2.8	15	31.52	3	77	0.55	68.5	52.73	25.81	0
HMZX20180016 中建XX楚城	居住用地	77613.53	3	28	30	3	70	0.6	70	58.71	40.59	0
HMZX20180017 武汉XX置业有限公司奥山郡项目（蔡）－海绵	居住用地	50431.04	2.5	25.94	33.73	3	70	0.5	63	46	25	0
HMZX20180019 武汉XX房地产有限公司澳门路项目	居住用地、商业用地	21766.52	4.59	35	25	3	72.64	0.53	72.58	61.54	25.08	32.53
HMZX20180020XX 城中村改造K1地块	居住用地	45704.02	5.07	21.62	30	3	70	0.5	54	50.45	35.46	0
HMZX20180021 武汉XX信置业有限公司	居住用地	12813.07	3.03	21.62	25	3	80	0.59	44.46	52.44	28.99	0
HMZX20180022 武汉XX忠置业有限公司 新建居住项目（燎原村城中村改造k8地块）	居住用地	41338.03	5.24	16.91	30	3	75	0.5	50	77.92	27.91	0
HMZX20180024XX 恒端	居住用地	49135.54	2.5	16.22	30	3	75	0.56	72.5	56.85	25.45	0

续表

项目名称	用地性质	规划净用地面积/m²	容积率/(%)	建筑密度/(%)	绿地率/(%)	雨水管网设计暴雨重现期/年	年径流总量控制率/(%)	峰值径流系数	面源污染削减率/(%)	透水铺装率/(%)(旧规≥50%)	下沉式绿地率/(%)(旧规≥25%)	绿化屋面率/(%)
HMZX20180025湖北XX经济投资有限公司人民汽车城二期6#、7#楼规划调整方案(案)	居住用地	107357.6	1.99	44.77	20	3	75	0.75	80	40.92	90.39	23.65
HMZX20180026XX书香华府	居住用地	46888	3.5	17.56	30	3	85	0.5	94	61.83	31.53	0
九年XX制学校海绵城市扫描件	教育用地	80026	0.45	16.26	35.2	3	85	0.5	62	50.26	65.12	0
武汉市XX住宅、酒店、商服项目(D+E地块二期工程)(2B期)	酒店、居住用地	9327.21	4.21	19.2	30	3	60	0.6	69.23	69.02	79.21	0
武汉市XX住宅、酒店、商服项目(D+E地块二期工程)(2C、2D期)	酒店、居住用地	42208.68	4.21	19.2	30	3	55	0.6	75.65	42.49	14.85	0
金地XX凤凰城	商业服务用地、居住用地	81397.00	3.7	18.26	37	3	75.23	0.47	56.25	50.47	28.42	0
XX项目(光明府)	居住用地	66767.00	2.7	18	30	3	80	0.69	63.23	42.77	37.12	0
世茂XX十二期	商业服务用地	95673.00	0.4	25.71	50	3	85	0.5	60.94	52.7	26.9	0
XX大街污水提升泵站工程	排水用地	2608.00	0.04	4	41.71	3	85	0.31	83.2	99.22	26.45	0
干子X静脉产XX农民还建楼项目	居住用地	149720.00	2.48	21.5	30	3	85	0.54	72	54.5	84.6	0
XX集体建设用地建设租赁住房试点项目	居住用地	8371.00	2.48	20.6	42.7	3	90	0.6	70	59.97	28.68	0
XX昕院	居住用地	49083.60	2.00	15.9	30	3	80.1	0.59	71	19.41	42.85	0

续表

项目名称	用地性质	规划净用地面积/m²	容积率/(%)	建筑密度/(%)	绿地率/(%)	雨水管网设计暴雨重现期/年	年径流总量控制率/(%)	峰值径流系数	面源污染削减率/(%)	透水铺装率/(%)（旧规≥50%）	下沉式绿地率/(%)（旧规≥25%）	绿化屋面率/(%)
XX村079地块	居住用地	68635.00	2.9	25	30	3	80.5	0.52	70.3	40	23.3	0
XX大集G区莲溪花园项目	居住用地	74851.00	2.8	19.19	30	3	80.2	0.53	70.2	44.5	39	0
武汉市XX局XX分局交通管理业务综合楼项目	行政办公用地	19974.00	0.28	13.04	35	3	80	0.5	50	52.1	25.25	0
XX岛度假村综合整治项目二期	商业服务用地	14590.00	0.5	22.09	50	3	89	0.49	51	41.54	23.95	0
XX武汉生态示范城棚改项目一黄陵片区（一期）	商业服务用地、居住用地	41445.23	2.5	25	35	3	80	0.48	79.3	45.7	27.3	0
武汉XX健康X养生社区C、D地块项目	商业服务用地、居住用地	132134.00	3.05	19.71	31.21	2	80	0.5	70	58.1	82.29	0
武汉XX健康谷养生社区B地块项目	商业服务用地、居住用地	66854.00	1.4	22.23	31.21	2	80	0.5	70	75.27	38.72	0
XX市天然气高压外环线工程项目规划方案	供燃气用地	1200.00	0.01	9.9	52.3	3	85	0.26	73.9	87.8	34.57	0
XX高高压调压站工程	供燃气用地	8400.00	0.12	7.4	16.5	2	85	0.52	62.8	74.81	29.43	0
XX阳光城项目	居住用地	52205.00	2.8	19	30.5	2	82.32	0.46	61	73.7	33.77	0
XX区洪北卫生院改扩建工程	医疗卫生用地	5682.74	0.5	21.23	41.52	3	82.28	0.46	58.01	66.93	37.79	56.47
武汉XX耀楚置地有限公司XX朗悦里项目居住	居住用地	22985.00	1.7700	26.78	37.00	3	79.24	0.52	50.00	61.16	26.38	0

续表

项目名称	用地性质	规划净用地面积/m²	容积率/（%）	建筑密度/（%）	绿地率/（%）	雨水管网设计暴雨重现期/年	年径流总量控制率/（%）	峰值径流系数	面源污染削减率/（%）	透水铺装率/（%）（旧规≥50%）	下沉式绿地率/（%）（旧规≥25%）	绿化屋面率/（%）
武汉 XX 耀楚置地有限公司 XX 朗悦里项目商业	商业用地	10211.00	1.9600	37.14	20.00	3	68.09	0.632	50.00	54.99	45.32	0
武汉 XX 耀楚置地有限公司 XX 朗悦里项目住商	住商用地	15858.00	2.3600	27.24	31.00	3	77.67	0.557	50.00	47.76	34.88	0
XX·地铁武汉地悦地产开发有限公司小镇项目 C 地块一期	居住用地	71540.74	3.0700	24.07	44.40	3	80.89	0.500	70.12	50.41	28.44	0
武汉 XX 房地产开发有限公司老关村"城中村"改造 K3 地块	新建居住、商业、服务业用地	49338.78	5.1600	18.54	30.00	3	80.17	0.550	64.14	40.08	20.29	0
武汉 XX 山旅游发展有限公司嵩阳唐古	服务业设施用地	37088.00	0.4000	26.39	50.20	3	80.53	0.472	62.60	87.60	43.25	0
XX 武汉生态示范城投资开发有限公司中法武汉生态示范城启动区能源站	公用设施用地	21855.30	0.3760	30.84	28.91	3	75.12	0.620	59.19	46.56	45.71	0
XX 区交通运输局 XX 经济开发区（豸山）公交首末站	交通设施用地	16472.55	0.0500	2.80	21.50	3	71.00	0.556	51.65	53.75	53.70	0
武汉 XX 之星房地产开发有限公司 XX 武汉生态示范园区服务配套设施项目—XX 之星项目—期 D5 居住	D5 居住用地	8793.80	2.9900	35.47	35.00	3	80.42	0.510	74.80	76.54	21.77	0
武汉 XX 之星房地产开发有限公司 XX 武汉生态示范园区服务配套设施项目—XX 之星项目—期 D5 商业	D5 商业用地	8764.20	2.9900	35.47	20.00	3	70.86	0.630	70.99	59.62	47.49	0

续表

项目名称	用地性质	规划净用地面积/m²	容积率/(%)	建筑密度/(%)	绿地率/(%)	雨水管网设计暴雨重现期/年	年径流总量控制率/(%)	峰值径流系数	面源污染削减率/(%)	透水铺装率/(%)(旧规≥50%)	下沉式绿地率/(%)(旧规≥25%)	绿化屋面率/(%)
武汉XX之星房地产开发有限公司XX武汉生态城示范城园区服务配套设施项目-XX之星项目一期D6商业	D6商业用地	13666.00	2.9900	35.47	20.00	3	70.70	0.640	81.77	52.79	33.10	0
武汉市XX区城乡建设局XX区临嶂大道绿化广场改造工程项目	商业用地	15492.00	0.0300	6.41	48.25	10	70.00	0.650	50.00	94.00	25.00	37.21
XXXX房地产三和悦府项目	居住用地	117681.00	2.9996	18.70	30.00	3	81.15	0.530	70.16	42.76	25.44	0
武汉XX山居房地产开发有限公司XX山居B地块	居住用地	66421.00	1.1995	20.42	30.50	3	75.20	0.404	71.90	61.17	35.10	14.70
武汉市XX区疾病预防控制中心XX区疾控中心实验大楼建设工程	公共管理与公共服务	5328.20	1.3900	22.06	35.00	2	85.00	0.450	63.80	94.20	84.10	0
武汉市XX区洪北乡中小学校新建教师周转房	工业用地	13921.40	0.2600	11.68	35.00	2	75.50	0.570	83.00	42.04	97.31	0
武汉市XX区人民医院XX区人民医院整体新建项目	公共服务	67206.80	1.5200	27.36	35.13	3	70.00	0.560	66.00	40.00	21.93	0
武汉市XX城建投资开发集团有限公司 武汉市XX城市综合服务中心工程（A地块）	商业用地	44333.00	1.5100	41.55	20.00	3	75.24	0.650	72.66	49.70	27.63	6.81
万XX园海绵	居住用地	28756.00	2.7990	20.64	30.00	3	80.00	0.500	80.76	41.78	25.13	0
武汉XX玖宸房地产开发有限责任公司XX朗城	居住用地	23385.00	2.4996	16.08	30.00	3	82.00	0.500	65.30	69.50	39.00	0

续表

项目名称	用地性质	规划净用地面积/m²	容积率/(%)	建筑密度/(%)	绿地率/(%)	雨水管网设计暴雨重现期/年	年径流总量控制率/(%)	峰值径流系数	面源污染削减率/(%)	透水铺装率/(%)（旧规≥50%）	下沉式绿地率/(%)（旧规≥25%）	绿化屋面率/(%)
武汉XX小镇房地产开发有限公司XX·国际营养健康城二期（XX祥云·地铁小镇）A2地块	商业用地、居住用地	35658.55	2.8700	19.54	30.00	3	80.17	0.500	70.00	50.00	30.00	0
武汉XX小镇房地产开发有限公司XX·国际营养健康城二期（XX祥云·地铁小镇）B1地块	商业性质	13873.04	1.1600	25.14	30.00	3	70.39	0.550	70.08	50.39	30.79	0
武汉市XX城建投资开发集团有限公司XX街运管社区建设工程	居住用地	61807.00	2.1100	20.00	32.00	3	100.00	0.460	51.46	54.19	16.17	0
武汉XX半岛置业有限公司一商业、生态住宅项目金沙半岛一期	居住用地	264189.72	0.4600	23.22	62.00	3	80.04	0.500	70.30	41.18	13.60	0
武汉市XX区交通运输局XX城市公交首末站（张湾）建设工程	公共交通设施用地	30176.10	0.0300	1.50	25.00	3	71.00	0.556	51.65	44.30	47.00	0
武汉市XX区交通运输局XX城市公交首末站（张湾）建设工程	公共交通设施用地	10633.40	0.1300	5.00	31.70	3	71.00	0.520	51.50	43.43	52.91	0
中铁房地产武汉XX有限公司中国铁建·知语城A地块	商业用地、居住用地	86464.00	3.4900	22.80	30.00	3	80.19	0.560	60.48	40.30	29.00	0
武汉市公安局XX区交通大队武汉市公安局XX分局XX交通管理业务综合楼项目	行政办公用地	19974.00	0.2800	12.98	35.00	3	75.00	0.540	50.00	41.82	25.15	0

续表

项目名称	用地性质	规划净用地面积/m²	容积率/(%)	建筑密度/(%)	绿地率/(%)	雨水管网设计暴雨重现期/年	年径流总量控制率/(%)	峰值径流系数	面源污染削减率/(%)	透水铺装率/(%)(旧规≥50%)	下沉式绿地率/(%)(旧规≥25%)	绿化屋面率/(%)
湖北XX普提金置业有限司洪山区铁机路A-1地块居住设施项目	居住用地	13399.75	3.1300	20.07	30.00	3	60.35	0.530	52.12	58.55	25.57	0
HMFA20200001 武汉XX房地产开发有限公司双祥云·地铁小镇项目C2	居住	71540.74	3	30	30	3	80.31	0.5	70.17	50.41	30.09	0
HMFA20200002 武汉XX智睿实业有限公司＋东西湖区 P（2019）216号地块项目A地块	居住	49901.83	2.72	23.84	30	5	75.63	0.55	50.42	41.57	25.78	0
HMFA20200002 武汉XX智睿实业有限公司＋东西湖区 P（2019）217号地块项目B地块	居住	42380.9	2.61	23.07	30	5	75.51	0.54	50.07	41.16	25.5	0
HMFA20200002 武汉XX智睿实业有限公司＋东西湖区 P（2019）218号地块项目C地块	居住	53191.1	2.4	22.6	30	5	75.32	0.54	50	40.11	25.23	0
HMFA20200003 武汉XX置业有限公司－新建居住、绿地项目（D9-2一期地块）20200514	居住	57880.15	2.51	18.81	—	3	85	0.46	70.05	54.08	31.09	0
HMFA20200004 武汉XX置业有限公司－新建商业、绿地项目（D9-2二期地块）定稿7.31	商业	39878.09	2.53	40	20	3	65.03	0.62	70.01	52.87	27.79	0

续表

项目名称	用地性质	规划净用地面积/m²	容积率/(%)	建筑密度/(%)	绿地率/(%)	雨水管网设计暴雨重现期/年	年径流总量控制率/(%)	峰值径流系数	面源污染削减率/(%)	透水铺装率/(%)(旧规≥50%)	下沉式绿地率/(%)(旧规≥25%)	绿化屋面率/(%)
HMFA20200005+武汉XX房地产开发有限公司+中粮祥云·地铁小镇二期A2地块	居住	35658.55	3.2	30	30	3	80.17	0.5	70	50.01	30	0
HMFA20200005+武汉XX房地产开发有限公司+中粮祥云·地铁小镇二期B1地块	商业	13873.04	0.9	30	30	3	70.39	0.55	70.08	50.39	30.79	0
HMFA20200006 武汉XX房地产开发有限公司 中粮·国际营养健康城启动区(XX祥云·地铁小镇)A地块 定稿	商业	16815	1.9	49.62	17.76	3	72.01	0.64	73.44	63.65	0	15.16
HMFA20200007 武汉XX房地产开发有限公司 中粮·国际营养健康城启动区(XX祥云·地铁小镇)B地块 定稿	商业	22758	4.7	53.61	15	3	71.85	0.65	70.76	59.89	0	25.53
HMFA20200010 武汉XX苑房地产开发有限公司+武汉XX城航天府·滨江苑	居住	93987.43	2.5	19.8	30	3	75.4	0.53	70.01	50.09	18.25	0
HMFA20200011 武汉XX滨江置业有限公司+新建商业服务业设施、居住、影剧院、广场、公共绿地项目(XX国际金融城A01地块二期项目)	居住、商业	30480	4.48	25.48	30.02	3	77.09	0.58	60.01	40.18	32.33	0
HMFA20200012 武汉XX置业有限公司+新建居住、绿地项目(XXD9-1 一期)	居住	49953.83	2.5	21.25	30	3	75.75	0.51	70.19	41.94	17.44	0

续表

项目名称	用地性质	规划净用地面积/m²	容积率/(%)	建筑密度/(%)	绿地率/(%)	雨水管网设计暴雨重现期/年	年径流总量控制率/(%)	峰值径流系数	面源污染削减率/(%)	透水铺装率/(%)(旧规≥50%)	下沉式绿地率/(%)(旧规≥25%)	绿化屋面率/(%)
HMFA20200013-武汉XX置业有限公司＋新建商业、XX项目（XXD9-1二期）	商业	44442.29	2.5	38	20	3	65.31	0.65	70.08	50	37.61	0
HMFA20200014-（XXH6）武汉XX国展实业有限公司＋XX天河国际会展城海德公馆	居住、公园绿地	62059.88	2.39	28	30.05	3	80.49	0.52	70.06	41.96	22.91	0
HMFA20200015-（XXH12）武汉XX申绿国展实业有限公司＋XX天河国际会展城海顿公馆	居住、公园绿地	82459.92	1.73	28	30.12	3	81.26	0.48	70.12	40.27	15.2	0
HMFA20200016＋武汉XX房地产开发有限公司＋XX·国际营养健康启动区（XX祥云·地铁小镇）C1地块	居住	36149.26	2.77	25.01	30	3	80.12	0.54	70.01	50.15	30.04	0
HMFA20200017＋武汉XX小镇房地产开发有限公司＋XX国际营养健康城二期（XX祥云·地铁小镇）A3、B2地块	居住、商业	48126.13	3	30	30	3	79.07	0.55	70.11	50.05	30.47	0